सावित्रीबाई फुले पुणे विद्यापीठ-तृतीय वर्ष कला शाखेच्या (T.Y.B.A.) २०२१-२२च्या सुधारित अभ्यासक्रमानुसार (CBCS पॅटर्न) लिहिलेले क्रमिक पुस्तक. तसेच महाराष्ट्रातील इतर सर्व विद्यापीठांना उपयुक्त.

भारताचा भूगोल

(सेमिस्टर ५ व ६)

Geography of India

(Semester V and VI)

डॉ. नितीन मुंढे

डॉ. अनिल लांडगे

डॉ. राजेंद्र झोळेकर

डॉ. सुरिंदर वावळे

डायमंड पब्लिकेशन्स

भारताचा भूगोल (सेमिस्टर ५ व ६)
डॉ. नितीन मुंढे, डॉ. अनिल लांडगे, डॉ. राजेंद्र झोळेकर, डॉ. सुरिंदर वावळे
Bharatacha Bhugol (Semester V and VI)
Dr. Nitin Mundhe, Dr. Anil Landge, Dr. Rajendra Zolekar,
Dr. Surindar Wawale

पहिली आवृत्ती : २०२२

ISBN 978-93-91948-57-3

मुखपृष्ठ
शाम भालेकर

प्रकाशक
डायमंड पब्लिकेशन्स
२६४/३ शनिवार पेठ, ३०२ अनुग्रह अपार्टमेंट
ओंकारेश्वर मंदिराजवळ, पुणे-४११ ०३०
☎ ०२०-२४४५२३८७, २४४६६६४२

info@dpbooks.in
www.dpbooks.in

मनोगत

विद्यापीठ अनुदान आयोगाच्या मार्गदर्शक तत्त्वांनुसार सावित्रीबाई फुले पुणे विद्यापीठाने जून २०२१ पासून 'तृतीय वर्ष कला' (T.Y.B.A.) या वर्गासाठी 'भारताचा भूगोल' हा विषय (विशेष) स्पेशल स्तरावर अभ्यासक्रमासाठी समाविष्ट केलेला आहे. या पाठ्यपुस्तकात प्राकृतिक, सांस्कृतिक व सामाजिक विविधतेतून एकता साधलेल्या भारत देशाच्या भौगोलिक माहितीची ओळख विद्यार्थ्यांना व्हावी; हा या विषयाचा अभ्यासक्रमात समाविष्ट करण्याचा मुख्य हेतू आहे.

प्रस्तुत पुस्तकात भारताचे स्थान व विस्तार, प्राकृतिक रचना, जलप्रणाली, हवामान, मृदा, नैसर्गिक वनस्पती, दळणवळण, साधनसंपदा आणि शेती इ. गोष्टींचे सहज व सुलभ आकलन व्हावे यासाठी या विषयांची मांडणी सुटसुटीत व मुद्देसूद करून विविध सारणी, आकृत्या, नकाशे, छायाचित्रे आणि उदाहरणांचा यात वापर केलेला आहे. शिवाय नवीन जम्मू व काश्मीर आणि लडाख या केंद्रशासित प्रदेशांचा नकाशा व माहिती या पुस्तकात दिलेली आहे.

सदर पुस्तकाचे लेखन करताना आमचे गुरुवर्य मित्रमंडळी व कुटुंबीयांचे सहकार्य लाभलेले आहे. या पुस्तकाच्या लेखनासाठी आमचे प्रेरणास्थान व गुरुवर्य सेवानिवृत्त प्रा. डॉ. प्रवीण सप्तर्षी, प्रा. डॉ. श्रीकांत कार्लेकर तसेच सावित्रीबाई फुले पुणे विद्यापीठाचे कुलगुरू मा. प्रा. डॉ. नितीन करमळकर सर यांचे प्रोत्साहन अत्यंत महत्त्वाचे ठरले आहे. सावित्रीबाई फुले पुणे विद्यापीठाचे भूगोल अभ्यास मंडळाचे चेअरमन प्रा. डॉ. ज्योतिराम मोरे व भूगोल विभाग प्रमुख आणि भूगोल अभ्यास मंडळाचे सदस्य प्रा. डॉ. रवींद्र जायभाय यांचे मार्गदर्शन महत्त्वाचे ठरले. तसेच सावित्रीबाई फुले पुणे विद्यापीठाच्या भूगोल अभ्यास मंडळाचे इतर सदस्य डॉ. अर्जुन मुसमाडे, डॉ. सुभाष निकम, डॉ. विजय भगत, डॉ. प्रमोदकुमार हिरे, डॉ. तुषार शितोळे, डॉ. अमित धोरडे, डॉ. रघुनाथ नजन, डॉ. रविंद्र शिंदे व डॉ. संजय पगार यांच्याकडून मिळालेली प्रेरणा व त्यांनी केलेले सहकार्य यामुळे आम्ही या सर्वांचे ऋणी आहोत.

याशिवाय सर परशुरामभाऊ महाविद्यालय, पुणे येथील प्र. प्राचार्य डॉ. सविता दातार व भूगोल विभाग प्रमुख प्रा. डॉ. सुनील गायकवाड, डॉ. बाळासाहेब विखे पाटील (पद्मभूषण उपाधीने सन्मानित) प्रवरा ग्रामीण शिक्षण संस्थेचे, पद्मश्री विखे पाटील कला, विज्ञान व वाणिज्य महाविद्यालय, प्रवरानगर येथील प्राचार्य डॉ. प्रदीप दिघे. तसेच, क्रांतिवीर वसंतराव नारायण नाईक शिक्षण प्रसारक संस्थेचे कला, वाणिज्य व विज्ञान महाविद्यालय, नाशिक येथील प्राचार्य डॉ. वसंत वाघ आणि अकोले तालुका एजुकेशन संस्थेचे अगस्ती कला, वाणिज्य आणि दादासाहेब रूपवते विज्ञान महाविद्यालय, अकोले येथील प्राचार्य डॉ. भास्कर शेळके व भूगोल विभाग प्रमुख प्रा. डॉ. शिवाजी खेमनार यांचे अनमोल मार्गदर्शन व मोलाचे सहकार्य लाभले.

त्याचबरोबर डॉ. अशोक चासकर, डॉ. सुरेश देशमुख, डॉ. विशाल पावशे, डॉ. शालिनी गुलदेवकर, डॉ. विलास उगले, डॉ. मनोजकुमार देवणे, डॉ. गणेश ढवळे, डॉ. सुनील ठाकरे, प्रा. रघुनाथ सावंत, प्रा. दत्तात्रय कारंडे, प्रा. मिथिलेश चव्हाण, प्रा. ललित ठाकरे, डॉ. सुमित्रा निकम, डॉ. आशालता विद्यासागर, प्रा. विद्द्या मोहिते, डॉ. सुशील थिगळे यांचेही मोलाचे सहकार्य लाभले.

याशिवाय डायमंड पब्लिकेशनचे प्रकाशक माननीय श्री. दत्तात्रय पाष्टे, श्री. निलेश पाष्टे व त्यांचे सर्व सहकारी यांनी दिल्येल्या बहुमोल सहकार्यामुळेच हे पुस्तक आपल्यापर्यंत सादर करणे शक्य झाले आहे. सदर पुस्तक हे विद्यार्थी, प्राध्यापक तसेच विविध स्पर्धा परीक्षांसाठी प्रयत्न करत असलेल्या विद्यार्थ्यांना आणि आपल्या देशाबद्दल माहिती मिळवून घेण्याची उत्सुकता असणाऱ्या अनेक अभ्यासप्रेमींना उपयुक्त ठरेल. या पुस्तकात अनावधानाने काही चुका, उणिवा राहिल्या असतील तर त्याची सर्वस्वी जबाबदारी आमची राहील. तुम्ही केलेल्या सूचनांचे स्वागतच केले जाईल व पुढील आवृत्तीत निश्चितपणे यथायोग्य बदल केले जातील.

धन्यवाद.

– लेखकवृंद

लेखक-परिचय

डॉ. नितीन नथुराम मुंढे
M.A. (Geography), M.Sc. (Geoinformatics),
NET, Ph.D., Post-Doctorate (PDF)

- सर परशुरामभाऊ महाविद्यालय, पुणे येथे पदवी व पदव्युत्तर पातळीवर १२ वर्षांपासून भूगोल विषयाचे 'अध्यापक' म्हणून कार्यरत.
- २०१७-१८ मध्ये महाराष्ट्र भूगोलशास्त्र परिषद, पुणे यांच्यामार्फत 'सर्वोत्कृष्ट भूगोल शिक्षक' पुरस्काराने सन्मानित.
- २०१८-२०१९ मध्ये आंतरराष्ट्रीय जनसंख्या संस्थान, मुंबई या संस्थेमार्फत पोस्ट-डॉक्टरल रिसर्चसाठी 'संशोधन फेलोशिप' प्रदान.
- इंडियन इन्स्टिट्यूट ऑफ टेक्नॉलॉजी (IIT) रुड़की आयोजित NPTEL या ऑनलाईन अभ्यासक्रमात ४ वेळा देशामध्ये 'टॉपर आणि सुवर्णपदक' प्रदान.
- ०२ लघु संशोधन प्रकल्प (Minor Project) आणि ०१ मुख्य (मेजर) संशोधन प्रकल्प (Major Project) पूर्ण.
- इंडियन इन्स्टिट्यूट ऑफ रिमोट सेंसिंग आणि इंडियन स्पेस रिसर्च ऑर्गनायझेशन (ISRO-IIRS) या संस्थेमार्फत महाविद्यालयात घेण्यात येणाऱ्या सर्टिफिकेट कोर्सचे (MOOC) आयोजन करण्यासाठी 'समन्वयक' म्हणून नियुक्ती. त्यात एकूण ६० पेक्षा जास्त सर्टिफिकेट कोर्स पूर्ण.
- ३३ शोधनिबंध राष्ट्रीय व आंतरराष्ट्रीय जर्नल्समध्ये प्रकाशित.
- ३० पेक्षा अधिक राष्ट्रीय, राज्यस्तरीय आणि विद्यापीठस्तरीय सेमिनार, वेबिनार व व्याखानामध्ये 'साधन व्यक्ती'.
- सावित्रीबाई फुले पुणे विद्यापीठाचे भूगोल विषयाचे 'पीएचडी मार्गदर्शक'.

डॉ. अनिल अशोक लांडगे
M.A. (Geography), Ph.D., NET

- लोकनेते डॉ. बाळासाहेब विखे पाटील (पद्मभूषण उपाधीने सन्मानित) प्रवरा ग्रामीण शिक्षण संस्थेचे, पद्मश्री विखे पाटील कला, विज्ञान व वाणिज्य महाविद्यालय, प्रवरानगर येथे पदवी व पदव्युत्तर स्तरावर १६ वर्षांपासून 'भूगोलाचे अध्यापन आणि भूगोल विभाग प्रमुख' म्हणून काम.
- विविध नामांकित नियतकालिकांमध्ये १८ संशोधन पेपर प्रकाशित.
- ६ आंतरराष्ट्रीय, २१ राष्ट्रीय व राज्यस्तरीय परिषद/सेमिनारमध्ये संशोधन पेपर सादरीकरण.
- सावित्रीबाई फुले पुणे विद्यापीठ, पुणे व विद्यापीठ अनुदान आयोग, नवी दिल्ली प्रायोजित दोन लघु संशोधन प्रकल्प पूर्ण.
- महविद्यालयातील IQAC विभागाचे 'समन्वयक'.
- ८ वर्षे 'राष्ट्रीय सेवा योजना कार्यक्रम अधिकारी' म्हणून काम.
- विविध महाविद्यालयात भूगोल आणि पर्यावरणाशी निगडित विषयांवर व्याख्याने
- राज्य व राष्ट्रीय स्तरावरील चर्चासत्रांचे आयोजन.
- सावित्रीबाई फुले पुणे विद्यापीठाचे भूगोल विषयाचे 'पीएचडी मार्गदर्शक'.

प्रा. डॉ. राजेंद्र भाऊसाहेब झोळेकर
M.A., B.Ed, NET, Ph.D

- क्रांतिवीर वसंतराव नारायणराव नाईक शिक्षण प्रसारक संस्थेच्या कला, वाणिज्य व विज्ञान महाविद्यालय, नाशिक येथे 'भूगोल विभाग प्रमुख' म्हणून कार्यरत.
- डॉ. बाबासाहेब आंबेडकर मराठवाडा विद्यापीठ औरंगाबाद येथे भूगोल अभ्यास मंडळावर 'स्वीकृत सदस्य' म्हणून नियुक्ती.
- मे २०१६ मध्ये "Land Suitability for Agriculture Using GIS and RS: A case study of upper Mula and Pravara Basin" या प्रबंधाकरता सावित्रीबाई फुले पुणे विद्यापीठाची पीएचडी पदवी प्रदान.
- सावित्रीबाई फुले पुणे विद्यापीठाचा Minor research project पूर्ण.
- The Indian Council of Social Science Research (ICSSR) यांच्याकडून Major Research Project मंजूर.
- आतरराष्ट्रीय नामांकित जर्नलमध्ये शोध निबंध प्रकाशित.
- Elsevier व Springer प्रकाशित जर्नलच्या शोध निबंधांसाठी Reviewer म्हणून मूल्यमापन केले, तसेच Department of Science and Technology (DST) च्या प्रकल्पांसाठी Reviewer म्हणून मूल्यमापन केले.
- याशिवाय अनेक राष्ट्रीय व आंतरराष्ट्रीय चर्चासत्रे व कार्यशाळा यामध्ये सहभाग घेतला आहे.

डॉ. सुरिंदर गोपाळराव वावळे
M.A. (Geography), NET, Ph.D.

- अकोले तालुका एज्युकेशन सोसायटीचे, अगस्ति कला, वाणिज्य व दादासाहेब रूपवते विज्ञान महाविद्यालय, अकोले येथे भूगोल विभागात पदवी व पदव्युत्तर पातळीवर ९ वर्षांपासून अध्यापन.
- पेटंट ऑफिस जर्नलमध्ये दहा भारतीय पेटंट प्रकाशित व एका ऑस्ट्रेलीयन पेटंटला मान्यता
- चीनमधील चिंगदाओ युनिव्हर्सिटी आणि पोलंडच्या रोस्ला युनिव्हर्सिटीमध्ये संशोधन पेपरचे सादरीकरण.
- महाविद्यालयीन परीक्षेसाठी ई.आर.पी सॉफ्टवेअर विकसित केले.
- १२ पेक्षा अधिक बौद्धिक संपत्ती हक्क यावरील प्रशिक्षणात साधन व्यक्ती.
- व्यापारी भूगोल, पर्यावरणीय भूगोल सीबीसीएस पॅटर्नचे संबंधित लेखक.
- १५ शोधनिबंध राष्ट्रीय व आंतरराष्ट्रीय जर्नलमध्ये प्रकाशित.
- इंडियन इन्स्टिट्यूट ऑफ रिमोट सेन्सिंग आणि इंडियन स्पेस रिसर्च ऑर्गनायझेशन (ISRO-IIRS) या संस्थेमार्फत महाविद्यालयीन स्तरावर आयोजनासाठी (MOOC) सर्टिफिकेट कोर्सचे 'समन्वयक'.
- महाविद्यालयातील उन्नत भारत अभियान उपक्रमाचे 'समन्वयक' म्हणून काम.

अनुक्रम

भारताचा भूगोल (भाग-२)

प्रकरण १ भारत : प्रस्तावना
India : Introduction

१.१) भारताचे स्थान व विस्तार (Location and Extent)
१.२) भारताची ऐतिहासिक पार्श्वभूमी (Historical Background)
१.३) भारताची आंतरराष्ट्रीय सीमा आणि संबंधित समस्या (International Boundary of India and Related Problems)
१.४) घटक राज्ये आणि केंद्रशासित प्रदेश (States and Union Territories)

प्रस्तावना (Introduction)

विविधतेत एकता प्रतिबिंबित करणारे भारत हे जगातील अद्वितीय राष्ट्र आहे. प्राचीन काळातील पराक्रमी राजा भरत यावरून 'भारत' आणि आर्यवंशीय लोकांची भूमी म्हणून या प्रदेशाला 'आर्यावर्त' असे म्हणत. प्राचीन काळी सिंधू नदीच्या काठावर राहणाऱ्या लोकांना ग्रीक लोक 'इंडोई' (Indoi), तर पर्शियन लोकांना 'हिंदू' या नावाने (Hindu) संबोधत होते. या दोन शब्दांवरून युरोपीय लोकांनी या देशाचा उल्लेख 'इंडिया' (India) असा करण्यास प्रारंभ केल्याने आज जगातील सर्व देश भारताला 'India' नावाने ओळखतात.

भारत हा दक्षिण आशियामधील एक प्रमुख देश आणि जगातील प्राचीन संस्कृतींपैकी एक देश आहे. हा देश क्षेत्रफळाने जगातील ७ वा सर्वांत मोठा देश आहे, तर लोकसंख्येच्या बाबतीत दुसऱ्या क्रमांकावर आहे. भारताला हजारो वर्षे जुना इतिहास आहे. अनेक साम्राज्ये या भूमीत विकसित पावली व लयाला गेली. भाषा, ज्ञान, अध्यात्म, कला, धर्म या बाबतीत जगाला या देशाने मोठा वारसा दिला आहे. उष्ण कटिबंधातील या देशात विविध प्रकारचे हवामान अनुभवास मिळते. देशात अनेक भाषा, अनेक प्रांत, अनेक रीतीरिवाज आहेत, परंतु या विविधतेत एकता हे

भारत देशाचे वैशिष्ट्य आहे. ‘भा’ या संस्कृत शब्दाचा अर्थ ‘तेज’, ‘तेजस्विता’, ‘द्युतिमानता’ असा आहे. ‘रत’ म्हणजे रममाण झालेला. म्हणजेच त्या तेजस्वितेत, त्या द्युतिमानतेत रममाण झालेला देश म्हणजे भारत.

शकुंतला ही विश्वामित्र ऋषींची मेनका या अप्सरेपासून झालेली कन्या होती. तिचा विवाह पुरुवंशीय राजा दुष्यंताशी झाला होता. त्यांचा पुत्र ‘भरत’ पराक्रमी होता. यावरून हिंदुस्थान देशाला ‘भारत’ हे नाव पडले, असा एक मतप्रवाह आहे. हा मतप्रवाह सर्व देशांत मान्य केला जातो.

डॉ. वासुदेवशरण अग्रवाल यांनी ‘भारत’ या नावाविषयी दोन व्युत्पत्ती दिल्या आहेत. पहिल्या व्युत्पत्तीनुसार ऋग्वेदकाळात आर्यांची ‘भारत’ नावाची एक पराक्रमी शाखा होती. त्या शाखेने बिपाशा (सांप्रतची बिआस) व शतद्रु (सतलज) नद्या पार करून ज्या प्रदेशात आगमन केले व वस्ती केली, त्या प्रदेशाला ‘भरत जनपद’ असे म्हटले जाऊ लागले. या जनपदातल्या प्रजेला भारतीय प्रजा म्हणून ओळखले जाई. या भरतजनांच्या आधारावर देशाच्या एका विशिष्ट भूभागाला भारत म्हटले जाऊ लागले. पुढे या भरतजनांनी ज्या प्रदेशावर आपली सत्ता विस्तारली, त्या सर्व व्याप्त प्रदेशालाही ‘भारत’ हे नाव पडले व पुढे संपूर्ण देशाचेच ते नाव रूढ झाले असावे.

दुसऱ्या व्युत्पत्तीनुसार ऋग्वेदात यज्ञाग्नीला ‘भारत’ असे म्हटले आहे. भारतजनांनी या भूमीवर प्रथम यज्ञाग्नी प्रज्वलित केला म्हणून या देशाला ‘भारत’ हे नाव प्राप्त झाले असावे. शतपथ ब्राह्मणात व महाभारतातही अग्नीला ‘भारत’ असे म्हटलेले आहे.

भारतास महान ऐतिहासिक व सुसंस्कृत वारसा लाभलेला असून खूप मोठी सांस्कृतिक परंपरा या देशाला लाभली आहे. या देशाचा इतिहास गौरवशाली आहे. मध्ययुगीन कालखंडात अनेक परकीय आक्रमणे या देशावर झाली. मोगलांनी सुमारे २०० वर्षे, तर ब्रिटिशांनी १५० वर्षे या भूमीवर राज्य केले. १५ ऑगस्ट १९४७ रोजी भारत देश स्वतंत्र होऊन आज ‘सर्वात मोठे लोकशाही राष्ट्र’ म्हणून जगाला आदर्श दाखवून देत आहे. प्रशासकीय दृष्ट्या सन २०२१ पर्यंत २८ घटकराज्ये व आठ केंद्रशासित प्रदेश अशी विभागणी करण्यात आली. नोव्हेंबर २००० मध्ये उत्तरप्रदेश राज्यातून उत्तरांचल, मध्यप्रदेश राज्याची विभागणी करून छत्तीसगड व बिहारमधून झारखंड ही तीन नवीन राज्ये स्थापन करण्यात आली आहेत. जून २०१४ मध्ये आंध्रप्रदेशातून तेलंगणा या नवीन राज्याची निर्मिती करण्यात आली आहे. त्याचबरोबर सन २०१९ मध्ये ‘जम्मू आणि काश्मीर व लडाख’ या केंद्रशासित प्रदेशाचीही निर्मिती करण्यात आली आहे. औद्योगिक उत्पादनात भारत देश आज दहाव्या स्थानावर असून अणुशक्तीचा स्फोट करणाऱ्या जगातील सहा देशांमध्ये भारत समाविष्ट आहे.

तक्ता क्र. १.१ : क्षेत्रफळ

अ.क्र.	देश	क्षेत्रफळ (चौ.कि.मी.)
१.	पूर्वीचा रशिया	२२४०२२००
२.	कॅनडा	९९७६१३९
३.	संयुक्त संस्थाने	९८०९४३१
४.	चीन	९५९६९६१
५.	ब्राझील	८५११९६५
६.	ऑस्ट्रेलिया	७७१३३६४
७.	भारत	३२८७२६३

भारतासह इतर सहा देशांना वेगवेगळे क्षेत्रफळ वाट्याला येत असले, तरी यातील बरेच क्षेत्र पर्वत रांगा, डोंगरउतार, दलदल इत्यादींमुळे निरुपयोगी असल्याचे दिसून येते. जगाच्या एकूण क्षेत्रफळाच्या तुलनेत भारताच्या वाट्याला फक्त २.४ टक्के क्षेत्र आले असून या क्षेत्रफळाच्या भूमीवर जगातील एकूण लोकसंख्येच्या १७.५ टक्के लोकसंख्या निवास करते. म्हणूनच या देशाला 'मोठ्या लोकसंख्येचा छोटा देश' असे म्हणतात.

१.१) भारताचे स्थान व विस्तार (Location and Extent)

'भारत' या देशाचे स्थान उत्तर गोलार्धात असून आशियाच्या दक्षिणेकडील पूर्व गोलार्धात भारताचे स्थान मध्यावर आहे. भारताचे भौगोलिक स्थान अत्यंत वैशिष्ट्यपूर्ण आहे. देशाचा अक्षवृत्तीय विस्तार ८ अंश ४ मिनिटे २८ सेकंद उत्तर ते ३७ अंश ६ मिनिटे व ५३ सेकंद उत्तर (८°.४.२८" उत्तर ते ३७°.६.५३" उत्तर) इतका आहे. रेखावृत्तीय विस्तार ६८° अंश ७ मिनिटे ३३ सेकंद पूर्व ते ९७° अंश २५ मिनिटे ४७ सेकंद पूर्व (६८°७'.३३" पूर्व ते ९७°.२५'.४७" पूर्व) रेखावृत्ताच्या दरम्यान म्हणजेच पूर्व गोलार्धात मध्यावर स्थान लाभले आहे.

ग्रिनिच रेखावृत्ताच्या पूर्वेस भारताचे स्थान असल्याने ग्रिनिच प्रमाणवेळेपेक्षा भारतीय प्रमाण वेळ ५ तास व ३० मिनिटे इतकी पुढे आहे. कारण भारत देश हा ग्रिनिचच्या पूर्वेस आहे. कर्कवृत्त (२३ १/२° उत्तर) हेही भारताच्या साधारण: मध्यातून जाते.

भारताची उत्तर-दक्षिण लांबी ३२१४ कि.मी. असून पूर्व-पश्चिम लांबी २९३३ कि.मी. इतकी आहे. देशाचे एकूण क्षेत्रफळ ३२,८७,२६३ चौ.कि.मी. आहे. भारताला सुमारे १५२०० कि.मी. लांबीची भूसरहद्द लाभलेली असून ६१०० कि.मी. लांबीचा सागरी किनारा मिळाला आहे.

नकाशा क्र. १.१ : भारताचे स्थान

हिमालयीन उत्तुंग पर्वतरांगांनी आशिया खंडाचा दक्षिणेकडील भाग वेगळा केलेला असून भारत व सभोवतालच्या प्रदेशांना 'भारतीय उपखंडातील देश' असे संबोधले जाते. भारताच्या मध्यभागापासून दक्षिणेकडील त्रिकोनी भूभाग हिंदी महासागरात घुसलेला असून त्यास 'द्वीपकल्पीय भारत' असे संबोधले जाते. कारण ही भूमी तीन बाजूंनी सागरांनी वेढलेली आहे.

१.२) भारताची ऐतिहासिक पार्श्वभूमी (Historical Background)

१) सिंधू संस्कृतीचा काल

भारत देश हा मानवी इतिहासातील प्राचीन देशांमध्ये गणला जातो. मध्यप्रदेशातील भीमबेटका येथील पाषाणयुगातील भित्तिचित्रे भारतातील मानवी अस्तित्त्वाचे सर्वांत जुन्या पुराव्यांपैकी आहेत. पुराणतज्ज्ञांनुसार, सत्तर हजार वर्षांपूर्वी आदिमानवाने भारतात प्रवेश केला. साधारणपणे ९००० वर्षांपूर्वी भारतात ग्रामीण व शहरी स्वरूपांची मानवी वस्ती होऊ लागली व त्याचेच हळूहळू सिंधू संस्कृतीमध्ये रूपांतर झाले. इ.स.पूर्व ३५०० च्या सुमारचा कालखंड हा सिंधू संस्कृतीचा काळ मानला जातो. या सिंधू संस्कृतीची सुरुवात भारताच्या वायव्य प्रांतात म्हणजेच आजच्या पाकिस्तानात झाली.

'मोहोंजोदडो' व 'हडप्पा' ही उत्खननात सापडलेली शहरे आज पाकिस्तानात असली, तरी भारतीय इतिहासातच गणली जातात. यानंतरचा काळ (इ.स.पूर्व १५०० ते इ.स.पूर्व ५००) वैदिक काळ म्हणून गणला जातो. काही वर्षांपूर्वीपर्यंत इतिहासकरांमध्ये असा समज होता, की युरोप व मध्य आशियातून आलेल्या आर्य लोकांच्या टोळ्यांनी सातत्याने आक्रमण करून सिंधू संस्कृती नष्ट केली व वैदिक काळ सुरू झाला. परंतु सध्या संशोधकांचे असे मत आहे की वैदिक काळ हा पूर्वीच्या संशोधकांच्या मान्यतेपेक्षा अजून प्राचीन असून वैदिक संस्कृती व हडप्पा व मोहोंजोदडो संस्कृती या एकच होत्या. सिंधू संस्कृती व वैदिक काळातील घडामोडी या सिंधू व सरस्वती नद्यांच्या काठी घडल्या होत्या यात दुमत नाही. यातील सरस्वती नदी ही काळाच्या ओघात पृष्ठीय बदलांमुळे लुप्त पावली. प्राचीन सरस्वती नदी ही पंजाब, राजस्थान, कच्छ, गुजरातमधून वाहात होती, हे शास्त्रीय पुराव्यांतून सिद्ध झाले आहे. या वैदिक काळातच भारतीय संस्कृतीची मुळे रोवली गेली. मध्य वैदिक काळात सिंधू काठची वैदिक संस्कृती गंगेच्या खोऱ्यात पसरली. विष्णू पुराणातला पहिला श्लोक भारत या नावाची ओळख करून देतो.

पंजाबमधील रावी नदीच्या काठी हडप्पा येथे इ.स.१९२१ मध्ये रेल्वेमार्गाचे काम चालू असताना काही पुरातन विटा व चित्रलिपी असलेल्या मृदा आढळल्या. या अवशेषांवरून भारतातील एक प्राचीन व प्रगत संस्कृतीचा शोध लागला. ही संस्कृती सुमारे ५००० वर्षांपूर्वी अस्तित्त्वात होती. आज हडप्पा व मोहोंजोदडो ही दोन्हीही ठिकाणे पाकिस्तानात आहेत.

या संस्कृतीचे अवशेष भारतात इतरत्रही आढळले आहेत. त्यामध्ये रूपड, राखीगढी, लोथल, सुरकोटला, धोलाविरा, कुतासी, रंगपूर, आलमगिरपूर, कालीबंगन व दायमाबाद ही महत्त्वाची स्थळे आहेत. ही सर्व स्थळे नद्यांच्या खोऱ्यांत वसलेली होती. रावी व सिंधू नदीच्या खोऱ्यांत हडप्पा संस्कृतीच्या वसाहती होत्या. सुनियोजित नगररचना, रस्ते, घरे, सांडपाणी व्यवस्था, स्नानगृहे, अलंकार, खेळणी, मातीची भांडी, मुद्रा, तांबे, सोने आणि चांदी या धातूंचा वापर ही हडप्पा संस्कृतीची वैशिष्ट्ये होती.

२) मौर्य साम्राज्याची मुहूर्तमेढ

इसवीसनपूर्व तिसऱ्या शतकात अलेक्झांडरच्या आक्रमणानंतर भारतात बरीच राजकीय स्थित्यंतरे झाली. भारताच्या मुद्देसूद इतिहासाची येथपासून सुरुवात होते. चंद्रगुप्त मौर्याने मगधच्या मौर्य साम्राज्याची मुहूर्तमेढ रोवली, ज्याचा सम्राट अशोकने

कळस गाठला. 'कलिंगा'च्या युद्धात मानवी कौर्यानंतर अशोकने शांतता व अहिंसेचा मार्ग अवलंबला व बौद्ध धर्माचा स्वीकार केला. भारतात या काळात मोठ्या प्रमाणावर बौद्ध धर्माचा प्रसार झाला होता. मौर्य साम्राज्याच्या पतनानंतर काही काळ उत्तर भारतात अनेक ग्रीक आक्रमणे पुन्हा झाली. काही काळ ग्रीक सत्तेखाली भारताचा काही भाग होता. तिसऱ्या शतकात स्थापन झालेल्या गुप्त साम्राज्याने भारताच्या बहुतांशी भागावर बराच काळ राज्य केले. हा काळ भारताचा सुवर्णकाळ मानला जातो. या काळातच जनतेवर दीर्घकाल राहिलेला बौद्ध धर्माचा पगडा हळूहळू कमी झाला व पूर्वीच्या वैदिक धर्माची वेगळ्या स्वरूपात पुनर्बांधणी झाली. साहित्य, गणित, शास्त्र, तत्त्वज्ञान इत्यादी क्षेत्रांत भारताने मोठी मजल मारली.

भारत या काळात व्यापारीदृष्ट्या अतिशय पुढारलेला देश होता. दक्षिण भारतात अनेक साम्राज्ये उदयास आली. तामिळनाडूतील चौल साम्राज्य, विजयनगरचे साम्राज्य, महाराष्ट्रातील सातवाहन या काळातील कला, स्थापत्यशास्त्रातील प्रगती आजही खुणावते. अजिंठा-वेरूळची लेणी, वेरूळ, हंपी ही प्राचीन नगरे, दक्षिणेतील प्राचीन मंदिरे ही याच काळात बांधली गेली. 'चोल साम्राज्या'चा विस्तार आग्नेय आशियातील इंडोनेशिया या देशापर्यंत पोहोचला होता.

३) इस्लामी राजवट

११व्या शतकात इराणमधील मोहम्मद बिन कासीमने सिंध प्रांतावर आक्रमण केले व ते काबीज केले. यानंतर अनेक इस्लामी आक्रमणे आली व भारतातील मोठ्या भूभागावर इस्लामी राजवट लागू झाली. भारतातील अनेक राज्ये आर्थिकदृष्ट्या अतिशय पुढारलेली होती. इस्लामी आक्रमणात, सत्ता काबीज करणे तसेच लूट करणे हे मुख्य उद्देश असत. गझनी येथील एका राज्यकर्त्याने भारतात लुटीच्या १७ मोहिमा आखल्या होत्या. तैमूरलंगने केलेले दिल्लीतील शिरकाण ही मानवी इतिहासातील सर्वाधिक क्रूर घटना होती, असे इतिहासकार नमूद करतात. दिल्ली सल्तनत ते मोगलांपर्यंत अनेक इस्लामी राज्ये उदयास आली. यातील मुघल राजवट सर्वाधिक विस्ताराची होती.

४) मराठा साम्राज्याची स्थापना

मुघल राजवटीत शिवाजी महाराजांनी मराठा साम्राज्याची स्थापना केली, ज्याचा मुख्य उद्देश भारतात एतद्देशीयांचे राज्य पुनर्स्थापीत करणे हा होता. मराठा साम्राज्याच्या विस्ताराबरोबरच मुघल साम्राज्य क्षीण होत गेले. पानिपतच्या युद्धात दारुण पराभवानंतर मराठ्यांचे पतन सुरू झाले, ज्याचा सर्वाधिक फायदा युरोपियन साम्राज्यवाद्यांना झाला.

५) युरोपियन साम्राज्यवाद

सोळाव्या शतकापासूनच अनेक युरोपीय देशांनी व्यापाराचे निमित्त करून भारतात वसाहती स्थापल्या होत्या व आपले साम्राज्यवादी धोरण ते पुढे रेटत होते. इंग्लिश लोक, पोर्तुगीज, फ्रेंच, डच हे भारतात आपले वर्चस्व गाजवण्यास धडपडत होते. इंग्रजांनी विकसित शस्त्रास्त्रे व युद्धकौशल्य, तसेच मुत्सद्देगिरी, फूटीचे राजकारण करून हळूहळू भारतातील सर्व राज्ये आपल्या आधिपत्याखाली आणली. बंगालपासून सुरुवात करत म्हैसूरचा टिपू सुलतान, १८१८ मध्ये मराठा साम्राज्य, १८५०च्या सुमारास पंजाबमधील शीख व जाट, असे हस्तगत करत जवळपास संपूर्ण भारताला इंग्रजांनी ब्रिटिश ईस्ट इंडिया कंपनीच्या कारभाराखाली घेतले. १८५७ मध्ये ब्रिटिश सेनेमधील भारतीय सैनिकांनी उठाव केला व पाहता पाहता संपूर्ण भारतभर त्याचे पडसाद उमटले. ब्रिटिशांविरुद्धचा उठाव अयशस्वी झाला, तरी ब्रिटिशांविरुद्ध स्वातंत्र्य मिळवण्याची ऊर्मी भारतीयांमध्ये जागृत झाली. उठावानंतर ईस्ट इंडिया कंपनीचा कारभार ब्रिटिश सरकारकडे गेला.

६) भारताला इंग्रजांपासून स्वातंत्र्य

लोकमान्य टिळक यांच्या नेतृत्वाखाली विसाव्या शतकाच्या सुरुवातीला भारतीय राष्ट्रीय काँग्रेसने राष्ट्रीय पातळीवर स्वातंत्र्य चळवळ सुरू केली. १९२० मध्ये टिळकांच्या मृत्युनंतर महात्मा गांधींनी चळवळीची सूत्रे हाती घेत अनेक चळवळी केल्या. सरतेशेवटी १५ ऑगस्ट १९४७ रोजी भारताला इंग्रजांपासून स्वातंत्र्य मिळाले, परंतु त्यासाठी बहुसंख्य मुस्लीम असलेला भाग, आजचा पाकिस्तान व बांगलादेश हे वेगळे व्हावे लागले. फाळणीचा हा इतिहास अतिशय दुःखदायक आहे. २६ जानेवारी १९५० रोजी भारतीय संविधान लागू झाले व भारत गणतंत्र राष्ट्र बनले व ते जगातील सर्वांत मोठे लोकशाही राष्ट्र अशी आज बिरुदावली मिरवत आहे. इ.स.१९५० रोजी देशाची नवी राज्यघटना अमलात आल्यानंतर देशाचे नाव अधिकृतपणे 'भारत' अर्थात इंडिया असे झाले.

स्वातंत्र्यप्राप्तीनंतर भारताने सामान्य गतीने आर्थिक व सामाजिक सुधारणांचा स्वीकार करून वाटचाल केली. जम्मू आणि काश्मिर व ईशान्येकडील राज्यांत सुरू असलेल्या हिंसाचार आणि गरिबीमुळे ग्रामीण भागात सुरू होत असलेला नक्षलवाद यामुळे भारतातील दहशतवादही एक महत्त्वाचा सुरक्षाविषयक मुद्दा बनला आहे. १९९० पासून भारतातील विविध शहरांत दहशतवादी हल्ले झाले आहेत. भारताचे चीन व पाकिस्तान यांच्याशी संलग्न सीमांबद्दल वाद आहेत; त्यातून १९४७, १९६५, १९७१ व १९९९ मध्ये युद्धे झाली. भारत अलिप्ततावादी चळवळीच्या प्रस्थापकांपैकी

एक आहे. भारताने १९७४ मध्ये भूमिगत अणुचाचणी केली. १९९८ मध्ये यापाठोपाठ पाच आणखी अणुस्फोट करण्यात आले, ज्याने भारतास अणुसज्ज देशांच्या यादीत नेऊन बसविले. भारताने १९९१ नंतर आर्थिक सुधारणांचा अंगीकार केल्यानंतर झपाट्याने आर्थिक प्रगती केली आहे. खासकरून सॉफ्टवेअर क्षेत्रामध्ये भारताने लक्षणीय कामगिरी केली आहे.

१.३) भारताची आंतरराष्ट्रीय सीमा आणि संबंधित समस्या (International Bundary of India and Related Problems)

भारताच्या पूर्वेला बंगालचा उपसागर, दक्षिणेकडून हिंदी महासागर तर पश्चिमेस अरबी समुद्र, अशा तीनही बाजूंनी समुद्रकिनारा आहे. उत्तरेस हिमालयाच्या रांगांनी भारताला संरक्षक भिंत मिळाली आहे. भारताच्या दक्षिणेला श्रीलंका हा देश असून पाल्कच्या सामुद्रधुनीमुळे भारत व श्रीलंका वेगळे झालेले आहेत. पूर्वेकडील सात टेकड्यांचे राज्य व बंगालचा उपसागर ओलांडल्यानंतर म्यानमार हा भारताचा शेजारी देश आहे. आसाम व पश्चिम बंगाल या राज्यांच्यामध्ये पूर्व पाकिस्तान म्हणजे आजचा 'बांगला देश' पहारीसारखा घुसला आहे. उत्तरेस हिमालय ओलांडताच चीन हा भारताचा शेजारी असून नेपाळ, भूतान हे भारताचे उत्तरेकडील शेजारी आहेत. पूर्वी भारत भूमीचा एकसलग असा भूभाग होता. परंतु ब्रिटिशांनी भारतास स्वातंत्र्य व पाकिस्तान हा शेजारी देश एकाच वेळी दिले. वायव्येकडील प्रदेशात पाकिस्तान हा भारताचा शेजारी देश असून अफगाणिस्थानची छोटी सरहद्द भारतास अतिउत्तरेकडे भिडते. थोडक्यात, भारतीय भूसीमा पाकिस्तान, चीन, म्यानमार (ब्रह्मदेश), अफगाणिस्थान, नेपाळ, भूतान, आणि बांगलादेश या शेजारील देशांना जोडलेली आहे. व्यापारी आणि वाहतुकीच्या दृष्टीने सागरी सीमा महत्त्वपूर्ण आहेत. भारताच्या पश्चिम, पूर्व आणि दक्षिण आशियातील मध्यवर्ती स्थानामुळे आणि हिंदी महासागराचे प्रवेशद्वार या दृष्टीने युरोपातील देश अमेरिकेतील विविध देश, आफ्रिकन देश तसेच ऑस्ट्रेलिया यांना व्यापारदृष्ट्या व जागतिक राजकारण या दृष्टीने भारताचे भौगोलिक स्थान अतिशय महत्त्वाचे आहे. भारताच्या भौगोलिक स्थानास व त्याच्या शेजारील देशांना भूराजनैतिकदृष्ट्या अनन्यसाधारण महत्त्व आहे.

भारताच्या दक्षिणेकडे असणारा श्रीलंका हा देश छोटा आहे, तरी संरक्षणाच्या हेतूने सावधगिरी बाळगावी लागते. भारताच्या पश्चिम बाजूस लक्षद्वीप ही आपलीच बेटे अस्तित्त्वात आहेत. तर मालदीव बेट स्वतंत्र राष्ट्र आहे. तेथे सीमा रक्षणाच्या दृष्टीने जास्त महत्त्व नाही. भारताच्या पूर्व बाजूस सुमारे १२०० कि.मी. अंतरावर भारताचीच अंदमान निकोबार बेटे आहेत. तेथील जमीन पाण्यात लवकर विरघळणारी असल्याने

तक्ता क्र. १.२ : भारताची भू–सीमा

अ.क्र.	देश	राज्य सीमा	अंतर कि.मी.	एकूण कि.मी.
१.	पाकिस्तान	गुजरात, कच्छ राजस्थान पंजाब जम्मू काश्मीर	५२० १२०० ४९० १५००	३७१०
२.	अफगाणिस्थान	जम्मू काश्मीर	२५०	२५०
३.	चीन	प. जम्मू–काश्मीर हिमाचल प्रदेश, उत्तर प्रदेश प.सिक्किम पूर्वेकडे अरुणाचल प्रदेश	२०५० २७५ १६००	३९२५
४.	नेपाळ	उत्तर पू. बिहार, आसाम, पं.बंगाल, सिक्कीम	१९५०	१९५०
५.	भूतान	सिक्कीम, प. बंगाल, आसाम, अरुणाचल प्रदेश	६००	६००
६.	म्यानमार	अरुणाचल प्रदेश, नागालँड, मणिपूर, मिझोराम, त्रिपुरा	२०००	२०००
७.	बांगलादेश	पं.बंगाल, आसाम, मेघालय, त्रिपुरा	२७६५	२७६५
	एकूण			१५,२००

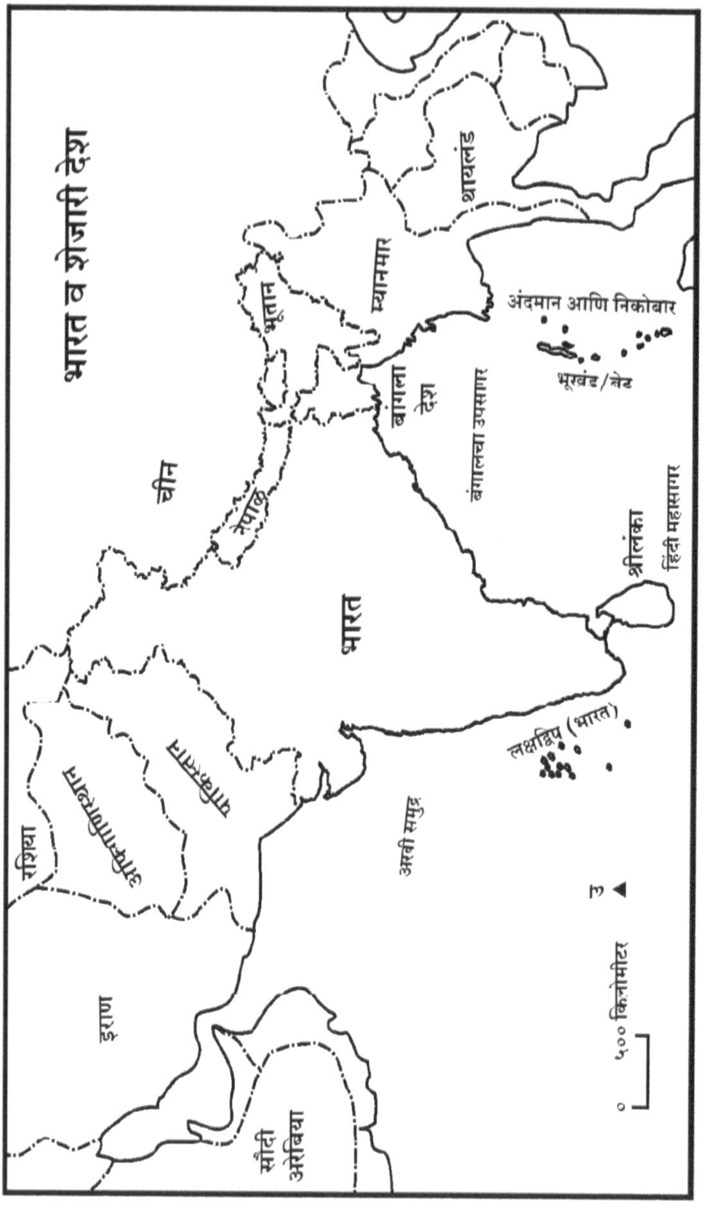

भारत व शेजारी देश

चीन
नेपाळ
भूतान
म्यानमार
थायलंड
बांगला देश
बंगालचा उपसागर
अंदमान आणि निकोबार
श्रीलंका
हिंदी महासागर
भारत
लक्षद्विप (भारत)
अरबी समुद्र
पाकिस्तान
अफगाणिस्तान
रशिया
इराण
सौदी अरेबिया
० ५०० किलोमीटर
उ

नकाशा क्र. १.२ : भारत व शेजारी देश

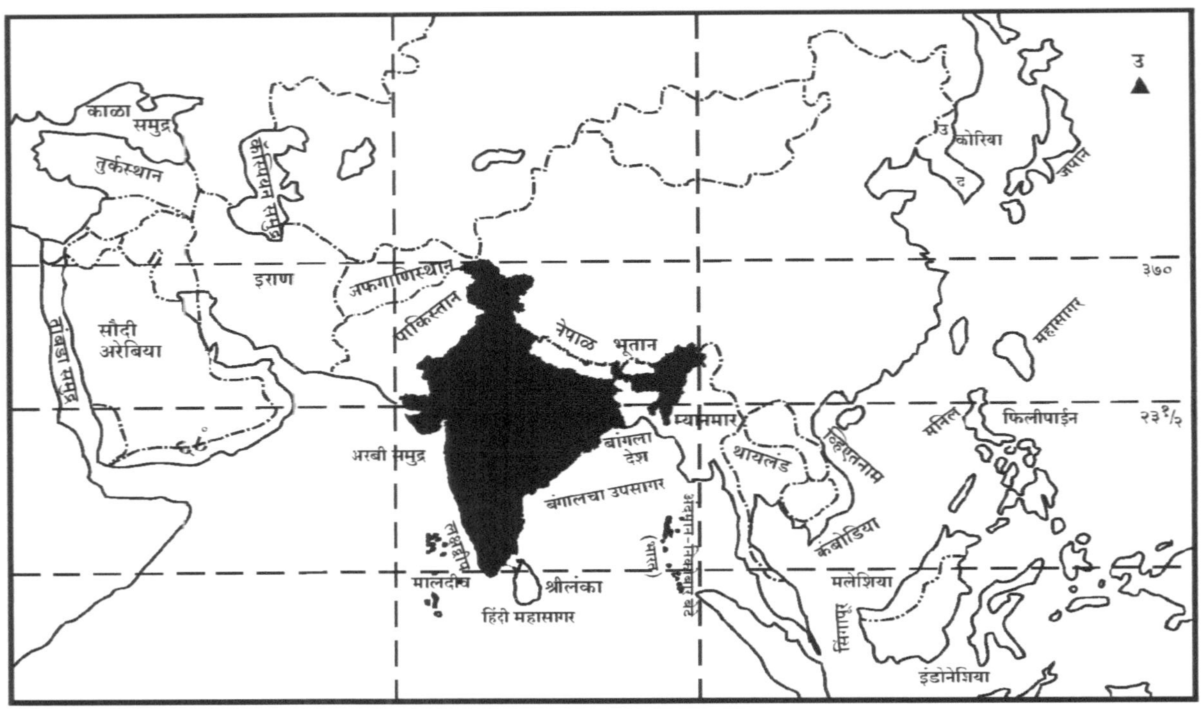

नकाशा क्र. १.३ : भारताची भू–सीमा

तेथील आरमारी तळ अस्तित्त्वात आणण्यासाठी काही प्रमाणात अडचणी निर्माण होऊ शकतात. भारतापासून अंतर दूर असल्याने मनुष्य व मालाच्या वाहतुकीच्या कामाला बराच वेळ लागतो. या दोन महत्त्वाच्या बेटांची राजकीयदृष्टया व भौगोलिकदृष्टया विशेष काळजी करण्यासारखे काही नसले, तरी चीन व म्यानमार (किंवा त्यांच्या आडून इतर कोणी) त्या साडेतीनशे बेटांतल्या एखाद्या दुसऱ्या बेटावर पाय रोवण्याची दाट शक्यता असते.

भारताच्या सर्व सामुद्रिक प्रदेशात चोरट्या व्यापारासाठी, त्यातही शस्त्रात्रे आणि अमली पदार्थांच्या क्रय-विक्रयासाठी सागरी वाहतूक विशेष सोयीची असते. म्हणून इतर देश भौगोलिक दृष्टिकोनातून राजकीय वेडेपणा साधू शकतात. यामुळे समुद्रकिनाऱ्यावरील सुरक्षा-व्यवस्थेवर विशेष लक्ष ठेवणे काळानुसार गरजेचे आहे.

गुजरातच्या कच्छच्या टोकापासून उत्तरेकडील भूसीमा सुरू होते आणि ती भारताच्या पूर्वेकडील तीन टोकांवर थांबते. बांगला देशाची दोन टोके आणि म्यानमारचे तिसरे टोक ही भू-सीमा १५,२०० कि.मी. लांबीची आहे. या भू-सीमांमध्येसुद्धा नैसर्गिक विविधतेबरोबरच सांस्कृतिक, सामाजिक व राजकीय गुंतागुंतही फार मोठ्या प्रमाणात आढळते.

१) पाकिस्तानशी प्राकृतिक सीमा संबंध

भारताच्या गुजरात राज्याच्या उत्तरेला कच्छ जिल्हा आहे. कच्छपासून पाकिस्तानचे कराची बंदर अगदी जवळ आहे. कच्छचे नैसर्गिक स्वरूप वैशिष्ट्यपूर्ण स्वरूपाचे आहे. भौगोलिक दृष्टिकोनातून अंदाजे पाचशे कि.मी. लांब व पंचवीस ते पस्तीस कि.मी. रुंद असलेले हे रण पांढऱ्या शुभ्र मातीने भरलेले आहे. निर्सगनिर्मित ही माती पिठासारखी मऊ आहे. ती उन्हात अतिशय चमकते, तर पावसाळयात सर्वत्र दलदल होऊन जाते. अशा मातीत कुठल्याही प्रकारची शेती होत नाही की काही बांधकामासाठी उपयोग करता येत नाही. रणातून प्रवास करण्यासाठी एखादाच मार्ग अस्तित्त्वात आहे. कच्छच्या रणाच्या मध्यभागी मोठा पूल बांधला गेला असून त्याचे नाव 'इंडिया ब्रिज' असे आहे. या पुलावरून उत्तरेकडे गेले, की जी जमीन लागते, तिच्यामधील कांजरकोट या किल्यापर्यंतचा प्रदेश भारताचा आहे.

आज कच्छच्या रणात मधोमध दोन्ही देशांची सीमा आहे, तर भारताच्या मते, पूर्ण रण भारताचे असून त्याच्या उत्तरेलाही थोडीशी जमीन भारताची आहे. १९६५ साली या प्रश्नावरून भारत व पाकिस्तान यात छोटीशी लष्करी कारवाई झाली व त्यामध्ये संयुक्त राष्ट्रसंघाने हस्तक्षेप केल्याने तो प्रश्न आंतरराष्ट्रीय न्यायालयात गेला

होता. आंतरराष्ट्रीय न्यायालयाच्या निवाड्यानुसार कांजरकोट किल्ला व त्याच्याजवळचा थोडा प्रदेश पाकिस्तानला द्यावा लागला.

भौगोलिक दृष्टिकोनातून राजस्थान सीमेचे स्वरूप वेगळे आहे. बारमेर, जैसलमेर हे वाळवंटी जिल्हे आहेत. उन्हाळ्यात वाळूची वादळे मोठया प्रमाणात होतात. त्यामुळे कालची टेकडी आज नष्ट होते. थोड्या अंतरावर नवी टेकडी उभी झालेली असते. संरक्षणाच्या दृष्टीने सीमेवर कुंपण घालणे फारच जिकिरीचे झाले आहे.

राजस्थान राज्याच्या पुढे पंजाब राज्याची सीमा सुरू होते. तिथे काळ्या मातीचा प्रदेश आहे. हिमाचल प्रदेश व पंजाबात उगम पावलेल्या सतलज, रावी वगैरे नद्या पंजाबातून वाहून पाकिस्तानात जातात व पुढे सिंधू नदीला मिळतात. पठाणकोटच्या उत्तरेला कधुआपासून हिंदुकुश पर्वताच्या रांगा सुरू होतात.

जम्मू - काश्मीरची सीमा सुरू होते तिथून खोल दऱ्या व उंच शिखरांचा प्रदेश सुरू होतो. भारताच्या अधिकृत नकाशात संपूर्ण जम्मू-काश्मीर राज्य भारतात आहे असे आपण दाखवितो. त्यामुळे त्याची पाकिस्तानबरोबर असलेली सीमा १५००कि.मी. लांबीची दिसते. पण व्यवहारात ताबा रेषा ही पाकिस्तानबरोबरची सीमा रेषा आहे व ती सुमारे ७०० कि.मी. आहे. अफगाणिस्थानशी लागून असलेला भाग हा पाकव्याप्त प्रदेश आहे. म्हणजे प्रत्यक्ष व्यवहारात आपली सीमा अफगाणिस्थानला लागलेली नाही.

२) सोव्हिएट युनियनच्या विघटनाचा काश्मीरवर परिणाम

१९९१ साली सोव्हिएट युनियनचे तुकडे झाले. किरगिजिस्तान, कजागस्तान, ताझिकिस्तान ही स्वतंत्र राष्ट्रे म्हणून उदयास आली. या घटनेचा अप्रत्यक्ष परिणाम काश्मीरवर झाला. तेथील लोकांना आझाद काश्मीर हे उद्दिष्ट डोळ्यासमोर ठेवून काही व्यक्ती शांततामय मार्गाने तर काही संघटना आंतकवादी मार्गाने म्हणजेच सशस्त्र मार्गाने धडपड करू लागल्या. सोव्हिएट युनियनसारख्या बलाढ्य राष्ट्रातून फुटून ती तीन राष्ट्रे जर स्वतंत्र होऊ शकतात, तर आपण भारतातून फुटून स्वतंत्र राष्ट्र म्हणून उदयास येण्यास काय हरकत आहे, असा विचार त्यामुळे काश्मीरमध्ये काही अंशी पसरला गेला.

३) नेपाळ व भूतान

भारताच्या हिमालयाच्या कुशीतली दोन छोटी राज्य म्हणजे भूतान व नेपाळ होय. या दोन देशांत उगम पावणाऱ्या नद्या भारतात येतात. दूर देशातील लोकांशी व्यापार करायला त्यांना भारताच्या कोलकाता बंदरावर यावे लागते. भारतातील विविध

धर्म व परंपरा यामुळेही त्यांनी भारताशी जवळीक साधली आहे. भौगोलिक दृष्टिकोनातून विचार केला तर दळणवळणाची व संरक्षणविषयक साधने त्यांच्याकडे बेताची आहेत. परदेशी व्यापारावर तिथल्या सरकारांना फारसे कर बसविता येत नाहीत किंवा नियंत्रणेही ठेवता येत नाहीत. याचा मोठ्या प्रमाणात गैरफायदा बेकायदेशीर व्यापार करणारे घेतात. अशा घटनाक्रमामुळे शस्त्रे व अतिरेकी माणसे इतरत्र पाठविली जाण्याचा मोठा धोका आहे. त्यामुळे सुरक्षायंत्रणेच्या दृष्टीने सीमा जास्त सांभाळाव्या लागतात. मोठ्या प्रमाणात खबरदारी घ्यावी लागते.

४) सिक्कीमचे विलिनीकरण

भूतान व नेपाळ या देशांमधले सिक्कीम हे देखील पूर्वी स्वतंत्र राष्ट्र होते. या चिमुकल्या व पर्वतीय प्रदेशाला स्वतंत्र राष्ट्र म्हणून कारभार चालवणे अवघड होते. तेथील जनतेची व राज्याचीही इच्छा होती म्हणून १९७६ साली सिक्कीम भारतात विलीन झाले. त्यामुळे पश्चिम बंगालमधून पूर्वेकडे जाण्याला जी फारच चिंचोळी वाट होती, ती थोडी रुंद झाली. सिक्कीम भारतात विलीन झाले. चीन देशाला हे विलिनीकरण आवडले नाही. संघर्षाच्या अनेक मुद्यांपैकी हाही एक मुद्दा झाला आहे.

५) भारत व चीन संबंधाचा पेच

भूतानच्या पुढची सीमा म्हणजे चीन. हा प्रदेश मोठया प्रमाणात पर्वतीय असून उंचउंच शिखर व खोलखोल दऱ्या असलेला आहे. या भागाची रुंदी २०० ते ३०० कि.मी. इतकी असूनही भौगोलिक दृष्टिकोनातून दोन देशांची सीमा निश्चित करता येईल असे कुठलेही नैसर्गिक वैशिष्ट्य या भागात उपलब्ध नाही. पर्वतीय भाग व दऱ्याखोऱ्यांमुळे दळणवळणाच्या साधनांवर मोठ्या प्रमाणात मर्यादा पडतात. त्यामुळे नियंत्रण ठेवणे कुणालाही अवघड जाते. सीमारेषा ठरवली पाहिजे, म्हणून भारतातील ब्रिटिश शासनाने १९१४ साली त्या कालखंडातील चिनी राज्यकर्त्यांबरोबर या भागातील सीमा निश्चित करणारा करार केला. ती सीमारेषा 'मॅकमोहन रेषा' म्हणून ओळखली जाते. चीन शासनकर्ते म्हणतात की, साम्राज्यवादी ब्रिटिशांनी आमच्या सरंजामशाही राज्यकर्त्यांवर तो करार जबरीने लादला होता. सध्या आम्ही स्वतंत्र सार्वभौम राष्ट्र म्हणून कारभार पाहात आहोत. आम्हाला सापडलेल्या काही जुन्या कागदपत्रांवरून मॅकमोहन रेषेच्या दक्षिणेकडे सुमारे ३६००० चौरस मैल प्रदेश आमचाच आहे. हा दावा १९५४ मध्ये त्यांनी केला. त्यातूनच पुढे १९६२ साली चीनने आक्रमण केले आणि बराच प्रदेश आपल्या ताब्यात घेऊन ठेवला. म्हणजे त्या भागातील सीमारेषा कागदावर एक आणि व्यवहारात मात्र वेगळीच आहे.

६) म्यानमार (ब्रह्मदेश)

चीननंतर म्यानमारची सीमा रेषा सुरू होते. ब्रिटिश राजवटीपासून मुक्त झाल्यानंतर या देशाचे सरकार काही काळ व्यवस्थित होते. नंतर लष्कराने सत्ता हातात घेतली. म्यानमारच्या उत्तरेकडील भागात कारेन टोळीवाले अस्तित्त्वात आहेत. ते तेथील केंद्रीय सत्तेला जुमानत नाहीत. हे टोळीवाले अधूनमधून सशस्त्र उठाव करतात. म्यानमारला लागूनच असलेल्या नागालँड भागावर परिणाम होऊन तशीच स्थिती निर्माण होते. तेथे सुद्धा अधूनमधून सशस्त्र उठाव होत असतात. डोंगराळ प्रदेश व केंद्रीय सत्तांचे अपुरे नियंत्रण यामुळे काही हितसंबंधी लोकांनी बंडखोरीला उत्तेजन दिले आहे. त्यामुळे सुरक्षा यंत्रणेला ते एक आव्हानच आहे.

७) बांगला देश

१९७१ साली पूर्व पाकिस्तानचे स्वतंत्र बांगला देशात रूपांतर झाले. पूर्व पाकिस्तानचा भाग भारतीय प्रदेशात पहारीसारखा घुसलेला आहे. नैसर्गिकदृष्ट्या उत्तरेचा भाग डोंगराळ आहे, तर पूर्व व पश्चिम भाग नद्यांमुळे दलदलीयुक्त आहे. भारतातून गंगा नदीचा एक फाटा 'पद्मा' या नावाने त्या देशात जातो. पुढे तिला फाटे फुटून अनेक प्रवाहांनी तो बंगालच्या उपसागराला मिळतो. तिबेटात उगम पावलेली ब्रम्हपुत्रा नदी ही दक्षिणेकडे आसामातून बांगला देशात शिरते. तिचे पात्र चार - पाच किलोमीटर इतके रुंद आहे. तिला पावसाळ्यात प्रचंड पूर येतो. रस्ते, रेल्वे आदी दळणवळणाची साधने उभी करण्यात अनेक अडचणी येतात. बांगला देशातल्या गरिबीमुळे अनेक नागरिक आसाम, पश्चिम बंगाल आदी राज्यांत विनापरवाना येतात. काही काळाच्या वास्तव्यानंतर त्यांची नावे मतदार यादीत नोंदवली जातात. त्यामुळे नागरिकत्वाचे वेगळेच प्रश्न निर्माण होतात.

भारताच्या भू- सीमेची अशी विविध रूपे आहेत. त्यामुळे सुरक्षा व्यवस्था सक्षम बनविण्यात अनेक अडचणी येतात. जे प्रदेश नैसर्गिक कारणांनी दुर्गम आहेत, तिथे इतिहास काळात फारसे धोके संभवत नव्हते. पण विमान व क्षेपणास्त्रे यांचे प्रचलन वाढल्याने नैसर्गिक तटबंदी निरुपयोगी ठरत आहेत. अतिउंचीचा हिमालय इतिहास काळात संरक्षक भिंतीसारखा उपयोगी ठरला. आता मात्र धोके वाढले आहेत. त्या भागातील नैसर्गिक वैशिष्ट्ये लक्षात घेऊन प्रभावशाली यंत्रणा उभी करायला हवी. सियाचीनमधील अतिउंचीवरील हिमराजींमध्ये उणे तीस-चाळीस अंशांहूनही कमी तापमानामुळे आपले जवान अक्षरशः तळहातावर शीर घेऊन वर्षानुवर्षे लढत आहेत.

१.४) घटक राज्ये आणि केंद्रशासित प्रदेश (States and Union Territories)

भारत हा विविधतेत एकता प्रतिबिंबित करणारा आणि समृद्ध सांस्कृतिक वारसा असलेला जगातील सर्वात प्राचीन संस्कृतींपैकी एक देश आहे. तसेच लोकसंख्येबाबत हा चीननंतर जगातील दुसऱ्या क्रमांकाचा देश आहे. भारताने जगातील भूमीपैकी २.४ टक्के क्षेत्र व्यापले आहे. भारतात जगातील एकूण लोकसंख्येच्या १७.५ टक्के लोकसंख्या आहे. त्याबरोबरच या देशाला भारतीय प्रजासत्ताक म्हणून ओळखले जाते, हे सरकारच्या संसदीय स्वरूपाद्वारे लक्ष्यात येते. राष्ट्रपती हे भारताचे नामधारी प्रमुख व पंतप्रधान हे कार्यकारी प्रमुख आहेत. राज्यांच्या सरकारची व्यवस्था ही केंद्रीय यंत्रणेशी नेमकी जुळण्यासाठी भारतात काही राज्य आणि काही केंद्रशासित प्रदेशांची निर्मिती करण्यात आली आहे. सद्यस्थितीला देशात २८ राज्ये आणि ८ केंद्रशासित प्रदेश आहेत. केंद्रशासित प्रदेशांचे काम हे राष्ट्रपतींनी नेमलेल्या प्रशासकाद्वारे केले जाते, तर राज्यांचे काम हे केंद्र सरकारप्रमाणे राज्य सरकार चालविते.

ऐतिहासिक कालखंडामध्ये इंग्रजांनी भारतामध्ये प्रांत निर्माण केले होते. ६ जानेवारी १९५० रोजी भारतीय संविधानानुसार देशात २८ प्रांत होते. या प्रांताचे चार वर्ग पाडण्यात आले होते व त्यातून पुढे १९५६ साली सातव्या घटनादुरुस्तीद्वारे १४ घटक राज्ये व केंद्रशासित प्रदेशांची निर्मिती झाली.

१) **भाग – अ :** आसाम, बिहार, मध्य प्रांत व बेरार, मद्रास, मुंबई, ओरिसा, पूर्व पंजाब, उत्तर प्रदेश, पश्चिम बंगाल (९ प्रांत)

२) **भाग – ब :** हैदराबाद, जम्मू काश्मीर, मध्य भारत, म्हैसूर, पेप्सू (पंजाब अँड ईस्ट पंजाब स्टेटस युनियन), राजस्थान, सौराष्ट्र, त्रावणकोर–कोचीन (८ प्रांत)

३) **भाग – क :** अजमेर, भोपाळ, बिलासपुर, कूर्ग, दिल्ली, हिमाचल प्रदेश, कच्छ, मणिपूर, त्रिपूरा, विंध्य प्रदेश (१० प्रांत)

४) **भाग – ड :** अंदमान व निकोबार (१ प्रांत)

अ) घटक राज्ये

१) १९५६ आधीची राज्ये

१९५६ मध्ये देशात असलेली १४ घटक राज्ये पुढीलप्रमाणे आहेत. आंध्र प्रदेश, आसाम, बिहार, जम्मू–काश्मीर, केरळ, मध्य प्रदेश, मद्रास, मुंबई, मैसूर, ओरिसा, पंजाब, राजस्थान, उत्तर प्रदेश, पश्चिम बंगाल.

२) १९५६ नंतरची राज्ये

१५ वे राज्य गुजरात : १९६० साली १५ वे राज्य म्हणून गुजरात राज्याची निर्मिती करण्यात आली. भाषेच्या आधारावर राज्यनिर्मितीसाठी गुजरातमध्ये 'महागुजरात आंदोलन' तर महाराष्ट्रात संयुक्त महाराष्ट्र चळवळ उभी राहिली. महागुजरात आंदोलनाचे नेतृत्व इंदुलाल याज्ञिक यांनी केले. महागुजरात हा शब्द सर्वप्रथम कन्हैयालाल मुन्शी यांनी १९३७ साली कराची येथे भरलेल्या गुजराती साहित्य परिषदेत वापरला. पंडित नेहरूंनी गुजरात, बॉम्बे व महाराष्ट्र अशी तीन राज्ये बनविण्याचे ठरवले; पण महाराष्ट्रातून त्याला मोठ्या प्रमाणात विरोध झाला. डांग व मुंबई या प्रदेशावरून गुजरात व महाराष्ट्र या दोन्हीत वाद निर्माण झाला. शेवटी डांग गुजरातला जोडून व मुंबई महाराष्ट्रात देऊन हा वाद मिटविण्यात आला.

१६ वे राज्य नागालँड : १९६३ साली १६ वे राज्य म्हणून नागालँड हे स्वतंत्र राज्य बनले. पि. शिलोओ हे नागालँडचे प्रथम मुख्यमंत्री बनले. १ फेब्रुवारी १९६४ रोजी 'नागालँड राज्य अधिनियम १९६२' द्वारे या राज्याची निर्मिती करण्यात आली. नागा पर्वत व त्वेनसांग क्षेत्र मिळून नागालँडची निर्मिती झाली.

१७ वे राज्य हरियाणा : १९६६ साली १७ वे राज्य म्हणून हरियाणाची निर्मिती झाली. 'पंजाब पुनर्गठन अधिनियम, १९६६' याद्वारे ०१ नोव्हेंबर १९६६ मध्ये हरियाणा या राज्याची स्थापना करण्यात आली.

१८ वे राज्य हिमाचल प्रदेश : १८ डिसेंबर १९७० ला संसदेने 'हिमाचल प्रदेश राज्य अधिनियम' पारित केले. त्यानुसार २५ जानेवारी १९७१ रोजी १८ वे राज्य म्हणून हिमाचल प्रदेश या केंद्रशासित प्रदेशाला पूर्ण राज्याचा दर्जा देण्यात आला. हिमाचल प्रदेशचे पहिले मुख्यमंत्री यशवंतसिंग परमार हे होते.

१९ वे राज्य मणिपूर : १९७२ साली १९ वे राज्य म्हणून मणिपूर या केंद्रशासित प्रदेशाला 'पूर्वोत्तर क्षेत्र अधिनियम, १९७१' याद्वारे पूर्ण राज्याचा दर्जा देण्यात आला.

२० वे राज्य त्रिपुरा : १९७२ साली २० वे राज्य म्हणून त्रिपुरा या केंद्रशासित प्रदेशाला 'पूर्वोत्तर क्षेत्र अधिनियम, १९७१' याद्वारे पूर्ण राज्याचा दर्जा देण्यात आला. त्रिपुराचे राज्याचे पहिले मुख्यमंत्री सचिंद्रलाल सिंग हे होय.

२१ वे राज्य मेघालय : २१ जानेवारी १९७२ रोजी २१ वे राज्य म्हणून मेघालयाला 'पूर्वोत्तर क्षेत्र अधिनियम, १९७१' याद्वारे पूर्ण राज्याचा दर्जा देण्यात आला.

२२ वे राज्य सिक्कीम : १९७२ रोजी २२ वे राज्य म्हणून सिक्कीम भारतात समाविष्ट करण्यात आले. सिक्कीमचे प्रथम मुख्यमंत्री काझी ल्हेनदूप दोर्जी हे होते.

२३ वे राज्य मिझोराम : २० फेब्रुवारी १९८७ रोजी तेविसावे राज्य म्हणून मिझोराम या राज्याची निर्मिती झाली. मिझोरामचे प्रथम मुख्यमंत्री सी. एच. झुंगा हे होते.

२४ वे राज्य अरुणाचल प्रदेश : २० फेब्रुवारी १९८७ रोजी २४ वे राज्य म्हणून अरुणाचल प्रदेशाची निर्मिती झाली. अरुणाचल प्रदेश राज्य अधिनियम, १९८६ द्वारे केंद्रशासित प्रदेश असलेल्या अरुणाचल प्रदेशाला पूर्ण राज्याचा दर्जा देण्यात आला.

२५ वे राज्य गोवा : ३० मे १९८७ रोजी २५ वे राज्य म्हणून गोवा अस्तित्त्वात आले. 'गोवा, दमण व दीव पुनर्गठन अधिनियम, १९८७' द्वारे केंद्रशासित प्रदेश असलेल्या गोव्याला पूर्ण राज्याचा दर्जा देण्यात आला. गोव्याला दीव व दमण यापासून वेगळे करण्यात आले.

२६ वे राज्य छत्तीसगढ : संसदेत 'मध्यप्रदेश पुनर्गठन अधिनियम, २०००' पारित करण्यात आला. त्यानूसार १ नोव्हेंबर २००० रोजी २६ वे राज्य म्हणून मध्य प्रदेशामधून छत्तीसगढ वेगळे करण्यात आले. छत्तीसगडचे प्रथम मुख्यमंत्री अजित जोगी हे होते.

२७ वे राज्य उत्तरांचल : ९ नोव्हेंबर २००० रोजी २७ वे राज्य म्हणून उत्तर प्रदेशमधून उत्तरांचल वेगळे करण्यात आले. उत्तराचंलचे प्रथम मुख्यमंत्री नित्यानंद स्वामी हे होते.

२८ वे राज्य झारखंड : १५ नोव्हेंबर २००८ रोजी २८ वे राज्य म्हणून बिहारमधून झारखंड वेगळे करण्यात आले. 'बिहार पुनर्गठण अधिनियम, २०००' द्वारे झारखंड राज्याची निर्मिती करण्यात आली. झारखंडचे प्रथम मुख्यमंत्री बाबुलाल मरांडी हे होते.

२९ वे राज्य तेलंगणा : २ जून २०१४ रोजी २९ वे राज्य म्हणून तेलंगणाची निर्मिती करण्यात आली. आंध्र प्रदेश पुनर्गठन अधिनियम, २०१४ द्वारे तेलंगणा या वेगळ्या राज्याची निर्मिती करण्यात आली. तेलंगणाचे प्रथम मुख्यमंत्री के चंद्रशेखर राव हे होते.

ब) भारतातील केंद्रशासित प्रदेश

भारत देशामध्ये २८ राज्य व ८ केंद्रशासित प्रदेश आहेत. हे केंद्रशासित प्रदेश कोणत्याही राज्याचा भाग नसून त्याचे प्रशासन थेट केंद्र सरकारद्वारे केले जाते.

भारताचे राष्ट्रपती प्रत्येक केंद्रशासित प्रदेशासाठी 'प्रचालका'ची नेमणूक करतात. तसेच ब्रिटिश काळात काही प्रदेश हे अनुसुचित जिल्हे म्हणून निर्माण करण्यात आले. त्यांना चीफ कमिशनर यांचे प्रांत म्हणून ओळखण्यात येऊ लागले. १९५० साली भारतीय संविधानात सुरुवातीस २८ प्रांतांचे चार वर्ग पाडण्यात आले होते- अ, ब, क, ड. त्या घटनेत चीफ कमिशनर यांच्या प्रांताची भाग 'क' व 'ड' राज्य म्हणून गणना करण्यात आली.

१) १९५० साली असलेले ११ केंद्रशासित प्रदेश

ब्रिटिश अमदानीत चीफ कमिशनर म्हणून अधिकारी असलेल्या अजमेर (१), कुर्ग (२), दिल्ली (३) या प्रांतांना 'क' राज्याचा दर्जा देण्यात आला. भारतात विलीन झालेल्या संस्थानांपैकी रेवा, बुंदेलखंड व बघेलखंड ही मध्य प्रदेशातील व पंजाबच्या उत्तर सीमेजवळील संस्थाने अतिशय मागासलेली असल्यामुळे आणि शेजारच्या प्रांतात त्यांना विलीन करण्यासंबंधी एकमत नसल्यामुळे त्यांचे अनुक्रमे विंध्य प्रदेश (४) व हिमाचल प्रदेश (५) असे दोन प्रांत करण्यात आले. पुढे कच्छ (६) मणिपूर (७) त्रिपुरा (८) ही संस्थाने पाकिस्तानच्या सीमेलगत असल्याने ती केंद्र सरकारच्या अधिकाराखाली असणे आवश्यक वाटले. तसेच भोपाळ (९) मध्ये मुस्लिमांची संख्या जास्त असल्यामुळे आणि विलासपूर (१०) येथे भाक्रा नांगल हे प्रचंड मोठे धरण बांधले जात असल्यामुळे त्यांनाही वेगळ्या 'क' राज्याचा दर्जा मिळाला. त्याचबरोबर अंदमान आणि निकोबार बेटांना (११) 'ड' राज्य संबोधण्यात आले. असे १९५६ मध्ये या ११ केंद्रशासित प्रदेशांपैकी भाषावार प्रांतरचनेच्या संदर्भात अनेक शेजारच्या राज्यात विलीनीकरण करण्यात आले.

२) १९५६ मध्ये असलेले ६ केंद्रशासित प्रदेश

१९५६ साली सातव्या घटनादुरुस्तीद्वारे १४ घटक राज्य व ६ केंद्रशासित प्रदेशांची निर्मिती झाली. त्यात अंदमान बेटे, लक्षद्वीप बेटे, हिमाचल प्रदेश, मणिपूर, त्रिपुरा आणि दिल्ली (१९९२ मध्ये दिल्लीचे राष्ट्रीय राजधानी क्षेत्र) असे नामकरण करण्यात आले.

१९५६ नंतर काही संपादित प्रदेशांना केंद्रशासित प्रदेशाचा दर्जा देण्यात आला:

१९५६ नंतर काही संपादित प्रदेशांना केंद्रशासित प्रदेशाचा दर्जा देण्यात आला. पोर्तुगीजांकडून मिळालेल्या गोवा, दिव, दमण व दादरा नगर हवेली यांचा यात समावेश होतो. फ्रेंचाकडून पोंडीचेरीचा समावेश भारतात करण्यात आला. १६ ऑगस्ट

१९६२ रोजी पुदुचेरी भारतात आले. काळाच्या ओघात व परिस्थितीच्या गरजेनुरूप या केंद्रशासित प्रदेशांची रूपांतर पुन्हा राज्यांमध्ये करण्यात आले. त्यात दादरा व नगर हवेली (१९६१), गोवा, दीव,दमण (१९६२), पोंडीचेरी (१९६२), चंदिगड (१९६६), मिझोराम (१९७२) आणि अरुणाचल प्रदेश (१९७२).

३) १९५६ नंतरचे नवीन केंद्रशासित प्रदेश

दादरा व नगर हवेली : १९५६ मध्ये दादरा व नगर हवेलीला पोर्तुगीजांपासून स्वातंत्र्य मिळाले. ११ ऑगस्ट १९६१ रोजी दादरा व नगर हवेलीला केंद्रशासित प्रदेशाचा दर्जा मिळाला. २०२० मध्ये दादरा व नगर हवेली आणि दमण व दीव यांचे एकत्रीकरण करून त्यांचा एकच केंद्रशासित प्रदेश करण्यात आला.

गोवा दमण व दीव : १९६१ मध्ये पोर्तुगीजांविरुद्ध पोलीस कारवाई करून या क्षेत्रांचे अधिग्रहण करण्यात आले. १९६१ साली गोवा, दमण व दीव यांना केंद्रशासित प्रदेश बनवण्यात आले. १२व्या घटनादुरुस्ती, १९६२ द्वारे यांना केंद्रशासित प्रदेशाचा दर्जा देण्यात आला. ३० मे १९८७ रोजी गोवा व दमण दीव राज्यांचे विभाजन करून दमण व दीवला पुन्हा केंद्रशासित प्रदेश बनविण्यात आले. २०२० मध्ये दादरा व नगर हवेली आणि दमण व दीव यांचे एकत्रीकरण करून त्यांचा एकच केंद्रशासित प्रदेश करण्यात आला.

पुदुचेरी : १ नोव्हेंबर १९५६ रोजी फ्रेंचांनी फेकंट्रो टीटीद्वारे हे ठिकाण भारताला सुपूर्त केले. १९६२ साली १४ व्या घटनादुरुस्तीद्वारे पुद्दुचेरीला केंद्रशासित प्रदेशाचा दर्जा देण्यात आला. या प्रदेशात पुद्दुचेरी, कराईकाल, माहे, यानम यांचा सामावेश होता.

हिमाचल प्रदेश व चंदिगड : १९६६ साली हिमाचल प्रदेश व चंदीगडला केंद्रशासित प्रदेशाचा दर्जा देण्यात आला. १९६६ च्या शाह आयोगाच्या शिफारशींनुसार हरियाणा पंजाब सोबत लागून असलेल्या पर्वती हिमाचल भागाला केंद्रशासित प्रदेशाचा दर्जा देऊन 'हिमाचल प्रदेश' असे नाव देण्यात आले. पंजाब व हरियाणा या दोन्ही राज्यांची संयुक्त राजधानी म्हणून चंदीगड शहराला केंद्रशासित प्रदेशाचा दर्जा देण्यात आला. १९७० साली हिमाचल प्रदेश घटक राज्याला देण्यात आले.

मिझोराम आणि अरुणाचल प्रदेश : १९७२ मध्ये आसाममधील मिझोराम आणि अरुणाचल प्रदेश यांना केंद्रशासित प्रदेशाचा दर्जा देण्यात आला. १९८५ साली मिझोराम आणि अरुणाचल प्रदेश यांना घटकराज्याचा दर्जा देण्यात आला.

४) १९७४ मध्ये असलेले ०९ केंद्रशासित प्रदेश

भारतात १९७४ मध्ये ०९ केंद्रशासित प्रदेश होते. त्यात अंदमान बेटे (१९५६), लक्षद्वीप बेटे (१९५६), दिल्ली (१९५६), दादरा व नगर हवेली (१९६१), गोवा, दीव, दमन (१९६२), पोंडीचेरी (१९६२), चंदिगड (१९६६), मिझोराम (१९७२) व अरुणाचल प्रदेश (१९७२).

५) १९७४ नंतर असलेले केंद्रशासित प्रदेश

१९७४ नंतर देशात काही केंद्रशासित प्रदेश कमी झाले त्याचबरोबर काही नवीन केंद्रशासित प्रदेशांचा यात समावेश झाला ती पुढीलप्रमाणे आहेत. :

जम्मू आणि काश्मीर : जम्मू आणि काश्मिर हा भारताचा एक केंद्रशासित प्रदेश आहे. हा २०१९ पर्यंत भारताचा एक घटक राज्य होता. भारतीय संसदेने मंजूर केलेल्या ठरावानुसार ३१ ऑक्टोबर २०१९ पासून जम्मू आणि काश्मीर हा केंद्रशासित प्रदेश बनला आहे. ५ ऑगस्ट २०१९ मध्ये, भारतीय संसदेने जम्मू-काश्मीर पुनर्रचना अधिनियम मंजूर केला. २०१९ साली जम्मू-काश्मीर आणि लडाख यांचे विभाजन केल्याने ९ केंद्रशासित प्रदेश झाले.

लडाख : ३१ ऑक्टोबर २०१९ रोजी जम्मू काश्मीर पुनर्रचना अधिनियमातील तरतुदीनुसार लडाखला जम्मू-काश्मीर पासून वेगळे करून त्याला केंद्रशासित प्रदेश बनविण्यात आले. लडाख हा सर्वात जास्त क्षेत्रफळ असलेला केंद्रशासित प्रदेश म्हणून ओळखला जातो.

दमन, दीव आणि दादरा नगर हवेली : २०२० मध्ये दमण, दीव आणि दादरा नगर हवेली या दोन केंद्रशासित प्रदेशांच्या विलीनीकरणयामुळे पुन्हा ती संख्या ०८ झाली.

६) २०२१ मध्ये असलेले ०८ केंद्रशासित प्रदेश

२०२१ मध्ये भारतात एकूण ०८ केंद्रशासित प्रदेश हे पुढीलप्रमाणे आहेत - अंदमान आणि निकोबार (१९५६), दिल्ली (१९५६), लक्षद्वीप (१९५६), पुदुच्चेरी (१९६२), चंदिगड (१९६६), जम्मू-काश्मीर (२०१९), लडाख (२०१९), दमण, दीव आणि दादरा नगर हवेली (२०२०).

तक्ता क्र. १.३ : भारतातील राज्ये आणि केंद्रशासित प्रदेश

अ.क्र.	राज्य	राजधानी	स्थापना	क्षेत्रफळ (चौ.कि.मी.)
१	आंध्र प्रदेश	अमरावती	१ नोव्हेंबर १९५६	१,६०,२०५
२	अरुणाचल प्रदेश	इटानगर	२० फेब्रुवारी १९८७	८३,७४३
३	आसाम	दिसपूर	१ नोव्हेंबर १९५६	७८,४३८
४	बिहार	पाटणा	१ नोव्हेंबर १९५६	९४,१६३
५	छत्तीसगढ़	रायपूर	१ नोव्हेंबर २०००	१,३५,१९२
६	गोवा	पणजी	३० मे १९८७	३,७०२
७	गुजरात	गांधीनगर	१ मे १९६०	१,९६,०२४
८	हरियाणा	चंदीगढ	१ नोव्हेंबर १९६६	४४,२१२
९	हिमाचल प्रदेश	शिमला	२५ जानेवारी १९७१	५५,६७३
१०	झारखंड	रांची	१५ नोव्हेंबर २०००	७९,७१४
११	कर्नाटक	बेंगलुरु	१ नोव्हेंबर १९५६	१,९१,७९१
१२	केरळ	तिरुअनंतपुरम	१ नोव्हेंबर १९५६	३८,८६३
१३	मध्य प्रदेश	भोपाळ	१ नोव्हेंबर १९५६	३,०८,२४५
१४	महाराष्ट्र	मुंबई	१ मे १९६०	३,०७,७१३
१५	मणिपूर	इंफाळ	२१ जानेवारी १९७२	२२,३२७
१६	मेघालय	शिलाँग	२१ जानेवारी १९७२	२२,७२०
१७	मिझोराम	ऐझॉल	२० फेब्रुवारी १९८७	२१,०८१
१८	नागालँड	कोहिमा	३० नोव्हेंबर १९६३	१६,५७९
१९	ओडिशा	भुवनेश्वर	१ नोव्हेंबर १९५६	१,५५,७०७
२०	पंजाब	चंदीगढ	१ नोव्हेंबर १९६६	५०,३६२
२१	राजस्थान	जयपूर	१ नोव्हेंबर १९५६	३,४२,२३९
२२	सिक्किम	गंगटोक	२६ एप्रिल १९७५	७,०९६
२३	तामिळनाडू	चेन्नई	१ नोव्हेंबर १९५६	१,३०,०५८
२४	तेलंगणा	हैदराबाद	२ जून २०१४	१,१२,०७७
२५	त्रिपुरा	आगरतळा	२१ जानेवारी १९७२	१०,४९२
२६	उत्तरप्रदेश	लखनऊ	१ नोव्हेंबर १९५६	२,४३,२८६
२७	उत्तराखंड	देहरादून	९ नोव्हेंबर २०००	५३,४८३
२८	पश्चिम बंगाल	कोलकाता	१ नोव्हेंबर १९५६	८८,७५२

तक्ता क्र. १.४ : भारतातील केंद्रशासित प्रदेश

अ.क्र.	केंद्रशासित प्रदेश	राजधानी	स्थापना	क्षेत्रफळ (चौ.कि.मी.)
१	अंदमान व निकोबार	पोर्ट ब्लेयर	१ नोव्हेंबर १९५६	८,२४९
२	चंदीगढ	चंदीगढ	१ नोव्हेंबर १९५६	११४
३	दमण, दीव व दादरा - नगरहवेली	दमण	९ डिसेंबर २०१९	४९१
४	दिल्ली	दिल्ली	१ नोव्हेंबर १९५६	१,४८४
५	जम्मू आणि काश्मीर	श्रीनगर	३१ ऑक्टोबर २०१९	४२,२४१
६	लडाख	लेह	३१ ऑक्टोबर २०१९	५९,१४६
७	लक्षद्वीप	कवरत्ती	१ नोव्हेंबर १९५६	३२.६२
८	पुडुचेरी	पुडुचेरी	१ नोव्हेंबर १९५४	४८३

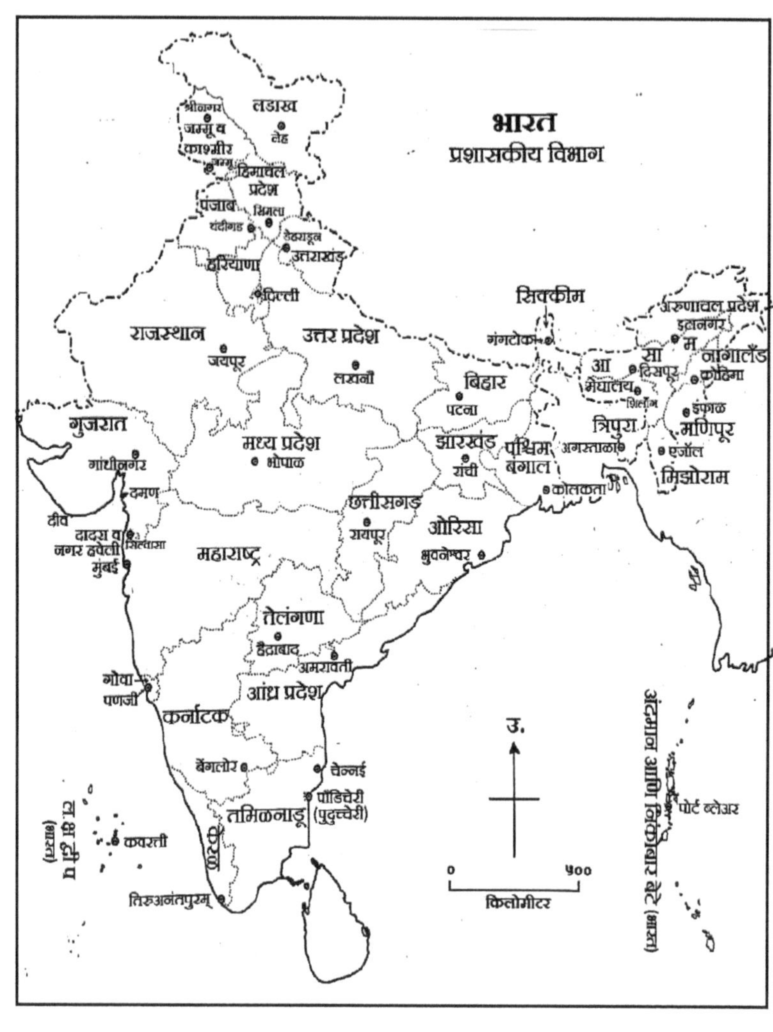

नकाशा क्र. १.४: भारतातील राज्ये आणि केंद्रशासित प्रदेश

प्रकरण २	# भारताची प्राकृतिक रचना Physiography of India

प्रस्तावना (Introduction)

प्राकृतिक रचनेच्या दृष्टिकोनातून विचार केला, तर भारतात पुढील प्रकारे प्रमुख पाच विभाग आहेत. भारतीय भूमी विविध प्रकारच्या प्राकृतिक स्वरूपांनी नटलेली आहे. उत्तरेला उंचउंच हिमालय पर्वतरांगा, तर त्याच्या पायथ्याला गंगेचे मैदान आहे. मध्य भारतात दख्खनचे पठार, तर दक्षिणेत पूर्व-पश्चिम दिशेच्या काही भागात किनारपट्टीचा प्रदेश दिसून येतो. यांच्या जोडीला उंचसखल प्रदेश, नद्यांच्या खोल दऱ्या, तर काही भागात घळई अशी विविध भूमी स्वरूपे पाहावयास मिळतात. आशिया खंडाचा प्राकृतिक दृष्ट्या भारतीय भूभाग उपखंड म्हणूनच ओळखला जातो. म्हणूनच या भूभागास भारतीय उपखंडीय प्रदेश म्हणतात. भारताच्या एकूण क्षेत्रफळाचा विचार करता ११ टक्के भाग पर्वतीय, १९ टक्के भाग डोंगररांगा, २८ टक्के भाग पठारी तर उर्वरित ४३ टक्के मैदानी प्रदेश आहे. भूकवचाच्या विविध तबकड्यांपैकी (Plates) भारतीय द्वीपकल्प एक महत्त्वाची तबकडी असून तिला, भारतीय तबकडी (Indian Plate) असे संबोधतात.

कॅम्ब्रीयन काळात समुद्रकिनाऱ्याच्या उंचवट्यामुळे भारतीय द्वीपकल्पाची निर्मिती झाली असून भारतीय द्वीपकल्प प्रचंड विस्तृत असून अतिशय जुन्या कणाष्म खडकापासून बनलेला आहे.

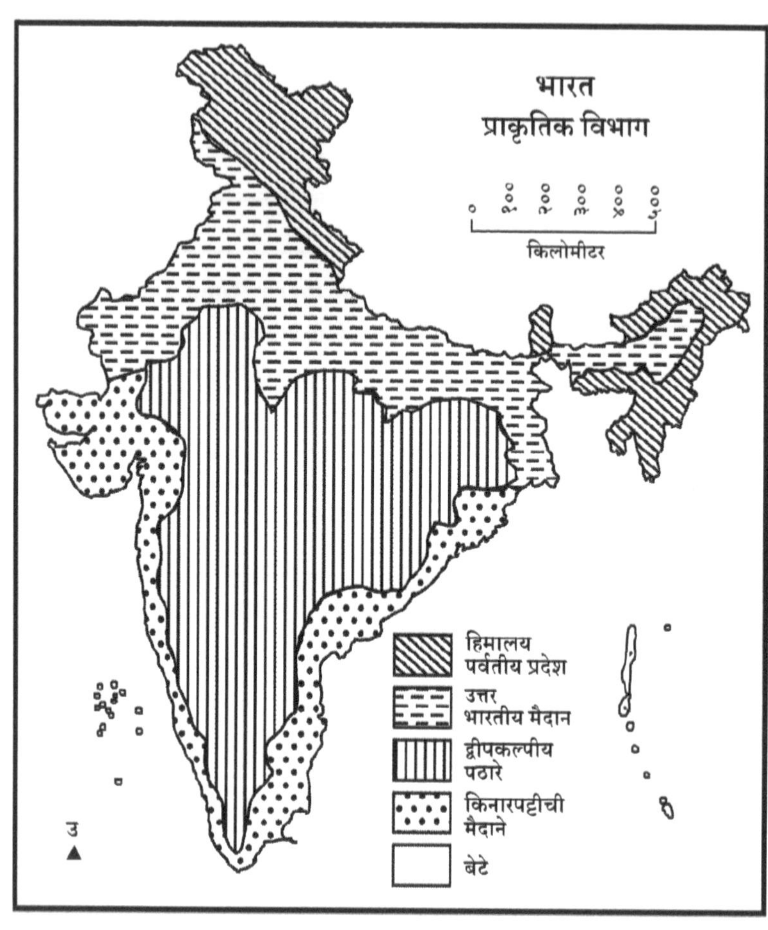

नकाशा क्र. २.१ : भारताचे प्राकृतिक विभाग

तक्ता क्र. २.१ : भारताची प्राकृतिक रचना

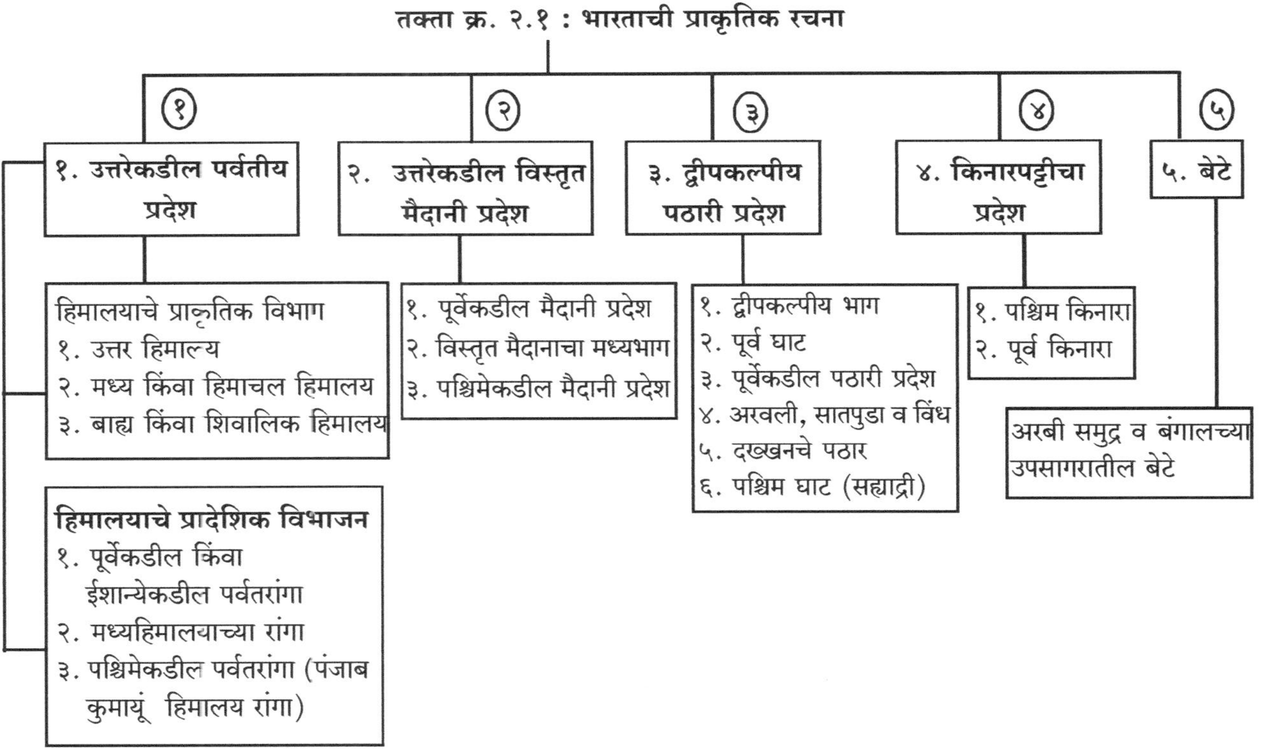

प्राकृतिक रचनेचे पाच प्रमुख विभाग

१. उत्तरेकडील पर्वतीय प्रदेश (The Northern Mountains)
२. उत्तरेकडील विस्तृत मैदानी प्रदेश (The North Indian Plains)
३. द्वीपकल्पीय पठारी प्रदेश (The Peninsular Plateau)
४. किनारपट्टीचा प्रदेश (The Coastal Area)
५. बेटे (The Islands)

२.१) उत्तरेकडील पर्वतीय प्रदेश (The Northern Mountains)

हिमालय पर्वतीय रांगा भारताच्या उत्तर सीमा भागात आहेत. या पर्वतरांगांचा विस्तार पूर्व-पश्चिम आहे. पर्वतरांगांचे वैशिष्ट्य म्हणजे पर्वतरांगा पश्चिम - ईशान्य व पूर्वेस वळलेल्या आढळून येतात. भारताच्या उत्तर भागात असलेले पामीरचे पठार हे उंच पर्वतरांगांचे उगमस्थान किंवा केंद्रस्थान आहे. पामीरच्या केंद्रस्थानापासून पूर्वेस, पश्चिमेस,उत्तरेस अनेक पर्वतरांगांचे प्रवाह विणले गेले आहेत. भारताच्या उत्तर दिशेस असलेल्या पर्वतीय भागांचे फाटे पश्चिमेस पाकिस्तान, तर पूर्वेस ब्रह्मदेशापर्यंत म्हणजेच पूर्व-पश्चिम दिशेस पसरले आहेत. पूर्व-पश्चिम पर्वतीय प्रदेशाचा विस्तार २५०० किलो मीटर आहे. पर्वतीय प्रदेशाची दक्षिण - उत्तर रुंदी सुमारे २४० किलोमीटर असून, काही ठिकाणी ती १५० किलोमीटर, तर काही ठिकाणी ४०० किलोमीटरच्या जवळपास दिसून येते. पर्वतीय प्रदेशाने जवळजवळ ५ लक्ष चौरस किलोमीटर एवढे क्षेत्र व्यापले आहे.

हिमालय ही एकच पर्वतरांग नसून अनेक पर्वतरांगा एकमेकींना समांतर पसरल्या आहेत. अनेक नद्यांनी व नद्यांच्या खोऱ्यांनी या पर्वतरांगा छेदलेल्या आहेत. या पर्वतीय भागावर, अनेक लहानमोठी पठारे आहेत. शिलांगचे पठार, लडाखचे पठार तसेच चेरापुंजीचे पठार ही महत्त्वाची पठारे आहेत. भारताला वायव्येस सुमारे २५०० कि.मी. लांबीच्या हिमालय पर्वतरांगा चापासारख्या (Arc) म्हणजे प्रचंड धनुष्यासारख्या पसरलेल्या आहेत. हिमालय पर्वतीय प्रदेशाचे पुढील प्राकृतिक व प्रादेशिक विभागांत विभाजन होते.

अ) हिमालयाचे प्राकृतिक विभाग (Physiographical Divisions of Himalaya)

१. उत्तर हिमालय किंवा हिमाद्री
२. मध्य हिमालय किंवा हिमाचल हिमालय
३. शिवालिक किंवा बाह्य हिमालय

१) उत्तर हिमालय किंवा हिमाद्री (The Greater Himalaya)

हिमालय पर्वतांची ही प्रमुख पर्वतरांग असून पर्वत श्रेणीस 'मुख्य हिमालय' किंवा हिमाद्री असे म्हटले जाते. उत्तर हिमालय पर्वतरांगेची सरासरी उंची ६००० मीटर्स असून, रुंदी १२० ते १९० किलोमीटरच्या दरम्यान आढळते. जगातील सर्वात उंच शिखर माउंट एव्हरेस्ट याच भागात असून त्याची उंची ८८४८ मीटर्स एवढी आाहे. याशिवाय कांचनगंगा उंची ८५९८ मीटर्स, धवलगिरी ८१७२ मीटर्स, नंगापर्वत ८१२६ मीटर्स, नंदादेवी ७८१८ मीटर्स, मकालू ८१९० मीटर्स, बद्रिनाथ ७७७३ मीटर्स, गंगोत्री ६६१८ मीटर्स इत्यादी प्रमुख शिखरे असून याच भागातून प्रमुख हिमनद्यांचा उगम होतो. या क्षेत्रात हिमनद्यांपासूनच भारतातील आणि पाकिस्तानातील प्रमुख नद्यांचा उगम होतो. महत्त्वाचे वैशिष्ट्य म्हणजे पर्वतश्रेणीची दोन्ही टोके दक्षिणेकडे वळली आहेत. या क्षेत्रातील पर्वत रांगेत साधारणपणे ४००० मीटर्स उंचीवर बारालापचा ला, सिपकी ला, थागा ला, नाथू ला, झूलप ला, जोगी ला या प्रमुख खिंडी आहेत.

२) मध्य हिमालय किंवा हिमाचल (Lesser or Middle Himalaya)

मध्य हिमालयास हिमाचल असेही म्हटले जाते. या पर्वतश्रेणीच्या सुरुवातीला हिमाद्रीच्या दक्षिणेस ६० ते ८० किलोमीटर्स रुंदीची दुसरी पर्वतरांग आहे. पर्वतश्रेणीची सरासरी उंची ४५०० मीटर्सच्या दरम्यान आढळते. अशी श्रेणी उत्तर हिमालय पर्वतश्रेणीला समांतर आहे. विस्तार मोठा असला, तरी ही पर्वतश्रेणी तुटक स्वरूपाची आहे. या पर्वतश्रेणीमध्ये अति उंच पर्वत, तर काही भागात नद्यांनी तयार केलेली खोरी दिसून येतात. मध्य हिमालय पर्वत श्रेणीत धौलधर, पिरपंजाल, नागतिबा, महाभारत, मसुरी, कुमाऊं इत्यादी पर्वतरांगा आहेत. पिरपंजाल ही सर्वांत महत्त्वाची व लांब पर्वतश्रेणी असून ही पर्वत रांग झेलम आणि बियास या नद्यांच्या दरम्यान पसरली आहे. या पर्वतरांगेची सरासरी उंची ४६०० मीटर्स असून सिमला (२२०५ मीटर) हे थंड हवेचे ठिकाण याच पर्वतरांगेच्या पट्ट्यात आहे. तसेच या पर्वतरांगेत पिरपंजाल व बनिहाल या दोन महत्त्वाच्या खिंडी आहेत. याच प्रदेशात नैनिताल, मसुरी ही थंड हवेची ठिकाणे आहेत.

३) शिवालिक किंवा बाह्य हिमालय (Outer Himalaya)

वरील दोन्ही रांगांना समांतर हिमालयाच्या दक्षिणेकडे पायथ्यालगत असणाऱ्या पर्वतीय प्रदेशाला शिवालिक किंवा बाह्य हिमालय असे म्हटले जाते. पर्वतरांगांची सरासरी उंची १२०० मीटर्स असून रुंदी ५० किलोमीटर्सपर्यंत आहे. हिमाचल प्रदेशात रुंदी जास्त असून ती अरुणाचल प्रदेशाकडे जवळजवळ १५ किलोमीटर्सपर्यंत आहे.

या पर्वतश्रेणींतील काही टेकड्या हिमालयाच्या निर्मितीनंतर उंचावल्या आहेत. त्यामुळे नद्यांच्या प्रवाह मार्गात अडथळे निर्माण झाले आहेत. अडथळ्यांमुळे काही क्षेत्रांत हंगामी सरोवरांची निर्मिती होत असते. अशा पर्वतश्रेणीतील टेकड्यांना लागूनच उत्तरेस नद्यांनी तयार केलेली विस्तृत खोरी आहेत.त्यांनाच 'डून्स'(Duns) असे म्हटले जाते. शिवालिक रांग म्हणजे कमी उंचीच्या टेकड्यांची साखळीच आहे. अशा पर्वतरांगेमध्ये नद्यांची अरुंद व खोल घड्यांची निर्मिती झाली आहे.

पामीरच्या पठारापासून आग्नेयेकडे जाणाऱ्या पर्वतश्रेणीस काराकोरम रांग व झास्कर रांग असे म्हटले जाते. अशा रांगा म्हणजे हिमाद्रीच्या शाखा होत. काराकोरम ही रांग काश्मीरमधून पुढे तिबेटच्या पठारापर्यन्त पसरलेली असून तिचा आकार चंद्राकृती आहे. अशा पर्वतरांगेची लांबी ३५० किलोमीटर्स, तर रुंदी ४० किलोमीटर्सच्या दरम्यान आढळते. या पर्वतरांगेत K-2 हे उंच शिखर असून या शिखराची उंची ८६११ मीटर्स असून याशिवाय गॉडविन ऑस्टिन हे भारतातील सर्वोच्च उंच शिखर असून या शिखराची उंची ८८१६ मीटर्स एवढी आहे. झसिकर रांग ही हिमाद्रीच्या जवळच ८० अंश पूर्व रेखांशाजवळ आहे. ही उत्तरेस गेलेली महत्त्वाची शाखा आहे. या रांगेची सरासरी उंची ६००० मीटर्स असून याच पर्वतरांगेत सिंधू नदीने खोल घळई तयार केली आहे. झास्कर रांगेला समान्तर उत्तरेला असलेल्या समांतर रांगेला 'लडाक रांग' असे म्हटले जाते. या रांगेची लांबी ३०० मीटर्सच्या जवळपास आढळते. अशा रीतीने शिवालिक रांग आणि बाह्य हिमालयाचा भाग प्रामुख्याने भारतातील हिमालय पर्वत म्हणून संबोधला जातो.

ब) हिमालयाचे प्रादेशिक विभाजन (Regional Divisions of Himalaya)

१. पूर्वेकडील किंवा ईशान्येकडील पर्वतरांगा
२. मध्य हिमालयाच्यारांगा
३. पश्चिमेकडील पर्वतरांगा (पंजाब व कुमाऊं हिमालय)

१) पूर्वेकडील किंवा ईशान्येकडील पर्वतरांगा

भारताच्या ईशान्य भागातील दक्षिणेकडील भागात या पर्वतरांगा मुख्य हिमालय पर्वतापासून वेगळ्या झाल्या आहेत, त्या उत्तर-दक्षिण दिशेस विस्तारल्या आहेत. भारताच्या पूर्वीय राज्याचा भाग यामध्ये येतो. (आसाम, मेघालय, त्रिपुरा, मणिपूर, अरुणाचल इ.) हिमालयीन पर्वतरांगांमुळे भारत आणि ब्रह्मदेश यांच्या दरम्यान नैसर्गिक सरहद्द तयार झाली आहे. तेथे अस्तित्त्वात असलेल्या उत्तरेला पत्कोई तर दक्षिणेस मैणपुरी व नाग या लहान-मोठ्या पर्वतरांगा आहेत. शिवाय मेघालय पठार भागावर

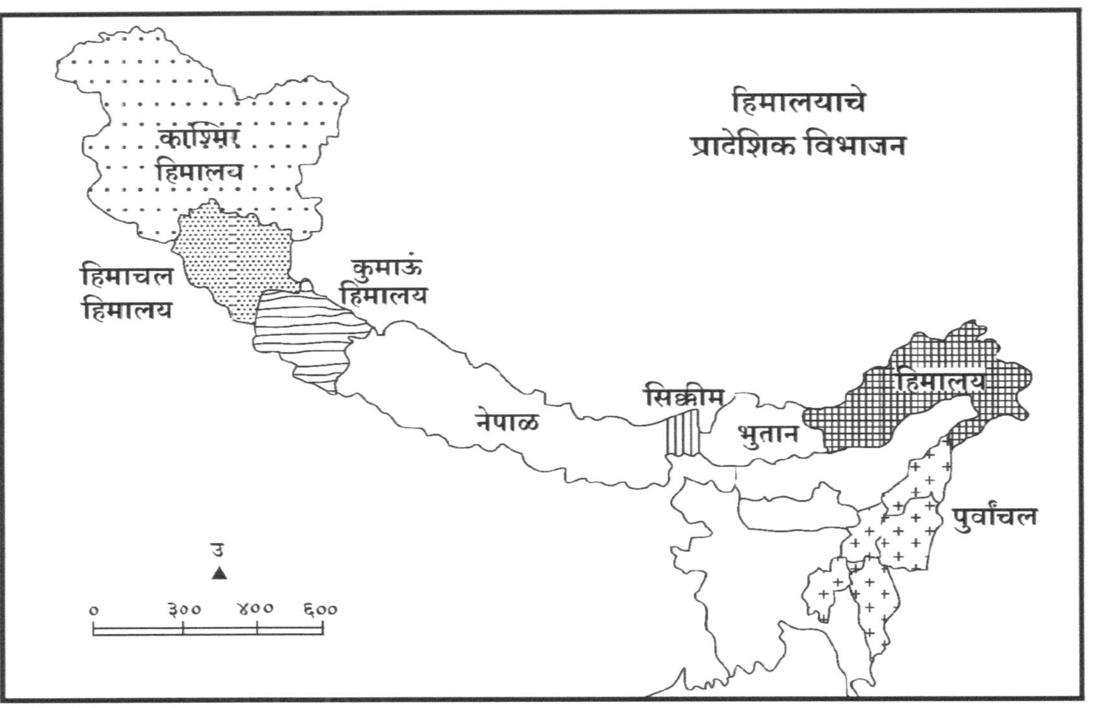

नकाशा क्र. २.२ : हिमालयाचे प्रादेशिक विभाजन

अधिक रुंद अशा गारो खासी व जायंतिया इत्यादी डोंगराळ प्रदेश दिसून येतात. मणिपूरच्या दक्षिणेस भारत व ब्रह्मदेशाच्या सीमेजवळून आरकान योना पर्वताची रांग उत्तरेकडून दक्षिणेकडे ब्रह्मदेशात गेली आहे. या भागातील पर्वतीय प्रदेशांची सरासरी उंची कमी दिसून येते. परंतु असा प्रदेश उंच-सखल असल्यामुळे तसेच या भागात पर्जन्याचे प्रमाण भरपूर असल्याने हा डोंगराळ व पर्वतीय प्रदेश घनदाट अरण्यामुळे दुर्गम बनला आहे. अशा पर्वतीय प्रदेशात सरामती हे सर्वात उंच शिखर आहे. त्याची उंची ३८२६ मीटर्स इतकी आहे. मुख्य रांगा व वळलेल्या उपरांगा मिळून या भागात नरसाळ्यासारखी रचना तयार झाल्याने नैर्ऋत्य मोसमी वारे कोंडले जाऊन चेरापुंजी किंवा मोसिनराम येथे जगातील सर्वांत जास्त पाऊस पडतो.

२) मध्य हिमालयाच्या रांगा

भारताच्या उत्तर सीमेजवळ पामीरच्या पठारापासून पूर्व भाग तलवारीसारखा वक्र, विस्तार उंच व सलग अशा हिमालय पर्वतरांगा पसरलेल्या आहेत. भारताच्या उत्तरेकडील जम्मू-काश्मीर राज्यांपासून पूर्वेला अरुणाचल प्रदेशापर्यंत या पर्वतरांगा पसरलेल्या आहेत. या पर्वतरांगांमुळे भारत आणि चीन या दोन देशांची सीमा निश्चित झाली आहे. जगातील सर्वांत उंच रांग म्हणून हिमालय पर्वतरांगा ओळखल्या गेल्या आहेत. हिमालय पर्वतीय प्रदेशाची सरासरी लांबी ३२०० किलोमीटर्स असून, रुंदी २०० ते ३०० किलोमीटर्सच्या जवळपास आढळते. हिमालय पर्वतरांगेच्या मध्यभागी रुंदी जास्त असून पूर्व व पश्चिम टोकांकडे रुंदी कमी कमी होत गेली आहे. हिमालय पर्वतरांगेची सरासरी उंची ६५०० मीटर्स असून, आशिया खंडातील ९४ उंच शिखरांपैकी ९२ उंच शिखरे याच पर्वतरांगेत आहेत, तर जगातील १४ अति उच्च शिखरे या पर्वतरांगेत आढळतात. ही शिखरे वर्षभर हिमाच्छादित असतात. हिमालय पर्वतरांगेत सिंधू, सतलज, यमुना, गंगा, ब्रह्मपुत्रा या प्रमुख नद्यांचा उगम होतो. जगातील सर्वांत उंच शिखर माउंट एव्हरेस्ट याच पर्वतरांगेत आहे. याशिवाय कांचनगंगा (८५९८ मी.), मकालू (८४८१मी.), धवलगिरी (८१७२ मी.) व अन्नपूर्णा (८०५० मी.) ही शिखरे याच रांगेत आहेत. या पर्वतरांगेचे तीन विभाग केले जातात.

३) पश्चिमेकडील पर्वतरांगा (पंजाब व कुमाऊं हिमालय)

पश्चिमेकडील या पर्वतरांगांनाच पंजाब हिमालय व कुमाऊं हिमालय असे म्हणतात. सिंधु नदीपासून सतलज नदीपर्यंतच्या भागास पंजाब व काश्मीर हिमालय, तर सतलज नदीपासून काली नदीपर्यंतच्या हिमालय पर्वतरांगांना कुमाऊं हिमालय असे म्हणतात. पंजाब हिमालयातील नंगापर्वत सर्वांत उंच पर्वत असून या प्रदेशात लहानमोठी

सरोवरेही आहेत. तेथील वूलर, दाल इत्यादी सरोवरे जगात प्रसिद्ध आहेत. नंदादेवी, बद्रिनाथ, केदारनाथ, त्रिशूल, माना, गंगोत्री ही उंच शिखरे कुमाऊं हिमालयात आहेत, तर गंगा, यमुना या नद्या याच भागात उगम पावतात.

अ) हिमालयाचे पूर्व आणि पश्चिम भाग

भारतातील हिमालय पर्वताचे नेपाळ या देशामुळे दोन भागांत विभाजन झाले. पूर्व दिशेच्या भागाला पूर्व हिमालय तर पश्चिम दिशेच्या भागाला पश्चिम हिमालय असे म्हणतात. पूर्व हिमालयात दार्जिलिंग हिमालय, सिक्कीम हिमालय, भूतान हिमालय आणि आसाम हिमालय तर पश्चिम हिमालयात प्रामुख्याने काश्मीर हिमालय, पंजाब हिमालय आणि कुमांऊ हिमालय असे तीन भाग पडतात.

तक्ता क्र. २.२ : हिमालय पर्वतातील शिखरे व त्यांची उंची

अ.क्र.	शिखर	उंची (मीटर्स)
१.	माऊंट एव्हरेट	८८४८
२.	गॉडविन ऑस्टीन	८६११
३.	कांचनगंगा	८५९८
४.	धवलगिरी	८१७२
५.	मानसालू	८१५६
६.	नंदादेवी	७८१८
७.	नामचाबरवा	७७५६
८.	चोमोल्हारी	७३१४
९.	कुला कांग्री	७२५०
१०.	बद्रीनाथ	७०४०
११.	केदारनाथ	६८४१
१२.	मिशुल	६७०७
१३.	जन्मोत्री	६५२७
१४.	गंगोत्री	६५०८
१५.	नंगापर्वत	८१२६

१) पूर्व हिमालय : नेपाळच्या पूर्वेला असलेल्या भागाचा पूर्व हिमालयात समावेश होतो. या रांगेमुळे हिमालय आणि तिबेट यांच्या सरहद्दीजवळ भारत आणि चीन या देशांची सरहद्द निश्चित केली आहे. त्यालाच मॅकमोहन रेषा असे म्हणतात.

दार्जिलिंग हिमालय : पश्चिम बंगालच्या उत्तरेकडील भागात असलेल्या दार्जिलिंग शहराच्या आजूबाजूच्या प्रदेशास 'दार्जिलिंग हिमालय' असे म्हणतात.

या क्षेत्रातून मिची, बलसान, तिस्ता, महानंदा इत्यादी नद्या वाहतात. सिक्कीम हिमालयातील पर्वतीय भागात उंच शिखरे असून त्यात नामचा बर्वा (७७५६ मीटर्स), कांग-टो (७०९० मीटर्स), कब्रु (७३१६ मीटर्स), वॉनो (७७१० मीटर्स) यांचा समावेश होतो. सिक्कीम हिमालयाच्या पूर्वेला भूतान पर्वतीय प्रदेश असून या भागात उंच शिखरे आढळतात. आसाम, हिमालयात तिस्ता नदीपासून ब्रह्मपुत्रा नदीपर्यंतच्या पर्वतीय प्रदेशाचा समावेश आसाम हिमालयात केला जातो. हा प्रदेशही उंचसखल प्रदेश असून या भागातून ब्रह्मपुत्रा नदी वाहात जाते.

ब) पश्चिम हिमालय

पश्चिम हिमालयात असणाऱ्या काश्मीरचा प्रदेश सर्वात जास्त उंच असून त्याची लांबी ७०० किलोमीटर्स, तर रुंदी ५०० किलोमीटर्सच्या जवळपास आहे. जम्मू-काश्मीर राज्याच्या वायव्य अग्नेय दिशेने पिरपंजाल पर्वतरांग गेली आहे. वायव्य भागात काराकोरम रांग आहे. जगाचे दुसऱ्या क्रमांकाचे व भारतातील सर्वांत उंच शिखर म्हणजे गॉडविन-ऑस्टीन ८८१६ मीटर्सचे हे शिखर याच पर्वतरांगेत आहे. सतलज नदीच्या वायव्य भागात असलेल्या पर्वतीय प्रदेशाला पंजाब हिमालय म्हटले जाते. या भागातून चिनाब, बियास आणि रावी या नद्या मार्गस्थ होतात. उत्तर प्रदेशाच्या वायव्येकडील भागात सतलज व काली या नद्यांच्या दरम्यान पसलेल्या पर्वतीय प्रदेशास कुमाऊं हिमालय असे म्हटले जाते. या भागातून भागीरथी, गंगा व यमुना या नद्यांचा उगम होतो. पर्वतीय प्रदेशात ३५० पेक्षा अधिक सरोवरे आहेत. त्या पैकी नैनिताल, भीमताल, सातताल इत्यादी महत्त्वाची सरोवरे आहेत. या भागातील नंदादेवी (७७६३ मीटर्स), त्या खालोखाल कामेर (७७५६ मीटर्स), बद्रीनाथ (७१३८ मीटर्स), त्रिशूल (७१२० मीटर्स), सतोपंथ (७०८४ मीटर्स), दुनागिरी (७०६६ मीटर्स), केदारनाथ (६९४० मीटर्स), नंदाकोट (६८६४ मीटर्स) आणि गंगोत्री (६६१४ मीटर्स) अशी उंच शिखरे आहेत.

क) पश्चिमेकडील पर्वतरांगा

ही पर्वतरांग पामीर पठाराच्या पश्चिमेपासून सरळ हिंदकुश पर्वतरांगेमध्ये गेली

आहे. भारत आणि अफगाणिस्थानाच्या सरहद्दीतून ही पर्वतरांग गेली आहे. हिंदकुश पर्वत रांगांच्या दक्षिण भागातून भारत आणि पाकिस्तान सीमेजवळून सुलेमान पर्वताची रांग किरषार टेकड्यांपर्यंत पसरलेली आहे. सुलेमान श्रेणीच्या पर्वतरांगेत जगविख्यात खैबर व बोलनखिंड आहे. अशा पद्धतीने भारत – अफगाणिस्थान, भारत – पाकिस्तान या देशाच्या सीमेजवळ भारताच्या वायव्य भागात या पर्वतरांगा विखुरलेल्या आहेत.

हिमालयाचे भारतदृष्ट्या महत्त्व

भारताच्या दृष्टीने हिमालय पर्वतरांगा महत्त्वाच्या असून या पर्वतरांगांचे भारताच्या दृष्टीने पुढील फायदे आहेत –

१. संरक्षण दृष्टिकोनातून हिमालय पर्वताने भारताची उत्तर बाजू मजबूत बनविलेली आहे.
२. ध्रुवीय प्रदेशातून येणारे शीतवारे हिमालय पर्वतामुळे अडविले जातात.
३. हिमालय पर्वतामुळे नैऋत्येकडून येणारे मोसमी वारे अडविले जातात. त्यामुळे भारतीय उपखंडास पर्जन्य मिळतो.
४. हिमालयात अनेक नद्या उगम पावतात. त्या नद्यांमुळे भारत सुजलाम् सुफलाम् झाला आहे.
५. हिमालयामुळे नद्यांना बारमाही पाणी मिळते. त्यामुळे उत्तरेकडील मैदानी प्रदेश शेतीयोग्य बनला आहे व जलवाहतूकदृष्ट्या या नद्या उपयुक्त ठरल्या आहेत.
६. घनदाट जंगलातून लाकूड व औषधोपयोगी वनस्पती उपलब्ध होतात.
७. अनेक प्रकारच्या प्राण्यांचे व वनस्पतींचे वसतिस्थान हा पर्वतीय भाग असल्याने भारतातील जैवविविधतेत वाढ झाली आहे.
८. हिमालय पर्वतीय भागात विविध प्रकारची खनिजे उपलब्ध होत असल्याने आर्थिक विकासाला हातभार लागला आहे.
९. सृष्टीसौंदर्याने नटलेली अनेक थंड हवेची ठिकाणे पर्यटन विकासाच्या दृष्टीने उपयुक्त ठरली आहेत.
१०. अनेक धार्मिक स्थळांमुळे सांस्कृतिक विकासाला मदत झाली आहे.
११. सुपीक मैदानाची निर्मिती, जलविद्युत केद्रांना भरपूर पाणीपुरवठा यामुळे भारताचा आर्थिक विकास हिमालय पर्वतरांगांवर अवलंबून आहे.

२.२) उत्तरेकडील विस्तृत मैदानी प्रदेश (The North Indian Plains)

भारताचे विस्तृत मैदान हिमालय पर्वताच्या दक्षिणेस व द्वीपकल्पीय पठार यांच्या उत्तर भागात निर्माण झाले आहे. या क्षेत्रास उत्तरेकडील भारताचे मैदान म्हणून

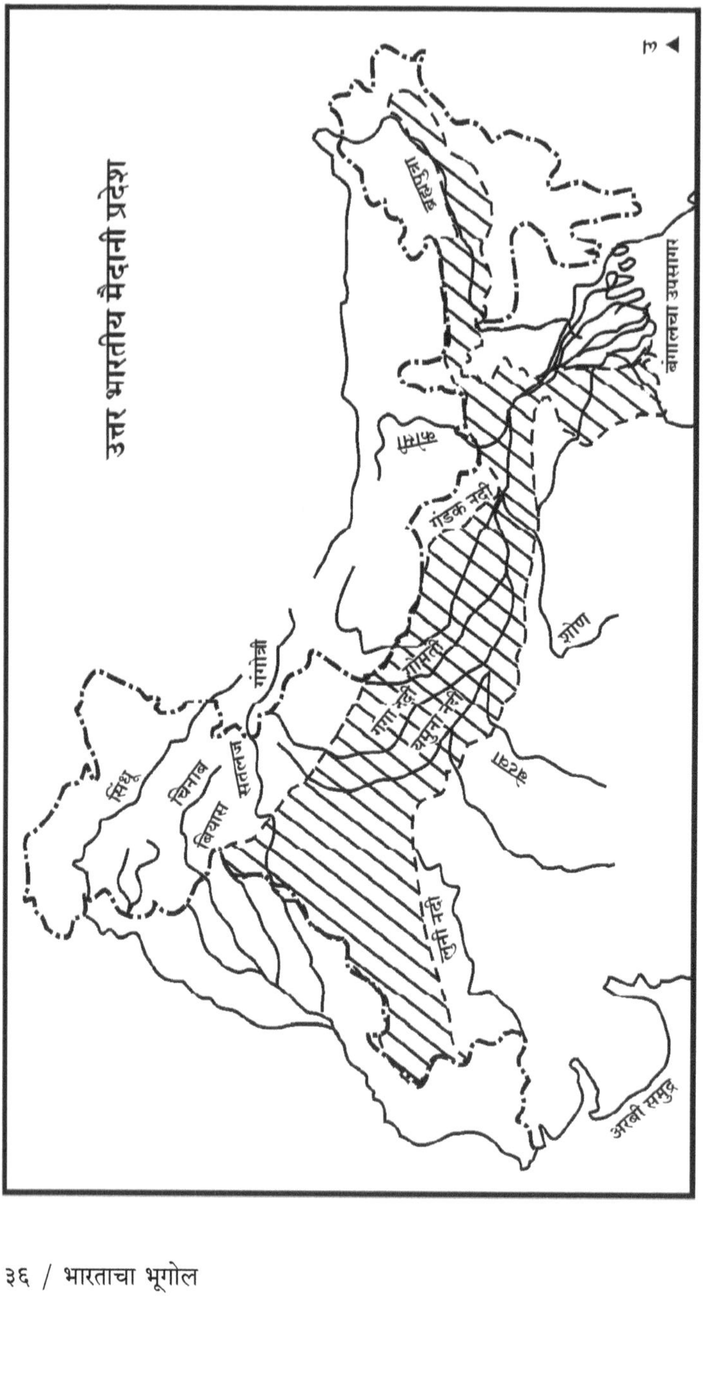

उत्तर भारतीय मैदानी प्रदेश

सिंधू
चिनाब
बियास
सतलज
गंगोत्री
लुनी नदी
गंगा नदी
गोमती
यमुना नदी
बेटवा
शोण
गंडक नदी
कोसी
ब्रह्मपुत्रा
अरबी समुद्र
बंगालचा उपसागर
उ

नकाशा क्र. २.३ : उत्तर भारतीय मैदानी प्रदेश

संबोधले जाते. हिमालयात उगम पावणाऱ्या सिंधु, गंगा-यमुना व ब्रह्मपुत्रा या प्रमुख नद्या व त्यांच्या जोडीला काही उपनद्यांच्या क्षेत्रामध्ये विस्तारित गाळाच्या मैदानाची निर्मिती झाली आहे. पूर्व भारतातील ब्रह्मपुत्रेच्या खोऱ्यापासून पश्चिमेकडील पाकिस्तान देशापर्यंत तर दक्षिणेकडील द्वीपकल्पीय पठारापासून उत्तरेकडील शिवालिकच्या पायथ्यापर्यंत मैदानी प्रदेश विखुरलेला आहे. उत्तरेकडील विस्तारित मैदानाने भारताचा १/५ भाग व्यापला आहे. क्षेत्रफळ सुमारे ६,५२,००० चौरस किलोमीटर्स एवढे आहे. अशा मैदानाची लांबी पूर्व - पश्चिम सुमारे २४०० किलोमीटर्स असून रुंदी सुमारे २४० ते ३२० किलोमीटर्सच्या दरम्यान आहे, तर पश्चिम टोकास मैदानांचा विस्तार वाढत गेलेला दिसतो. तो या भागात सुमारे ५०० किलोमीटर्स तर पूर्वभागात तो २५० किलोमीटर्सच्या जवळपास आहे. मैदानी भागाचा विस्तार प्रामुख्याने पंजाब, राजस्थान, हरियाणा, उ.प्रदेश, बिहार, आणि प. बंगाल इत्यादी राज्यांत आढळतो. अशा मैदानी भागाची सरासरी उंची २०० मीटर्सच्या जवळपास आहे. मैदानी प्रदेशाचा उतार नैर्ऋत्य व अग्नेयेकडे आहे. अशा क्षेत्रातील उताराचे प्रमाण फारच कमी झालेले दिसून येते. दर किलोमीटर तो १२ सें.मी.पर्यंत आहे. उत्तरेकडील विस्तृत मैदानी प्रदेशाचे पुढील विभाग पडतात.

अ) पूर्वेकडील मैदानी प्रदेश

ब्रह्मपुत्रा नदीचे खोरे व गंगानदीच्या खालच्या टप्प्यातील मैदानी भागाचा पूर्वेकडील मैदानी प्रदेशात समावेश होतो. बिहारपासून पश्चिम बंगालपर्यंत पसरलेल्या अशा मैदानी प्रदेशात उत्तर व दक्षिण बिहारचा मैदानी प्रदेश, पश्चिम बंगालमधील त्रिभुज मैदानी प्रदेश व आसाममधील मैदानी प्रदेशाचा समावेश होतो. उत्तरेकडील दार्जिलिंग हिमालयापासून बंगालच्या उपसागरापर्यंत, तर पश्चिमेस छोट्या नागपूरच्या पठारी प्रदेशापासून बांगला देशपर्यंत हा मैदानी प्रदेश पसरला आहे. मैदानी प्रदेशामध्ये गंगा नदीच्या घागरा, गंडक, कोसी इत्यादी उपनद्यांच्या प्रदेशांचाही समावेश होतो, पश्चिम बंगालमध्ये गंगा नदीचा विस्तारित त्रिभुज प्रदेश तयार झाला आहे. पूर्वभागात गंगा व ब्रम्हपुत्रा नद्या अनेक फाट्यांनी बंगालच्या उपसागराला जाऊन मिळतात. गंगा नदीच्या अशा फाट्यांना भागीरथी, हुगळी यासारखी नावे आहेत, तर गंगा आणि ब्रह्मपुत्रा या नद्यांच्या संयुक्त प्रवाहास पद्मा असे संबोधले जाते.

भारताच्या ईशान्येकडील भागात ब्रह्मपुत्रा नदीने आसाम या राज्यात मैदानी प्रदेश तयार केला आहे. त्यास आसामचे खोरे असे म्हटले जाते. हा मैदानी प्रदेश हिमालयाचा डोंगराळ प्रदेश व मेघालयाचे पठार यांच्या दरम्यान विखुरलेला असून ब्रम्हपुत्रा व तिच्या उपनद्यांनी आसाम खोऱ्याची निर्मिती झाली आहे.

ब) विस्तृत मैदानाचा मध्य भाग

गंगा नदीच्या वरच्या व मधल्या टप्प्यातील मैदानी प्रदेशाचा समावेश या प्रदेशात केला जातो. अशा प्रदेशाचा विस्तार पूर्व - पश्चिम दिशेने आहे. प्रामुख्याने गंगा यमुना नद्यांचा दुआब, गंगेच्या उत्तरेस असलेल्या रोहित खंडाचे मैदान तसेच अवध / आयोध्याचे मैदान इत्यादी क्षेत्रांचा समावेश केला जातो. उत्तर प्रदेशात जवळ जवळ ५१ टक्के भाग या मैदानी प्रदेशाने व्यापला आहे. उत्तर प्रदेशातील बिजनीरपासून लखनौपर्यंतचा प्रदेश रोहिल खंडाचे मैदान म्हणून ओळखला जातो. मध्य मैदानी प्रदेशातून शारदा व रामगंगा या नद्या वाहतात, तर रोहिल खंड मैदानी प्रदेशाच्या पूर्वेस असलेल्या मैदानी प्रदेशास 'अवध मैदान किंवा अयोध्येचे मैदान' या नावाने ओळखले जाते. अवधचा मैदानी प्रदेश गोमतीशबरी आणि घाघरा या नद्यांनी तयार केला आहे. गंगा नदीच्या वरच्या टप्प्यातील गाळाच्या प्रदेशाला 'भांगर किंवा पुरातन गाळाचा मैदानी प्रदेश' असे म्हटले जाते, तर पूर्वेकडील मैदानी प्रदेशाला 'खद्दर किंवा खादर किंवा नवीन गाळाचा प्रदेश' असे म्हटले जाते.

क) पश्चिमेकडील मैदानी प्रदेश

पश्चिमेकडील मैदानी प्रदेशात प्रामुख्याने राजस्थान व पंजाबमधील तसेच हरियाणातील मैदानी प्रदेशांचा समावेश केला जातो.

१) राजस्थानातील मैदान

राजस्थानच्या मैदानी प्रदेशाची सुरुवात अरवली पर्वताच्या पश्चिमेकडील भागात अस्तित्त्वात असलेल्या मैदानांपासून होते. हा प्रदेश मोठ्या प्रमाणात ओसाड व निमओसाड असल्याने त्यालाच थरचे वाळवंट असेही म्हणतात. अशा मैदानांचे क्षेत्रफळ १,७५,००० चौरस किलोमीटर्स असून लांबी ६४० किलोमीटर्स, तर रुंदी ३०० किलोमीटर्स आहे. अरवली पर्वत पायथ्याजवळ पश्चिमेकडील भागात सुपीक मैदानी प्रदेश आहे. त्यालाच राजस्थानचे मैदान असे म्हटले जाते. हा भाग मोठ्या प्रमाणात पाणथळीचा असल्याने Oasis ची लहान-मोठी सरोवरे दिसून येतात. अशा सरोवरांमध्ये सांबर, दोडधाना, पयपाद्रा, सारताल या सारखी अनेक सरोवरे दिसून येतात. सांबर हे सर्वात मोठे व महत्त्वाचे सरोवर या भागात असून या प्रदेशात एकमेव लुनिक नदी वाहते.

२) पंजाब व हरियाणाचे मैदान

हे मैदान भारताच्या वायव्य भागातील पंजाब व हरियाणा या राज्यांच्या दरम्यान विखुरलेले आहे. पूर्वेला यमुना नदी, तर वायव्य सीमेपासून रावी नदी वाहते. या प्रदेशाची सरासरी उंची २०० ते २४० मीटर दरम्यान आहे. मैदानी प्रदेश रावी, बियास

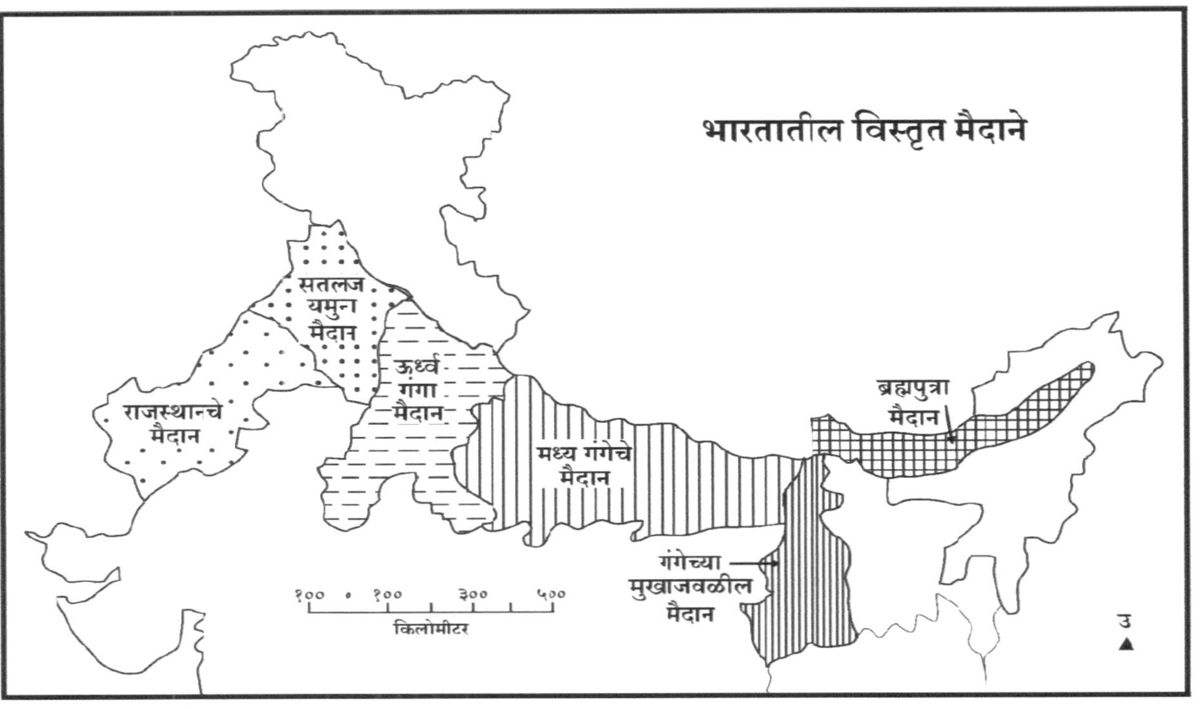

नकाशा क्र. २.४ : भारतातील विस्तृत मैदाने

आणि सतलज या नद्यांच्या पूरमैदानास 'बंरस' म्हणतात. रावी, बियास व सतलज दरम्यानच्या प्रदेशास 'बिस्तदुआब' म्हणतात.

ड) मैदानाच्या गाळाचे प्रमुख प्रकार (Major types of Deposition of Plain)

मैदानी प्रदेशावरील संचयन झालेल्या गाळाचे सर्वच ठिकाणी सारख्या प्रकारचे संचयन होत नाही. मैदानावर संचयित झालेल्या गाळाची पुढील चार प्रकारात विभागणी होते.

१) **भाबर :** हिमालयातून वाहात येणारे जलप्रवाह पायथ्यालगतच्या प्रदेशात दगड, गोटे, वाळू यांचे संचयन करतात, त्यामुळे पायथ्यालगतच्या प्रदेशात गाळाच्या संचयनाचे पंखे तयार होतात. अशा पंख्यांमध्ये जलप्रवाह लुप्त होतात. या संचयनास 'भाबर' असे म्हणतात.

२) **तराई :** भाबरमध्ये लुप्त झालेले जलप्रवाह त्या लगतच्या दक्षिणेकडील भागावर पुन्हा भूपृष्ठावर प्रकट होतात. या भागात बारीक वाळू व दगड, गोटे यांचे संचयन होते. नद्यांच्या पाण्यामुळे या भागात दलदल निर्माण होते. या प्रदेशाला 'तराई' असे म्हणतात. हा प्रदेश दाट जंगलव्याप्त असतो.

३) **भांगर :** तराईच्या दक्षिणेकडे नदीच्या मुख्य प्रवाहापासून दूर अंतरावर जुन्या गाळाचे संचयन झालेले पट्टे आढळतात. त्या गाळात काही ठिकाणी चुनखडीचे थर आहेत. या गाळाच्या पट्ट्यांना 'भांगर' असे म्हणतात. उत्तर प्रदेशात या थरांना 'कंकर' असे म्हणतात.

४) **खादर :** नद्यांच्या लगतच्या सखल प्रदेशात नवीन संचयित झालेल्या गाळाच्या संचयनास 'खादर' असे म्हणतात.

उत्तरेकडील भारतीय मैदानांचे महत्त्व (Importance of North Indian Plains)

उत्तरेकडील भारतीय मैदानांचे महत्त्व पुढीलप्रमाणे आहे.

१) उत्तरेकडील भारतीय मैदान हा भारतातील सर्वांत महत्त्वाचा कृषीप्रधान प्रदेश आहे.

२) या प्रदेशात जलसिंचनासाठी बारमाही नद्या उपलब्ध आहेत.

३) या प्रदेशात भूमिगत पाण्याचे मोठे साठे उपलब्ध आहेत.

४) शेतमालावर आधारित उद्योगधंदे या प्रदेशात मोठ्या प्रमाणावर निर्माण झालेले आहेत.

५) या प्रदेशात रस्ते व लोहमार्ग या वाहतूक मार्गाचे मोठे जाळे निर्माण झालेले आहे.

६) मैदानावरील गंगा नदीच्या मुखापासून पाटण्यापर्यंत कच्च्या मालाच्या वाहतुकीसाठी जलवाहतुकीचा उपयोग होतो.

७) गंगा नदीकाठावर प्रयाग, काशी, हरिद्वार, ऋषिकेश यासारखी अनेक पवित्र तीर्थक्षेत्रे वसलेली आहेत.

८) जंगलातील सर्वांत जास्त लोकसंख्येची घनता या प्रदेशात असून भारतातील ३० टक्के भौगोलिक क्षेत्रफळ असलेल्या या प्रदेशात भारतातील ४० टक्के लोकसंख्या आहे. या सर्व गोष्टींमुळेच उत्तरेकडील भारतीय मैदानांचे महत्त्व वैशिष्ट्यपूर्ण मानले जाते.

२.३) द्वीपकल्पीय पठारी प्रदेश (The Peninsular Plateau)

द्वीपकल्पीय पठारी भाग दक्षिणेस – निलगिरी पर्वत, भारताच्या दक्षिणेस पश्चिम सह्याद्री पर्वतरांगा किंवा पश्चिम घाट, पूर्वेस पूर्वघाट इत्यादी क्षेत्राचा या विभागात समावेश होतो. या प्रदेशाचा आकार त्रिकोनाकृती असून या क्षेत्राची सरासरी उंची ६०० मीटर्सच्या जवळपास दिसून येते. उत्तरेकडील पंचमढी (अरवली) टेकड्यांपासून दक्षिणेस कन्याकुमारीपर्यंत लांबी १६०० किलोमीटर्स आहे. पश्चिम सह्याद्रीपासून पूर्वेस राजमहाल टेकड्यांपर्यंत या प्रदेशाची रुंदी १४०० किलोमीटर्स आहे. द्वीपकल्पीय क्षेत्र टेकड्या, पठार, नद्यांची खोरी व मैदानी प्रदेशांनी व्यापला आहे. द्वीपकल्पीय प्रदेशाचे प्रमुख दोन भाग आहेत. मध्यभागाच्या उंचवट्याचे क्षेत्र आणि दक्षिणेकडील दख्खनचे पठार (डेक्कन ट्रॅप) भूगर्भशास्त्रीयदृष्ट्या हा प्रदेश गोंडवना प्रदेश म्हणून संबोधला जातो. द्वीपकल्पीय पठारी प्रदेशाचे पुढीलप्रमाणे विभाग पडतात. ते खालीलप्रमाणे आहेत –

अ) पूर्व घाट

पूर्वघाट पश्चिमघाटाप्रमाणे सलग आढळत नाही. पूर्वघाट हा भारताच्या पूर्व किनारपट्टीच्या जवळचा आहे. भारताच्या दक्षिण टोकाजवळील निलगिरी पर्वतापासून ते उत्तरेकडील छोट्या नागपूरच्या पठारी भागाचा समावेश पूर्व घाटात केला जातो. पूर्व घाटात मोठमोठ्या नद्या समुद्राला येऊन मिळतात. या नद्यांना मोठया प्रमाणात पूर आल्याने मैदाने व त्रिभुज प्रदेश तयार होतात. त्यामुळे पूर्व घाट खंडित झाला आहे. उत्तरेकडील महानदी, दक्षिणेकडे गोदावरी, गोदावरीच्या दक्षिणेस कृष्णा व तिच्या दक्षिणेस तामिळनाडू राज्यात कावेरी या नद्यांनी पूर्वघाट खंडित केला आहे.

ब) पूर्वेकडील पठारी प्रदेश

पूर्वेकडील मध्य प्रदेशातील बुंदेलखंड पठार, बिहारच्या भागातील छोटा नागपूरचे

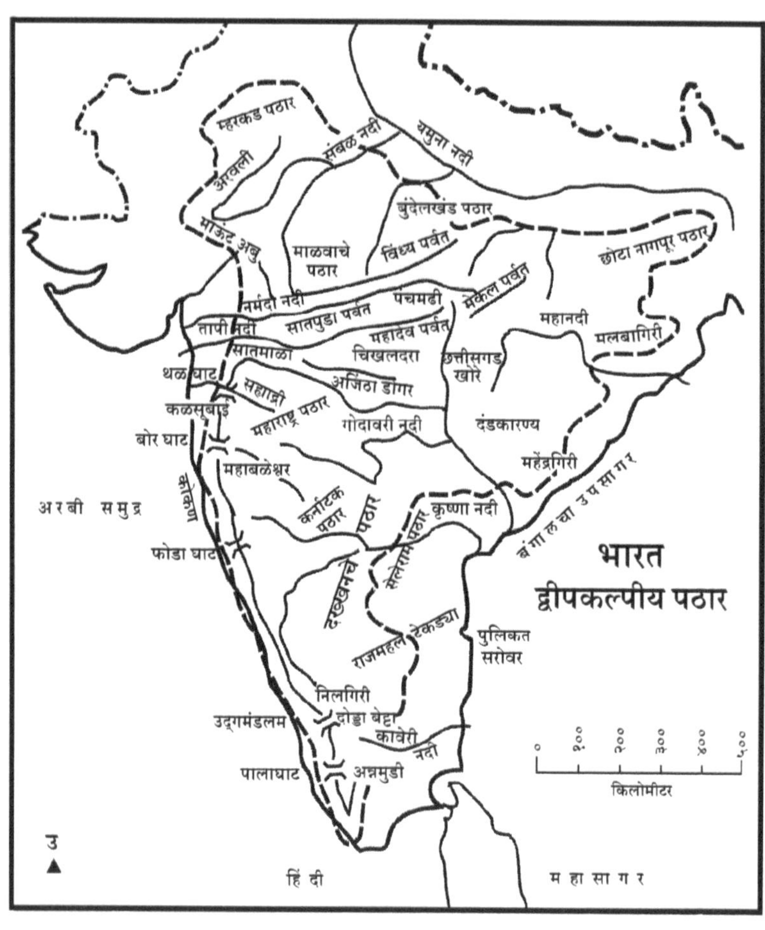

नकाशा क्र. २.५ : द्विपकल्पीय पठारी प्रदेश

पठार, ओरिसातील पश्चिमेकडील टेकड्यांचा प्रदेश तसेच महानदीचे खोरे आणि त्याच्या जवळच असलेल्या दंडक अरण्य आणि छत्तीसगडचा पठारी प्रदेश इत्यादींचा समावेश होतो. या प्रदेशातील छोटा नागपूरचा पठारी प्रदेश महत्त्वाचा आहे. अशा पठारी प्रदेशात मोठ्या प्रमाणात खनिजांचे साठे केंद्रित झाले आहे. सर्वच प्रकारची खनिजे या भागात आढळतात. या प्रदेशातून दामोदर, सुवर्णरेखा या प्रमुख नद्या वाहतात. या क्षेत्रात रांची पठार तसेच हजारीबागचे पठार आणि कोदामाळचे पठार असे तीन विभाग पाडले आहेत.

क) अरवली सातपुडा आणि विंध्य प्रदेश

गुजरातमधील पालनपूर या क्षेत्रापासून दिल्लीपर्यंत सुमारे ८०० किलोमीटर्स ही पर्वतरांग माळवा पठाराच्या पश्चिमेस अरवली पर्वताची रांग आहे. या पर्वतरांगेची सरासरी उंची ३०० ते ९०० मीटर्सच्या जवळपास आहे. या क्षेत्रातील माऊंटअबू या उंच शिखराची उंची ११५८ मीटर्स आहे. या शिवाय या क्षेत्रात गुरूशिखर या सर्वात उंच शिखराची उंची १७२२ मीटर्स आहे. या क्षेत्राचे सर्वांत जास्त क्षेत्रफळ राजस्थान या राज्यात आढळून येते. अशा क्षेत्रात प्रसिद्ध असे मेवाडचे पठार राजस्थान राज्यात आढळून येते. अरवली पर्वत आणि दक्षिणेस विंध्य पर्वताच्या मध्यभागात माळव्याचे पठार (मध्य प्रदेशात) विस्तारलेले आहे. या पठारावरून चंबळ ही नदी वाहात आहे. बुंदेलखंड हे पठार यमुना नदी व विंध्य पर्वताच्या दरम्यान आहे. महाराष्ट्र आणि मध्यप्रदेश यांच्या सरहद्दीजवळून पूर्व-पश्चिम दिशेने ९०० किलोमीटर्स लांबीची सातपुडा पर्वतरांग पसरली आहे. या क्षेत्रातील उंची सरासरी १००० मीटर्सच्या जवळपास आढळते. अशा क्षेत्रातील पर्वत प्रदेशाच्या कमी-अधिक उंचीच्या सात पर्वतरांगा दिसून येतात; म्हणून त्याला सातपुडा पर्वत रांगा असे संबोधले जाते. या क्षेत्रातील तोरणामाळाची उंची ११३५ मीटर्स, तर धूपगडची उंची ११५० मीटर्स आहे. नर्मदा नदी सातपुडा पर्वत क्षेत्रातून वाहते. दक्षिण क्षेत्रातून तापी नदी वाहते. पर्वतरांगेच्या उत्तरेकडील क्षेत्रात नर्मदेच्या उत्तरेस विंध्य पर्वताची १०५० किलोमीटर्स लांबीची सलग अशी पर्वतरांग पूर्व - पश्चिम दिशेने विखुरलेली आहे. या रांगेस विंध्यपर्वत रांग असे म्हटले जाते.

ड) दख्खनचे पठार किंवा दख्खनचा उंचवट्यांचा प्रदेश

नर्मदा नदीच्या दक्षिणेकडील क्षेत्राला दख्खनचे पठार म्हणून संबोधले जाते. हे पठारी क्षेत्र नर्मदा नदीपासून (विंध्य पर्वत) दक्षिणेस निलगिरीपर्यंत पसरले आहे. या पठाराच्या पश्चिमेस पश्चिम घाट, तर पूर्वेस पूर्वघाट विखुरलेला आहे. भारतामधील

सर्वांत मोठे पठार दख्खनचे असून या पठाराचे क्षेत्रफळ सुमारे ७ लक्ष चौरस किलोमीटर्स इतके आहे. या पठाराचा उतार पूर्व व पश्चिम अशा दोन्ही बाजूस आहे. दख्खनच्या पठाराच्या व्याप्तीत महाराष्ट्रातील पठारी प्रदेश, कर्नाटकचे पठार आणि आंध्रप्रदेशातील तेलंगणच्या पठारी प्रदेशाचा समावेश होतो. महाराष्ट्रातील पठारी प्रदेशाने विस्तृत क्षेत्र व्यापले असून हे सर्व क्षेत्र बेसॉल्ट खडकाने तयार झाले आहे. अशा पठारी क्षेत्रामध्ये गोदावरी, कृष्णा या प्रमुख पूर्ववाहिनी नद्या आहेत. पठाराच्या उत्तर भागातून तापी ही पश्चिमवाहिनी नदी वाहते. या पठारावर तापी नदीच्या दक्षिणेला अंजिठा-वेरूळ टेकड्या आहेत. गोदावरी व भीमा नदीच्या दरम्यान असलेल्या डोंगररांगांना बालाघाट डोंगर असे म्हटले जाते. भीमा-कृष्णा नदीच्या दरम्यान असलेल्या टेकड्यांना महादेव डोंगर असे म्हटले जाते. उत्तरेस पूर्व - पश्चिम दिशेने सातपुडा पर्वताची रांग गेली आहे. आंध्र प्रदेशातील दख्खनचा पठारी प्रदेश तेलंगण पठार या नावाने ओळखला जातो. अशा भागात गोलाकार टेकड्या व नद्यांची रुंद खोरी आढळतात. या क्षेत्रात ग्रॅनाईटसारखा प्रमुख खडक प्रकार दिसून येतो. कर्नाटकातील पठारी प्रदेश महाराष्ट्राच्या पठारी प्रदेशाच्या दक्षिणेस असून त्यालाच कर्नाटकचे पठार किंवा मैसूरचे पठार असे संबोधले जाते. या पठाराची सरासरी उंची ६०० मीटर असून त्याचे क्षेत्रफळ २६०० चौरस किलोमीटर्सच्या जवळपास आढळते. या भागातून तुंगभद्रा आणि कावेरी या प्रमुख नद्या वाहतात.

इ) पश्चिम घाट

भारताच्या पश्चिम क्षेत्राला समांतर उत्तर-दक्षिण दिशेला पर्वत रांगा असून तिची लांबी १६०० किलोमीटर्स इतकी आहे. या क्षेत्राची सरासरी उंची सुमारे १२५० मीटर्सच्या दरम्यान आहे. दक्षिणेकडील कन्याकुमारीपासून ते उत्तरेकडील तापी नदीच्या मुखापर्यंतचा भाग पश्चिम घाटात येतो. पश्चिम घाटास सह्याद्री पर्वत असे संबोधले जाते. पश्चिम घाट हा दक्षिण भारतातील प्रमुख जल विभाजक आहे. या घाटात अनेक नद्यांचा उगम होतो. त्यातील काही नद्या पूर्ववाहिन्या तर काही नद्या पश्चिमवाहिन्या आहेत. पूर्ववाहिन्या नद्या पूर्व भागात लांबपर्यंत वाहात जाऊन बंगालच्या उपसागराला मिळतात, तर पश्चिमवाहिन्या नद्या या पश्चिम दिशेस वाहात जाऊन अरबी सागराला जाऊन मिळतात. त्यांची वाहण्याची लांबी कमी आहे. पश्चिम घाट उभ्या भित्तीसारखा उभा असून तो तीव्र उताराचा आहे. त्याच्या विरुद्ध स्थितीत पूर्व भाग मात्र मंद उताराचा आहे. पश्चिम घाटात महाराष्ट्रातील उंच शिखर अहमदनगर जिल्ह्यातील अकोले तालुक्यातील कळसूबाई, त्याची उंची १६४६ मीटर्स व हरिश्चंद्रगड १४२४ मीटर्स आहे. महाबळेश्वर १४६८ मीटर्स ही पश्चिम घाटातील उंच शिखरे आहेत.

पश्चिम घाटामध्ये लहानमोठ्या खिंडी असून त्यामध्ये थळघाट, भोरघाट, आंबाघाट, फोंडाघाट, कुंभार्लीघाट या खिंडीतून कोकणाकडे रस्ते गेलेले आहेत. दक्षिण घाटातील दोड्डाबेट्टा हे सर्वांत उंच शिखर असून त्याची उंची २६३७ मीटर्स (उटकमंड) याशिवाय माकुर्णी शिखराची उंची २५५४ मीटर्स आहे. निलगिरी पर्वत, केरळ, कर्नाटक, तामिळनाडू या घटक राज्यांच्या सीमेवर आहे. याशिवाय या क्षेत्रामध्ये अन्नमलाई पर्वताचा समावेश होतो. अन्नाईमुंडी पर्वताची उंची २६९५ मीटर्स असून ते दक्षिण भागातील उंच शिखर आहे. निलगिरी पर्वताच्या दक्षिणेकडील पालघाट खिंडीच्या क्षेत्रामध्ये अन्नमलाई, काल्डँमंड पलमी, कोडाईकॅनॉल यासारख्या अनेक लहान-मोठ्या टेकड्यांचे क्षेत्र आहे. अन्नाईमुंडी हे शिखर याच क्षेत्रात आहे. कोडाईकॅनॉल हे गिरी क्षेत्र असून याची उंची २१९५ मीटर्स आहे.

द्वीपकल्पीय पठाराचे महत्त्व (Importance of Peninsular Plateau)

१. पठारावरील जमीन अतिशय सुपीक आहे.
२. पठारावरील जमीन कापूस व ऊस उत्पादनाच्या दृष्टीने उल्लेखनीय आहे.
३. पठारावर सुतीकापड उद्योगाची व साखर उद्योगाची प्रगती झालेली आहे.
४. पठारावर दगडी कोळसा, लोखंड, मॅंग्नेनिज, बॉक्साईट इत्यादी खनिजे आढळतात.
५. पठारावर खाणकाम व खनिजावर आधारित उद्योगांचा विकास झालेला आहे.

तक्ता क्र. २.३ : पूर्व आणि पश्चिम घाटावरील शिखरे व उंची

अ.क्र.	शिखर	उंची (मीटर्स)
१.	अन्नाईमुडी	२६९५
२.	दोड्डाबेट्टा (निलगिरी)	२६३७
३.	माकुर्ती (निलगिरी)	२५५४
४.	कुद्रेमुख	१८९२
५.	पुष्पगिरी	१७९४
६.	गुरूशिखर (अरवली)	१७२२
७.	कळसुबाई	१६४६
८.	साल्हेर	१५६७
९.	महेंद्रगिरी (पूर्वघाट)	१५०१
१०.	महाबळेश्वर	१४३८
११.	हरिश्चंद्रगड	१४२४
१२.	पंचमढी (सातपुडा)	१३५०

२.४) किनारपट्टीचा सखल प्रदेश आणि बेट (The Coastal Lands & Islands)

आसामच्या पूर्व भागापासून ते दक्षिणेकडील कन्याकुमारीपर्यंतच्या प्रदेशाचा समावेश पूर्व किनारपट्टीत होतो, तर दक्षिण कन्याकुमारी प्रदेशापासून ते गुजरातच्या कच्छच्या रणापर्यंतच्या क्षेत्राचा समावेश पश्चिम क्षेत्रामध्ये होतो.

अ) किनारपट्टीचा सखल प्रदेश

१) पश्चिम किनारपट्टी

गुजरातच्या कच्छरणापासून ते कन्याकुमारी पर्यंतच्या क्षेत्राचा समावेश होतो. या क्षेत्राची लांबी सुमारे १५०० किलोमीटर्स असून रुंदी १० ते ८० किलोमीटर्सच्या दरम्यान आहे. पश्चिम किनारपट्टीचे एकूण क्षेत्रफळ सुमारे ६५००० चौरस किलोमीटर्सच्या जवळपास आढळून येते. दक्षिण भागापेक्षा गुजरातच्या क्षेत्रामध्ये रुंदी जास्त आढळते. किनारपट्टीच्या क्षेत्रामध्ये उंची काही भागात सुमारे ३ ते ५ मीटर्स तर काही क्षेत्रामध्ये सुमारे १५० ते ३२५ मीटर्स उंचीच्या टेकड्या आढळून येतात.

२) गुजरात किनारपट्टी

गुजरात राज्याच्या उत्तरेकडील काही भागाचा किनारपट्टीच्या क्षेत्रांत समावेश होतो. कच्छचे द्वीपकल्प आणि कच्छचे रण, काठेवाड द्वीपकल्प किंवा दक्षिण खंबाईतचे आखात व गुजरातच्या दक्षिण किनारपट्टी क्षेत्र यांचा समावेश होतो. या क्षेत्रात पश्चिम घाटाचा विस्तार नसल्यामुळे या भागातील रुंदी जास्त आहे. कच्छचे द्वीपकल्प हा ओसाड वाळवंटी प्रदेश असून याच क्षेत्रात कच्छचे रण हा मोठा मैदानी प्रदेश पसरला आहे. या क्षेत्रामधील जमीन मात्र क्षारयुक्त आहे. कच्छच्या रणाच्या क्षेत्रामध्ये लुनी, बनास, आणि माही इत्यादी नद्या वाहत जातात. कच्छच्या द्वीपकल्पच्या दक्षिणेकडील क्षेत्रामध्ये काठेवाड किंवा खंबाईतचे आखाती क्षेत्र आढळते. हे क्षेत्र काठेवाड किंवा खंबाईतच्या आखाताचे क्षेत्र गुजरातमधील गिरनार पर्वतापर्यंत आढळते. काठेवाडच्या पूर्व व दक्षिण क्षेत्रामध्ये मैदानी क्षेत्र विस्तारले आहे. त्यास गुजरातचे मैदान म्हणतात. या क्षेत्रातून मही, साबरमती, सरस्वती, नर्मदा, तापी इत्यादी नद्या वाहत जातात. या मैदानाच्या पूर्वेकडील भाग सुपीक असला, तरी पश्चिमेकडील भागात मात्र क्षारयुक्त व दलदलीचे क्षेत्र दिसून येते.

३) कोकण किनारपट्टी

महाराष्ट्रातील पश्चिम किनारपट्टीच्या मैदानी प्रदेशाला कोकण किनारपट्टी असे म्हणतात. उत्तरेकडील दमनगंगा नदीपासून ते दक्षिणेकडे गोव्यातील तेरेखोल नदीपर्यंतच्या क्षेत्राचा समावेश कोकण किनारपट्टीच्या प्रदेशात होतो. महाराष्ट्रात कोकण किनारपट्टीची लांबी ५०० किलोमीटर्स तर दक्षिणेस गोव्यापर्यंत ७२० किलोमीटर्सच्या जवळपास

आहे. महाराष्ट्रातील पश्चिम घाटाच्या सलग पर्वतरांगेमुळे हा किनारपट्टीचा प्रदेश चिंचोळा झाला आहे. कोकण किनारपट्टीच्या क्षेत्राची सरासरी रुंदी ४५ ते ७५ किलोमीटर्सच्या जवळपास दिसून येते. या किनारपट्टीच्या भागात दमन गंगा, उल्हास, वैतरणा या प्रमुख नद्या असून दक्षिण क्षेत्रात वसिष्ठी, सावित्री या प्रमुख नद्या आहेत. वरील नद्यांची लांबीसुद्धा कमी आहे कारण या नद्या पश्चिम घाटात उगम पावून जवळच असलेल्या अरबी समुद्रास जाऊन मिळतात. या किनारपट्टीचा दक्षिण भाग खडकाळ व ओबडधोबड दिसून येतो. त्याचबरोबर टेकड्या व नद्यांच्या खाड्या आढळून येतात.

४) कर्नाटक किनारा / कारवार किनारा / कानडी किनारपट्टी

कर्नाटक राज्यातील ज्या किनारपट्टीचा समावेश होतो, त्या क्षेत्राला 'कारवार किनारा' म्हटले जाते. उत्तरेकडील कारवारपासून दक्षिणेस मंगलोरपर्यंतच्या भागाचा या किनारपट्टी क्षेत्रात समावेश होतो, त्यांची लांबी सुमारे २५५ किलोमीटर्स आहे. रुंदी सर्वांत कमी ८ किलोमीटर्सपासून ते २४ किलोमीटर्सच्या जवळपास आहे. या भागातून नेत्रावती आणि शरावती या प्रमुख नद्या वाहतात. शरावती नदीवर गिरीसप्पा या ठिकाणी भारतातील सर्वांत उंच धबधबा 'जोगफॉल' आढळून येतो. या धबधब्याची उंची सुमारे २९३ मीटर्स एवढी आहे.

५) केरळ किनारपट्टी किंवा मलबार किनारपट्टी

केरळ राज्यातील किनारपट्टीचा समावेश या भागात केला जातो. त्यालाच मलबार किनारा असे म्हटले जाते. या किनारपट्टीची लांबी ५०० किलोमीटर्स एवढी असून रुंदी २५ किलोमीटर्सपर्यंत आढळते. ही किनारपट्टी उत्तरेकडून दक्षिणेस त्रिवेंद्रम् व त्याखाली कन्याकुमारीपर्यंत (तामिळनाडू) पसरली आहे. या किनारपट्टीच्या भागात वाळूच्या टेकड्या व लगुन्स किंवा खाजन (खाऱ्या पाण्याची लांबट आकाराची किनाऱ्याला समांतर असलेली उथळ सरोवरे) मोठ्या प्रमाणावर आढळून येतात. त्यांनाच 'कामले' असेही म्हटले जाते. त्याचबरोबर या भागात अनेक लहान तळी असून पावसाळ्यात ती समुद्राशी जोडली जातात. या किनारपट्टीलाच 'लँगूसचा किनारा' असेही म्हटले जाते.

६) पूर्व किनारपट्टी मैदानी प्रदेश

बंगालचा उपसागर आणि पूर्वघाट या दरम्यान, किनारपट्टीचा मैदानी प्रदेश पसरला असून त्यास पूर्व किनारपट्टीचे मैदान असेही म्हटले जाते. पश्चिम बंगालमधील बंगादुणीपासून दक्षिणेस कन्याकुमारीपर्यंत हा प्रदेश पसरला आहे. या प्रदेशाचे क्षेत्रफळ सुमारे १ लक्ष ३ हजार चौरस किलोमीटर एवढे असून या मैदानाची खरी सुरुवात

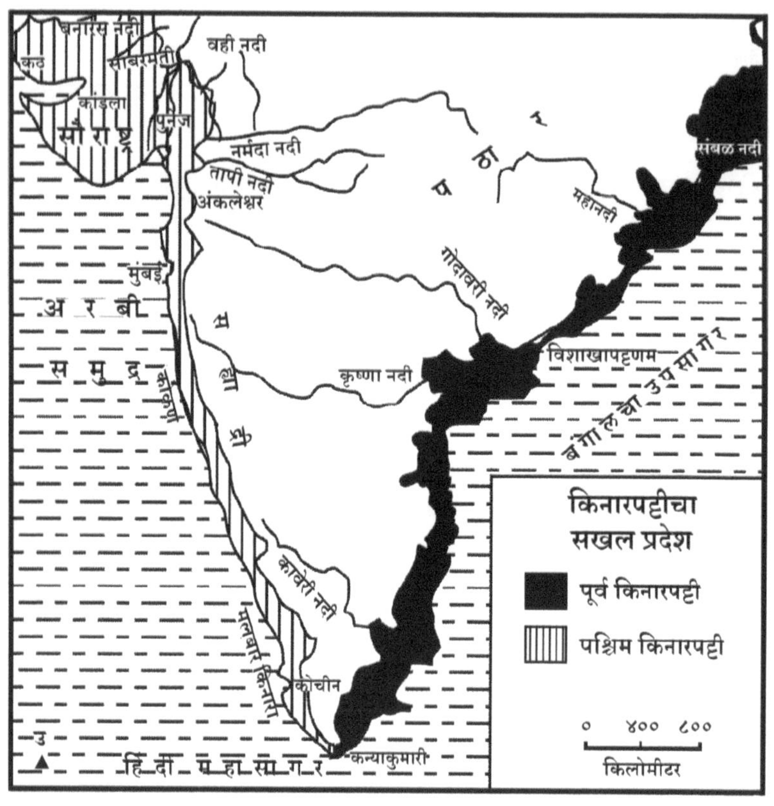

नकाशा क्र. २.६ : किनारपट्टीचा सखल प्रदेश

सुवर्णरेखा नदीपासून होते. पूर्व घाट तुटक असल्याने व द्वीपकल्पीय पठारी प्रदेशातून वाहणाऱ्या मोठ्या नद्यांनी आपल्या काठावर पूर-मैदाने व त्रिभुज प्रदेशाची मोठ्या प्रमाणावर निर्मिती केली असल्याने या मैदानी प्रदेशाची रुंदी पश्चिम किनाऱ्यापेक्षा जास्त आढळून येते. सुवर्णरेखा, महानदी, कृष्णा, गोदावरी, कावेरी इत्यादी नद्या प्रमुख असून कृष्णा व गोदावरी नदीने या भागात विस्तृत मैदानाची निर्मिती केली आहे. बंगालच्या उपसागराला येऊन मिळणाऱ्या या नद्या पश्चिम घाटात, तसेच उत्तरेकडील भागातील पठारी प्रदेशातून उगम पावतात, म्हणून पूर्व किनारपट्टीच्या नद्यांची लांबी जास्त आढळते. या मैदानाचे ओरिसातील उत्कलचे मैदान, पश्चिम बंगालमधील सुंदरबनचे मैदान, आंध्रप्रदेशातील आंध्रचे मैदान व तामिळनाडूमधील तमिळचे मैदान असे भाग पाडले जातात.

७) बंगाल व ओरिसाचे मैदान किंवा उत्कलचे मैदान

बंगालच्या मैदानी प्रदेशामध्ये प्रामुख्याने पश्चिम बंगालमधील सुंदरबनचा काही भाग आणि ओरिसातील उत्कलच्या मैदानाच्या विस्तृत भागाचा समावेश केला जातो. उत्कलच्या मैदानी प्रदेशाची लांबी ४०० किलोमीटर्स असून महानदीच्या त्रिभुज प्रदेशामध्ये हे मैदान सुपीक झाले आहे. या मैदानाच्या दक्षिणेस चिल्का सरोवर असून या सरोवराचा विस्तार ईशान्य नैर्ऋत्य असून लांबी ७० किलोमीटर्स व क्षेत्रफळ १२०० किलोमीटर्सच्या जवळपास आढळते.

८) आंध्रचे मैदान

उत्तरेकडील उत्कलच्या मैदानापासून दक्षिणेस पुलकित सरोवरापर्यंत आंध्रचा मैदानी प्रदेश पसरला आहे. या भागात गोदावरी आणि कृष्णा या नद्यांनी विस्तृत मैदानी प्रदेशाची निर्मिती केली आहे.

९) तमिळनाडूचे मैदान

उत्तरेकडील पुलकित सरोवरापासून दक्षिणेस, कन्याकुमारीपर्यन्त तामिळनाडूचे मैदान म्हणून ओळखले जाते. तसेच हा किनारासुद्धा मलबार नावाने ओळखला जातो. या भागात कावेरी ही प्रमुख नदी असून कावेरी व तिच्या उपनद्यांनी विस्तृत त्रिभुज प्रदेशाची निर्मिती केली आहे. या मैदानाची लांबी सुमारे ६७५ किलोमीटर्स असून या मैदानाची सरासरी उंची १०० किलोमीटर्सच्या जवळपास आढळते.

किनारपट्ट्यांचे महत्त्व (Importance of Coasts)

१. किनाऱ्यावर जलवाहतूक चालते.
२. मीठ गोळा करण्यासाठी मिठागरांची निर्मिती केली जाते.

३. पश्चिम किनारपट्टीच्या मैदानी प्रदेशात मिरी, आले, वेलदोडे, नारळ, पोफळी, आंबे, काजू, रबर, आमसुल (कोकम) तसेच तांदूळ इत्यादी महत्त्वाची पिके घेतली जातात.
४. पूर्व किनारपट्टीची मैदाने भात, नारळ, सुपारी इत्यादी उत्पादनांसाठी प्रसिद्ध आहेत.
५. किनारपट्टीवरील मुंबई, गोवा, कोचीन, मंगलोर, चेन्नई, विशाखापट्टणम इत्यादी बंदरांतून आंतरराष्ट्रीय व्यापार चालतो.
६. मोठ्या प्रमाणात मासेमारी क्षेत्र हे किनारपट्ट्यांचे महत्त्वाचे वैशिष्ट्य आहे.
७. सर्वच किनारे पर्यटकांची आकर्षणकेंद्रे असतात. त्यामुळे किनारपट्टी प्रदेशात मोठ्या प्रमाणात पर्यटन व्यवसायाचा विकास झालेला आहे.

ब) बेटे (Islands)

भारताला लाभलेल्या सागरी भागात लहान-मोठी सुमारे २४७ बेटे असून, त्यापैकी २०४ बेटे बंगालच्या उपसागरात आढळतात. बंगालच्या उपसागरात अंदमान व निकोबार हे दोन द्वीपसमूह असून अंदमान द्वीपसमूहाचे क्षेत्रफळ बेटांमध्ये सर्वांत जास्त असून, यातील सर्वात मोठ्या बेटाचे क्षेत्रफळ ८६२ चौरस किलोमीटर्स एवढे आढळते. अरबी समुद्रातील बेटे लहान-लहान प्रवाळ समूहाने तयार झाली आहेत. त्यात लक्षद्वीप सर्वांत मोठे असून त्याचे क्षेत्रफळ ३२ चौरस किलोमीटर्स एवढे आहे. याशिवाय अरबी समुद्रात ‘मिनिकॉय’ हे लहान बेट असून, त्याचे क्षेत्रफळ साडेचार चौ. किलोमीटर एवढे आहे. याशिवाय अमीर दीव हे बेटसुद्धा या भागात आढळते. भारत व श्रीलंका या दरम्यान पांबन हा बेटसमूह असून, या बेटांची लांबी १८ किलोमीटर, तर रुंदी ९ किलोमीटर्सच्या जवळपास आढळते. गुजरातच्या किनाऱ्याजवळील खंबायतच्या आखाताजवळ नोरा बैदा, कारुभार, परिन इत्यादी काठेवाड द्वीपकल्पच्या दक्षिण किनाऱ्याजवळील दीपबेट तसेच कर्नाटकच्या किनाऱ्याजवळील रुंद दिवपीशन सेंट मेरी, ओरिसा किनारपट्टीजवळील व्हीलर शॉर्ह ही सागरी बेटे आहेत.

भारतीय बेटांचे महत्त्व (Importance of Indian Islands)

१. पर्यटन केंद्रे म्हणून भारतीय बेटांचे महत्त्व दिवसेंदिवस वाढत आहे.
२. अंदमान बेट बंगालच्या उपसागरातील, तर लक्षद्वीप बेट अरबी समुद्रातील पहारेकरी आहे.
३. अंदमान, निकोबार बेटावरील जलसंपदा व मासेमारी आर्थिकदृष्ट्या महत्त्वाची आहे.

प्रकरण ३	# जलप्रणाली Drainage

> ३.१) **हिमालयीन नद्या (Himalayan Rivers)**
> ३.२) **पूर्वेकडे वाहणाऱ्या नद्या (East Flowing Rivers)**
> ३.३) **पश्चिमेकडे वाहणाऱ्या नद्या (West Flowing Rivers)**
> ३.४) **पश्चिम घाटातील पश्चिमवाहिनी नद्या (West Flowing Rivers in Western Ghat)**

प्रस्तावना (Introduction)

''ठराविक क्षेत्रातील उपनद्या, नद्यांना येऊन मिळणाऱ्या साहाय्यक नद्या अशा सर्वांचा एकत्रित प्रवाह एका विशिष्ट क्रमाने मार्गस्थ किंवा वाहत जातो अशा रचनेला नदीप्रणाली, जलप्रणाली किंवा जलौसारण पद्धती म्हणतात.'' भारतात उत्तरेला असलेल्या पर्वतरांगांमुळे काही प्रमुख प्रवाह दक्षिण दिशेला वाहत जाऊन पुढे पूर्व व पश्चिम दिशेनी उताराच्या दिशेने वाहतात व सागरात विलीन होतात. जलप्रणालीवर प्रामुख्याने पुढील घटकांचा परिणाम होतो. स्थान, प्राकृतिक रचना, हवामान, प्रदेशाचा उतार इत्यादी. भारतात अनेक महत्त्वपूर्ण जलप्रवाह असून त्यामध्ये काही महत्त्वाच्या जलप्रवाहात ब्रह्मपुत्रा, गंगा, सिंधू, महानदी, नर्मदा, कावेरी, गोदावरी, कृष्णा, तापी इत्यादींचा अंतर्भाव होतो. यातील काही नद्या अरबी समुद्राला तर काही बंगालच्या उपसागराला जाऊन मिळतात. प्राकृतिक रचनेनुसार भारतातील नदीचे दोन भागात विभाजन झालेले दिसून येते.

तक्ता क्र. ३.१ : भारतातील महत्त्वाच्या नद्या – भूपृष्ठ प्रवाह
(Major Rivers of India and their Surface Flow)

नदी खोरे	भारतातील नदी खोऱ्याचे क्षेत्र (चौ.कि.मी.)	क्षेत्र टक्केवारी	प्रवाह वहन वार्षिक घ.मी. /चौ.कि.मी.	टक्के (प्रवाह वहन)
गंगा	८६१४०४	२६.२	४६८७००	२५.२
सिंधु	३२१२८४	९.८	७९५००	४.३
गोदावरी	३१२८१२	९.५	११८०००	६.४
कृष्णा	२५८९४८	७.९	६२८००	३.४
ब्रह्मपुत्रा	२५८००८	७.८	६२७०००	३३.८
महानदी	१४१५८९	४.३	६६६४०	३.६
नर्मदा	९८७९५	३.०	५४६००	२.९
कावेरी	८७९००	२.७	२०९५०	१.१
तापी	६५१५०	२.०	१७९८२	०.९
पेन्नार	५५२१३	१.७	३२३८	०.२
ब्राह्मनी	३९०३३	१.२	१८३१०	१.०
माही	३४४८१	१.०	११८००	०.६
सुवर्णरेखा	१९२९६	०.६	७९४०	०.४
साबरमती	२१८९५	०.७	३८००	०.२
इतर मध्यम व लहान नद्या	७११८३३	२३.६	–	१६.०
एकूण भारत	**३२८७६९७**	**१००.००**	**१५६११७०**	**१००.००**

३.१) हिमालयीन नद्या (Himalayan Rivers)

हिमालयीन प्रवाह प्रणालीतील गंगा, सिंधू आणि ब्रह्मपुत्रा या नद्या आंतरराष्ट्रीय प्रवाह प्रणालीतील नद्या आहेत. हिमालयीन प्रणालीतील सर्व नद्या बारमाही वाहणाऱ्या आहेत. पाऊस व बर्फ वितळल्याने या नद्यांना वर्षभर पाणीपुरवठा होतो. हिमालयीन नद्या त्यांच्या युवाअवस्थेत प्रभावी खनन कार्य करून धबधबे, धावत्या, व्ही आकाराच्या

दऱ्या यांसारखे भूरूपे निर्माण करतात. हिमालयीन प्रवाह प्रणालीतील पुढील नद्या महत्त्वाच्या आहेत.

अ) सिंधू (The Indus)

सिंधू नदी उत्तरेकडील हिमालय पर्वतातील कैलास पर्वतात मानस सरोवराजवळ हिमनदीतून सुमारे ५००० मीटर्स उंचीवर उगम पावते. सिंधू नदीची एकूण लांबी सुमारे ३२०० किलोमीटर्स आहे. म्हणून सिंधू नदीस जगातील एक महत्त्वाची जलप्रणाली मानली जाते. या नदीचे एकूण पाणलोट क्षेत्र सुमारे ११६५००० चौरस किलोमीटर्स आहे; तर जलवाहतूक क्षेत्र सुमारे १,१७,८५० चौरस किलोमीटर्स आहे. सिंधू नदी तिबेट, भारत या देशांतून प्रवास करून पाकिस्तानात जाते.

तक्ता क्र. ३.२ : सिंधू नदीचे प्रवाहक्षेत्र

अ. क्र.	देश	प्रवाहक्षेत्र (किलोमीटर्समध्ये)
१.	तिबेट	२५०
२.	भारत	७००
३.	पाकिस्तान	१९५०

सिंधू नदी हिमालयाच्या पर्वतरांगांतून वाहत असताना खोल व अरुंद घळईतून वाहत जाते. या क्षेत्रातील, गिलगिटजवळ उंच हिमालयीन पर्वतरांग ओलांडून सुमारे ५००० मीटर्स खोल घळईतून वाहते. याशिवाय या नदीला श्योक शिगार, दास ॲस्टर, झान्स्कर या पर्वतीय नद्यासुद्धा येऊन मिळतात. जम्मू काश्मीर, हिमाचल प्रदेश, पंजाब, हरियाना इत्यादी राज्यांमधून वाहणाऱ्या सतलज, बियास, रावी, चिनाब, झेलम या सिंधू नदीच्या उपनद्या मैदानी प्रदेशातून मिळतात. सिंधू नदी अरबी समुद्राला ज्या ठिकाणी जाऊन मिळते तेथे फार मोठे क्षेत्र त्रिभुज झाले आहे.

१) सतलज : ही नदी हिमालय पर्वतीय भागात तिबेटच्या पठारावरील कैलास पर्वतात मानस सरोवरातून सुमारे ४५७० मीटर्स उंचीवर उगम पावते. या नदीची लांबी १४५० किलोमीटर्स आहे. हिमाचल प्रदेशातील शिपकी खिंडीतून भारतात प्रवेश करून वाहते. हिमाचल प्रदेशात या नदीला अनेक जलप्रवाह येऊन मिळतात. या प्रवाहाची लांबी कमी-जास्त असली तरी या नदीने खोल घळई तयार केली आहे. पंजाब प्रांतात सतलज नदीच्या मोठ्या प्रमाणातील खनन कार्यामुळे मोठ्या प्रमाणात घळई तयार झाल्या आहेत. त्यांपैकी एका घळईच्या दरम्यान भाक्रा व नानगल धरण बांधले असून त्यांच्या जलाशय साठ्याला गोविंदसागर म्हटले जाते.

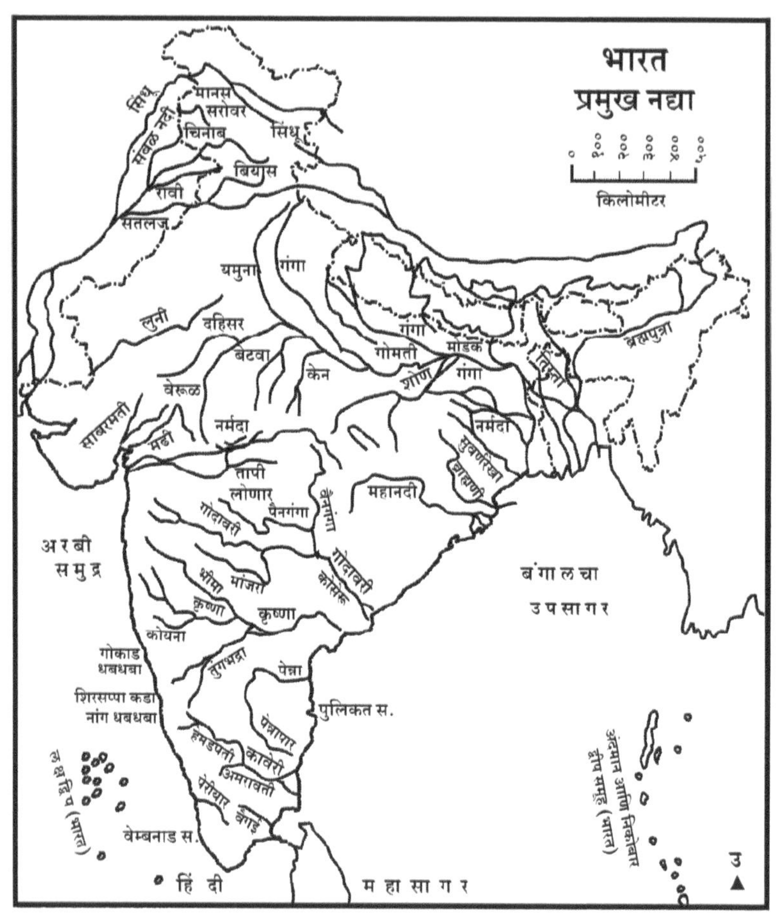

नकाशा क्र. ३.१ : भारत प्रमुख नद्या

भारताच्या दृष्टीने मैदानी प्रदेशात या नदीला विशेष महत्त्व आहे. सतलज नदीमुळे जलसिंचन व विद्युतनिर्मिती केली जाते. पुढे ही नदी पाकिस्तानात सुलेमंकीजवळ प्रवेश करते.

२) बियास : हिमालय पर्वतामधील हिमाचल प्रदेशातील कुलू टेकड्यांमधील रोहटांग खिंडीजवळ ४१०० मीटर्स उंचीवर बियास कुंडामध्ये उगम पावते. बृहत, हिमालयाच्या दक्षिण भागातील बर्फाच्छादित भागातून वाहत असताना अनेक नद्या येऊन मिळतात. भारतातील या नदीची सुमारे लांबी ४७० किलोमीटर्स इतकी आहे. बियास नदी सुरुवातीस कुलू व मनाली टेकड्यातून वाहत जाते. या भागातील धौलाधर पर्वत क्षेत्रात मोठ्या प्रमाणात नदी प्रवाहाने खनन कार्य करून घळई तयार केली आहे. पुढे पंजाब प्रांतात मोठे मैदान तयार केले आहे. त्याचा फायदा पंजाब प्रांतास झाला आहे. हिमालयात उगम पावलेल्या या नदीस बर्फ वितळल्यामुळे मोठ्या प्रमाणात पाणी उपलब्ध होते. ही नदी हरीकेजवळ सतलत नदीला मिळते. या नदीचे पाणलोट क्षेत्र २०३०३ चौरस किलोमीटर्स इतके आहे.

३) रावी : हिमाचल प्रदेशातील कुलू टेकड्यांमध्ये रोहतांग खिंडीजवळ लाहुल या ठिकाणी रावी नदीचा उगम आहे. नदीचे जलवाहक क्षेत्र पिरपंजाळ व धौलाधर रांगा यांच्या परिसरात आहे. धौलाधर रांगांमुळे मोठ्या प्रमाणात खनन कार्यामुळे घळ्या निर्माण झाल्या आहेत. नदीची लांबी सुमारे ७२५ किलोमीटर्स आहे. पुढे ही नदी गुरूदासपूर व अमृतसर जिल्ह्यांच्या उत्तर सरहद्दीवरून पाकिस्तानात प्रवेश करते. भारतातील या नदीचे पाणलोट क्षेत्र ५९५७ चौरस किलोमीटर्स आहे.

४) चिनाब : हिमालय पर्वतीय क्षेत्रातील हिमाचल प्रदेशामधील बरालच्या खिंडीच्या विरुद्ध बाजूला बारा-लाचाला खिंडीत या क्षेत्रातील सुमारे ४८४३ मीटर्स उंचीवर चिनाब नदीचा उगम होतो. या नदीची सुमारे ११८० किलोमीटर्स लांबी भारतातील आहे. या नदीने पिरपंजाल रांगांमध्ये किश्तेवार जवळ खोल घळई तयार केली आहे. हिमालय पर्वतीय भागात ही नदी मोठ्या प्रमाणात नागमोडी स्वरूपात वाहते. चिनाब नदीला हिमाचल प्रदेशात चंद्रभागा नावाने संबोधले जाते. कारण ही नदी चंद्र व भागा या दोन प्रवाहांनी तयार झाली आहे. दांडीजवळ दोन प्रवाह एकत्र येतात. तेथेच चिनाबला चंद्रभागा म्हणून संबोधले जाते. पुढे ही नदी पाकिस्तानात प्रवेश करून सिंधू नदीस मिळते.

५) झेलम : झेलम नदीस काश्मीरमध्ये 'वेध' नावाने ओळखले जाते. खोल निळ्या पाण्याच्या झऱ्यापासून वेरीनाग या क्षेत्रात या नदीचा उगम होतो. पुढे बृहत् हिमालय पर्वतीय भाग व पिरपंजाल पर्वत रांगांच्या क्षेत्रात झेलम नदीचे मोठे क्षेत्र

व्यापले आहे. या दरम्यान नदीने मोठ्या प्रमाणात घळ्या तयार केल्या आहेत. भारतातील या नदीची लांबी सुमारे ७२५ किलोमीटर्स इतकी आहे. पुढे ही नदी पाकिस्तानात सिंधू नदीला मिळते.

सिंधू नदीला अनेक उपनद्या येऊन मिळतात. त्यांची पाण्याची स्थिती नेहमी बदलणारी असल्याने प्रवाह मार्गात अनेक वेळा परिवर्तन झालेले दिसून येते. कारण पावसाळ्याच्या कालखंडात नद्या रौद्ररूप धारण करतात, तर उन्हाळ्याच्या कालखंडात बर्फ वितळल्यामुळे कधीकधी या नद्यांना पूर येतात. प्रत्येक नदीचे क्षेत्र पर्वतीय असल्याने पाण्याचा मोठ्या प्रमाणात जलसंग्रह होऊन मैदानी भागात पूरस्थिती निर्माण होत असते.

ब) गंगा जलप्रणाली (The Ganga)

भारतातील प्रमुख नदी म्हणून गंगा नदी ओळखली जाते. बृहत हिमालयात बर्फाच्छादित गंगोत्री प्रदेशात गंगा नदीचा उगम होतो. गंगा नदीचे पाणलोट क्षेत्र सुमारे ८६१४०४ चौरस किलोमीटर्स इतके आहे. तीन लहान नद्यांच्या समूहाची गंगा नदी होय. तीन प्रवाह पुढीलप्रमाणे – भागिरथी, अलकनंदा व मंदाकिनी. या तीन लहान नद्यांनी मिळून गंगा नदीचा प्रवाह तयार झाला आहे. अलकनंदा ही नदी गढवाल तिबेट, सरहद्दीवर ७८२५ मीटर्स उंचीवर उगम पावते. गंगोत्री शिखराजवळ सुमारे ६६०० मीटर्स उंचीवर भागिरथी नदीचा उगम होतो व तोच गंगा नदीचा मूळ प्रवाह मानला जातो. गंगा नदीच्या एकूण प्रवाह मार्गाची लांबी सुमारे २५१० किलोमीटर्स एवढी आहे. गंगा नदीला अनेक उपनद्या येऊन मिळतात. रामगंगा, घागरा, गंडक व कोसी या डाव्या बाजूवरील तर यमुना, सोन, दामोदर या उजव्या बाजूवरील उपनद्या आहेत.

गंगा नदीचे प्रवाह मार्ग प्रामुख्याने उत्तर प्रदेश, बिहार आणि पश्चिम बंगाल या राज्यांमधून पूर्वेला वाहत जाऊन अनेक फाट्यांनी बंगालच्या उपसागरास जाऊन मिळतात. हरिद्वारपर्यंत गंगा नदीचा प्रवाह पर्वतमय प्रदेशातून असून हरिद्वारनंतर गंगा नदी मैदानी भागात प्रवेश करते. या क्षेत्रापासून गंगा नदीचा प्रवाह आग्नेय दिशेला जातो. बिहारच्या मैदानी प्रदेशातून ती पूर्वेस वाहत जाते. पुन्हा राजमहाल टेकड्यांजवळ आग्नेयेकडे वाहते. पश्चिम बंगालमध्ये मुर्शिदाबाद जिल्ह्यातून काही अंतर प्रवेश केल्यानंतर गंगेचा एक फाटा बांगला देशात प्रवेश करतो. दुसरा फाटा हुगळी या नावाने पश्चिम बंगालमधून वाहत जातो. हिंदू संस्कृतीत गंगा नदी ही पवित्र नदी मानली जाते. एवढेच नाही तर हिंदू म्हणजेच भारतीय संस्कृतीचा उदय गंगा नदीच्या काठावरच झाला. गंगा नदीच्या काठावर हरिद्वार, अलाहाबाद, काशी (बनारस किंवा

वाराणशी) अशी तीर्थक्षेत्रे असून काशी हे भारतातील सर्वांत महत्त्वाचे तीर्थक्षेत्र मानले जाते. तर अलाहाबाद शहराजवळ गंगा नदीला यमुना नदी येऊन मिळते. भारतातील सर्वांत जास्त पवित्र ठिकाणे किंवा तीर्थस्थळे गंगा नदीच्या काठावर आढळतात. गंगा नदीला उत्तर भागातून व दक्षिण भागातून असंख्य लहान-मोठ्या उपनद्या येऊन मिळतात. गंगा नदीला येऊन मिळणाऱ्या प्रमुख उपनद्या पुढीलप्रमाणे आहेत-

१) यमुना : यमुना ही गंगा नदीची सर्वांत मोठी व महत्त्वाची उपनदी आहे. यमुना नदीचा उगम गंगोत्रीच्या पश्चिमेस असलेल्या यमुनोत्री शिखराजवळ सुमारे ६३२० मीटर्स उंचीवर झऱ्याच्या स्वरूपात झाला आहे. यमुना नदीच्या प्रवाह मार्गाची लांबी सुमारे १३७६ किलोमीटर्स एवढी असून ही नदी सुद्धा गंगा नदीला समांतर वाहत जाऊन उत्तर प्रदेशातील अलाहाबादजवळ गंगा नदीलाच जाऊन मिळते. यमुनेचे एकूण पाणलोट क्षेत्र ३६६२२३ चौरस किलोमीटर्स इतके आहे. या नदीला चंबळ, सिंध, बेटवा व केज या नद्या येऊन मिळतात. या नद्यांमध्ये चंबळ ही नदी महत्त्वाची असून चंबळ नदीचा उगम विंध्य पर्वतातील महू (Mhow) या भागात जलपाद टेकड्यांमध्ये होतो. मध्य प्रदेशातून वाहत जाऊन उत्तर प्रदेशातील इटावह जिल्ह्यात यमुना नदीला जाऊन मिळते. चंबळ नदीची एकूण लांबी सुमारे ९६० किलोमीटर्स एवढी असून चंबळ नदीवर अनेक धबधबे व प्रपातमाला आढळून येतात. चंबळ नदीचे खोरे दुर्भूमी (Badland Tapography) म्हणून ओळखले जाते. चुलीया धबधबा चंबळ नदीवर असून त्याची उंची २८ मीटर्स आहे. चंबळ नदीचे खोरे गुंतागुंतीचे व क्लिष्ट असून हा संपूर्ण प्रदेश उंचसखल दऱ्याखोऱ्यांनी व्यापला आहे. म्हणूनच या भागात भारतातील सर्वांत जास्त दरोडेखोर एकेकाळी केंद्रित झाले होते. चंबळ नदीप्रणाली ही वृक्षाकार स्वरूपाची आहे. बनास नदीचा उगम अरवली पर्वतात होतो व ती ईशान्य दिशेने वाहत जाऊन सवाई मधोपूरच्या पूर्वेला ३० किलोमीटर्स अंतरानंतर चंबळ नदीस मिळते. सिंध, बेटला व केज नद्यांच्या खोऱ्यात खोल घळ्या तयार झाल्या आहेत. त्या नद्या चंबळ नदीस पाणी पुरवितात.

२) सोन : सोन नदीचा उगम मध्य प्रदेशच्या अमरकंटक पर्वतावर झाला आहे. सोन नदीची लांबी सुमारे ७८४ किलोमीटर्स आहे. सोननदी उगमस्थानापासून उत्तरेकडे वाहत जाऊन पुढे ईशान्यकडे वाहत जाते. सोन नदीने नतिलंब दिशेस खोल दरी निर्माण केली आहे, ही नदी रामनगरजवळ गंगा नदीस मिळते. पावसाळ्यात या नदीला पूर येतो तर उन्हाळ्याच्या कालखंडात ती मंद स्वरूपात वाहते. या नदीने आपल्या मार्गात अनेक धबधबे व घळ्या निर्माण केल्या आहेत.

३) रामगंगा : रामगंगा नदी कुमाऊँ हिमालयात उगम पावते. पर्वतीय क्षेत्रातून वाहत असताना या नदीने खोल दऱ्या निर्माण केल्या आहेत. ती मैदानी क्षेत्रात कालगड येथे प्रवेश करून कन्नजजवळ गंगा नदीला मिळते. या नदीची लांबी ५९६ किलोमीटर्स इतकी आहे.

४) शारदा : शारदा नदी बृहत हिमालयात उगम पावते. हिमालयात या नदीला काळी नदीवर खेरी जिल्ह्यात च्युका या नावाने ओळखले जाते. या नदीचा काही प्रवाह भारत व नेपाळ या देशांच्या सरहद्दी जवळून वाहत जातो व खेरी जिल्ह्यात ती घागरा नदीला जाऊन मिळते. शारदा नदीला महाकाली, गालीगड, काळी गंगा या नावानेही संबोधतात.

५) घागरा : घागरा नदीचा उगम मापचा-चिगो या ठिकाणी सुमारे ७७७० मीटर्स उंचीवर होतो. या नदीची लांबी १०८० किलोमीटर्स असून ही नदी उगमस्थानापासून आग्नेय दिशेला गंगेला मिळेपर्यंत समांतर वाहते. पाटण्याच्या अलीकडे चाप्रा या ठिकाणी गंगेला जाऊन मिळेपर्यंत या नदीच्या पात्रात गाळाचे संचयन मोठ्या प्रमाणात होत असून ही नदी नेहमी पात्र बदलत असते. राप्ती ही घागरा नदीची प्रमुख उपनदी मानली जाते. राप्ती नदी हिमालयातून वाहताना तिने अरुंद खोल घळई तयार केली आहे. घागरा नदीचे एकूण पाणलोट क्षेत्र २७९५० चौरस किलोमीटर्स इतके आहे.

६) गंडक : गंडक नदी मध्य हिमालयात सुमारे ७६१० मीटर्स उंचीवर सिनो-नेपाळ सरहद्दीवर धौलगिरी आणि माऊंट एव्हरेस्टच्यामध्ये उगम पावते. या नदीची भारतातील लांबी ६३० किलोमीटर्स आहे, तर नेपाळमध्ये या नदीला 'नारायणी' असे म्हणतात. ही नदी नेपाळच्या मध्यवर्ती भागातून वाहते. पुढे ती बिहार राज्यात चंपारण्य जिल्ह्यात प्रवेश केल्यानंतर सोनपूरजवळ गंगा नदीला जाऊन मिळते. ही नदी हिमालयात उगम पावत असल्याने तिला पावसाळ्यात अनेक वेळा पूर येतात. त्यामुळे तिचे पात्र सतत बदलत असते.

७) दामोदर : दामोदर नदीचा उगम बिहारमधील छोट्या नागपूरच्या प्रदेशात तोरीजवळ सुमारे १३७० मीटर्स उंचीवर होतो. या नदीची लांबी सुमारे ५९२ किलोमीटर्स असून ही नदी पूर्वेकडे वाहत जाऊन कोलकत्याच्या खालच्या भागात गंगेच्या हुगळी फाट्याला जाऊन मिळते. दामोदर नदीला पावसाळ्यात मोठे पूर येतात. त्यामुळे प्रचंड प्राणहानी व वित्तहानी होते म्हणून या नदीला बंगालची 'दु:खाश्रू' असेही म्हटले जाते.

८) कोसी किंवा सप्तकोसी : कोसी ही गंगा नदीची मोठी उपनदी असून या नदीचा उगम सिक्कीम, नेपाळ आणि तिबेट क्षेत्रांतील बर्फाच्छादित शिखरावरून होतो.

ही नदी सात प्रवाहांनी बनली असून या नदीला ‘सप्तकोसी’ असेही म्हटले जाते. तिबेटमधून येणारा प्रवाह शीर्षप्रवाह तर मुख्य प्रवाह सनकोसी या नावाने संबोधला जातो. कोसी नदीची भारतातील लांबी सुमारे ७२९ किलोमीटर्स आहे. कोसी नदी उंचपर्वतीय क्षेत्रातून वाहत असल्यामुळे या नदीच्या प्रवाहाचा वेग अधिक आढळून येतो. तसेच या नदीच्या पुरामुळे बिहार राज्याची दरवर्षी मोठ्या प्रमाणात हानी होते. म्हणून या नदीला बिहारची ‘दु:खाश्रू नदी’ असे म्हटले जाते. कोसी नदी मोगिर जिल्ह्यातून आग्नेय पूर्व दिशेने वाहत जाऊन पोर्णिया जिल्ह्यात कारगोलजवळ गंगा नदीला जाऊन मिळते. या नदीचे पात्र पश्चिमेकडे सरकताना आढळून येते.

२० व्या शतकात सुमारे ७० वर्षांत या नदीचे पात्र मूळ नदीच्या पात्रापासून बरेचसे पश्चिमेस सरकले आहे. ही नदी वेगवान व भरपूर पाणी असल्यामुळे आपल्या पात्रात सतत बदल करीत असते. त्यामुळे या नदी क्षेत्रात दरवर्षी हजारो किलोमीटर क्षेत्र पूरग्रस्त बनले आहे. या नदीला अरुण, घुगरी, तमूर, इंद्रावती, भोटेकोसी, तांबाकोसी, लिखू व दुधकोसी इत्यादी उपनद्या येऊन मिळतात. याच नदीवर जगातील प्रसिद्ध लेनिसि व्हॅली प्रोजेक्टच्या धरतीवर भारत व नेपाळ यांच्या संयुक्तपणे कोसी व्हॅली प्रोजेक्ट या नावाने उभारला जात आहे.

क) ब्रह्मपुत्रा नदी (The Brahmaputra)

हिमालयाच्या कुशीत ब्रह्मपुत्रा नदीचा उगम; मानस सरोवराच्या आग्नेयेस सुमारे १०० किलोमीटर अंतरावर सुमारे ५१५० मीटर्स उंचीवर तिबेटच्या पठारावर होतो. तिबेटच्या पठारावरून ती पूर्वेला वाहत जाते. तिबेटमध्ये तिला त्सांगपो (Tsangpo) या नावाने ओळखले जाते. चीनी लोक या नदीला चेमयांगउंग या नावाने ओळखतात. ब्रह्मपुत्रा नदीची एकूण लांबी सुमारे २५८० किलोमीटर असून भारतातील लांबी ८८५ किलोमीटर आहे. उगम स्थानापासून ही नदी पूर्व दिशेने वाहत असताना नंतर ईशान्येकडे वाहते. पुढे ती ग्वालपरी पर्वताजवळून खोल दरीतून वाहत असताना मार्गामध्ये ती अनेक प्रपातमाला व धबधब्याच्या स्वरूपात वाहते. ब्रह्मपुत्रा नदी भारताच्या ईशान्य कोपऱ्यातून अरुणाचल प्रदेशात प्रवेश करते. आसाममध्ये डिहांग नावाने ओळखली जाते. बांगला देशात दक्षिणवाहिनी होऊन बंगालच्या उपसागराला जाऊन मिळते. उगमापासून ही नदी पश्चिम-पूर्व दिशेने हिमालयाला समांतर सुमारे १३०० किलोमीटर वाहत जाते. ब्रह्मपुत्राच्या प्रवाहाची लांबी सुमारे २९०० किलोमीटर आहे. भारतात प्रवेश केल्यानंतर पुन्हा पूर्वेकडे वाहत जाते. बांगला देशात गंगा व ब्रह्मपुत्रा या नद्यांच्या संयुक्त प्रवाहाला ‘पद्मा’ असे म्हटले जाते, तर या नद्यांच्या आसाममधील क्षेत्राला ‘आसाम खोरे’ या नावाने ओळखले जाते. ब्रह्मपुत्रा नदीला

तक्ता क्र. ३.३ : हिमालयीन नद्या

अ. क्र.	नदीचे नाव	उगमस्थान	पाणलोट क्षेत्र (चौ.कि.मी.)	प्रवाहाची लांबी (कि.मी.)
१.	सिंधू	मानस सरोवर	११६५०००	३२००
२.	सतलज	कैलास पर्वत	६६३१७	१४५०
३.	बियास	रोहटांग खिंडीजवळ बियास कुंड	२०३०३	४७०
४.	रावी	लाहुल (चम्बा जिल्हा)	५९५७ (भारत)	७२५
५.	चिनाब	बारा लाचा ला खिंड	२६७५५	११८०
६.	झेलम	वेरीनाग झरा		७२५
७.	गंगा	गंगोत्री	८६१४०४	२५१०
८.	यमुना	यमुनोत्री चंपासार हिमनदी	३६६२२३	१३७६
९.	चंबळ	महू	–	९६०
१०.	सोन	अमरकंटक	–	७८४
११.	रामगंगा	कुमाऊँ हिमालय	–	५९६
१२.	शारदा	कुमाऊँ हिमालय	–	३५०
१३.	घागरा	मापचा चिगो	१२७९५०	१०८०
१४.	गंडक	धौलगिरी व मॉऊंट एव्हरेस्टच्या मध्ये	–	६३०
१५.	दामोदर	तोरि (छोटा नागपूर पठार)	–	५९२
१६.	कोशी	सिक्कीम, नेपाळ, तिबेट	–	७२९
१७.	ब्रह्मपुत्रा	मानस सरोवराजवळ	६५१३३४	२९००
१८.	रैडक	चोमो लहारी पर्वतीय प्रदेश	–	३७०
१९.	संकोश	कुलाक्रांग्री दक्षिण शिखर	–	३२०

अ. क्र.	नदीचे नाव	उगमस्थान	पाणलोट क्षेत्र (चौ.कि.मी.)	प्रवाहाची लांबी (कि.मी.)
२०.	मानस	हिमालय पर्वत	–	३७६
२१.	सुबानसिरी	मध्य हिमालय	३२६४०	४४२
२२.	धनसिरी	नाग टेकड्या	१२२०	३५२
२३.	तिस्ता	चितमू सरोवर	–	३०९
२४.	सुरमा	मणिपूरच्या उत्तरेकडील पर्वत	–	९००

तिबेटच्या पठारी प्रदेशात तसेच आसाम व अरुणाचल प्रदेशांत अनेक लहान-मोठ्या नद्या येऊन मिळतात. या नदीचा बहुसंख्य प्रवाह पर्वतीय क्षेत्रातून असल्यामुळे ब्रह्मपुत्रा नदीच्या प्रवाह मार्गावर अनेक धबधब्यांची निर्मिती झाली आहे. भारतातील सर्वांत जास्त विद्युत-निर्मितीक्षमता ब्रह्मपुत्रा खोऱ्यात आढळून येते. ब्रह्मपुत्रा नदीला बाराही महिने भरपूर पाणी असते. तसेच ही नदी मोठ्या प्रमाणात पर्जन्याच्या क्षेत्रातून वाहत असल्याने दरवर्षी या नदीच्या पुरामुळे आसाम व बांगला देशांत हाहाकार माजतो. नदीच्या पुरामुळे आसाम राज्याचे दरवर्षी मोठ्या प्रमाणावर नुकसान होते. सर्वांत जास्त प्राणहानी व वित्तहानी या नदीमुळे होते; म्हणून या नदीला आसामचे 'अश्रू' म्हटले जाते. सुबानसिरी, भारेली, मानस, संकोश, तिस्ता आणि रैडक या उजव्या तिराकडून तर, दिहांग, लोहीत आणि बुऱ्ही, पूर्वेकडून तसेच धनसिरी, कलांग आणि कापीली या डाव्या तिराकडून मिळणाऱ्या प्रमुख उपनद्या आहेत-

१) रैडक : रैडक नदी चोमो लहारी पर्वतीय क्षेत्रात उगम पावून कुलग्रामजवळ ब्रह्मपुत्रेस मिळते. भारत, बांगलादेश व भूतान या देशांतून ही नदी ३७० किलोमीटर्स प्रवास करते.

२) संकोश : संकोश नदीचा उगम कुलाक्रांग्री दक्षिण शिखर व चोमोलहारी क्षेत्रांच्या दरम्यान होतो. उगम क्षेत्रापासून ती मोठ्या घळईतून वाहत जाते. पटमारी जवळ ती ब्रह्मपुत्रेस मिळते. भारत व भूतान या देशांमधून सुमारे ३२० किलोमीटर्स प्रवास करते.

३) मानस : मानस नदीचा उगम अनेक प्रवाह एकत्र होऊन त्यातून एक नदी तयार झाली असून सर्व प्रवाह बाह्य हिमालयात एकत्र येऊन ते खोल घळईतून वाहतात. मैदानी प्रदेशात तयार झालेली नदी ब्रह्मपुत्रेला मिळते. नदीची एकूण लांबी ३७६ किलोमीटर्स आहे.

४) सुबानसिरी : सुबानसिरी नदीचा उगम मध्य हिमालयात होतो. नदीचा प्रवाहमार्ग हिमालय पर्वतातील घळ्यांच्या श्रेणीतून आहे. मैदानी भागात प्रवेश केल्यावर शिवसागर जिल्ह्याच्या पश्चिम टोकाला ती बह्मपुत्रा नदीस मिळते. या नदीची एकूण लांबी ४४२ किलोमीटर्स आहे. तिचे एकूण पाणलोट क्षेत्र ३२६४० चौ.कि.मी. इतके आहे.

५) धनसिरी : धनसिरी नदीचा उगम नाग टेकड्यांत आहे. या नदीची एकूण लांबी ३५२ किलोमीटर्स असून गोल घाटजवळ ब्रह्मपुत्रेस मिळते.

६) तिस्ता : तिस्ता नदी तिबेटमधील चितमू सरोवरात उगम पावते. तिस्ता नदी बांगला देशात रंगपूर जिल्ह्यात ब्रह्मपुत्रेला जाऊन मिळते. तिस्ता नदीला अनेक लहान- मोठ्या नद्या येऊन मिळतात. सुरुवातीला ही नदी खोल घळईतून वाहते. ब्रह्मपुत्रेची ती प्रमुख उपनदी म्हणून ओळखली जाते. नदीची एकूण लांबी ३०९ किलोमीटर्स आहे.

७) सुरमा : मणिपूरच्या उत्तरेस असलेल्या पर्वतीय भागात या नदीचा उगम होतो. या नदीची एकूण लांबी सुमारे ९०० किलोमीटर्स आहे. सुरुवातीला या नदीचा उतार तीव्र काठाचा असून अनेक धबधबे दिसून येतात. धनश्री, प्रोरसा अशा अनेक लहान-मोठ्या नद्या ब्रह्मपुत्रेला येऊन मिळतात. या क्षेत्रातील नद्यांना मोठ्या प्रमाणात पूर येतात. काही वेळेस प्रवाह एकमेकांना जाऊन मिळतात तर काही वेळेस या नद्यांच्या प्रवाहाला अनेक फाटे फूटतात. काही उपनद्या गंगेच्या उपफाट्यांना जाऊन मिळतात. पुराच्या प्रचंड पाण्यामुळे नद्यांच्या प्रवाहमार्गाच्या दिशेस पात्रात बदल होतो.

३.२) पूर्वेकडे वाहणाऱ्या नद्या (East Flowing Rivers):

द्वीपकल्पीय पठारावरील महानदी, गोदावरी, कृष्णा, कावेरी, ब्राह्मणी, पेंन्नार व सुवर्णरेखा या पूर्ववाहिनी नद्या आहेत.

अ) महानदी (Mahanadi) :

महानदीचा उगम छत्तीसगड राज्यातील रायपुर जिल्ह्यात सिहावा जवळ ४४२ मीटर्स उंचीवर झालेला आहे. महानदीची लांबी ८५७ किलोमीटर्स असून क्षेत्रफळ १,४१,६०० चौरस किलोमीटर्स आहे. महानदीचे वार्षिक सरासरी पाण्याचे आकारमान ६७,००० दशलक्ष घनमीटर आहे. ही नदी छत्तीसगड, ओरिसा राज्यातून पुढे शेवटी कटकच्या पश्चिम भागात त्रिभुजप्रदेश निर्माण करते आणि बंगालच्या उपसागरास मिळते. महानदीस डाव्या किनाऱ्यावर इब, मंड, हदसो, शिवनाथ व उजव्या किनाऱ्यावर ओंग, जोंक, तेल या उपनद्या येऊन मिळतात.

महानदीच्या काही प्रमुख उपनद्या खालील प्रमाणे आहेत :

१. शिवनाथ नदी : शिवनाथ नदी ही महानदीची सर्वात लांब उपनदी आहे. छत्तीसगडच्या राजनांदगाव जिल्ह्यातील अंबागड चौकी विभागात समुद्रसपाटीपासून ६२४ मीटर्स उंचीवरील पानबरास टेकडी येथून ती उगम पावते. ही नदी ईशान्य दिशेने वाहते. उगम पासून तिची एकूण लांबी३०० किलोमीटर्स आहे. शिवरिनारायण शहराजवळ ती महानदीला मिळते.

२. मंड नदी : मंड नदी ही महानदीची उपनदी असून तिचा उगम छत्तीसगडमधील सुरगुजा जिल्ह्यात सुमारे ६८६ मीटर उंचीवरून झालेला आहे. या नदीची एकूण लांबी २४१ किमी. आहे. ओडिशा सीमेपासून २ किलोमीटर्स अंतरावर असलेल्या छत्तीसगडमधील चांदारपूरमधील महानदीला आणि हिराकुड धरणात पोहोचण्यापूर्वी जोडते.

३. इब नदी : इब नदीचा उगम ७६२ मीटर्स उंचीवरून पांड्रापेटजवळील डोंगरातून होतो. छत्तीसगडमधील रायगड आणि जशपूर जिल्हा तसेच ओडिशातील झारसुगुडा व सुंदरगड जिल्ह्यातून प्रवास करून थेट हिराकुड धरणात इब नदी महानदीला मिळते. इब नदी खोरे व्हॅली कोलफील्डच्या समृद्ध कोळशाच्या पट्ट्यासाठी प्रसिद्ध आहे. या नदीची एकूण लांबी २५२ किलोमीटर्स असून एकूण जलक्षेत्र १२,४४७ चौरस किलोमीटर्स आहे.

४. हसदेव नदी : हसदेव नदी ही महानदीची सर्वात मोठी उपनदी आहे. या नदीचा उगम कोरिया जिल्ह्यातील सोनहटपासून १० किलोमीटर्स अंतरावर समुद्र सपाटीपासून सुमारे ९१० मीटर्स उंचीवरून झालेला आहे. छत्तीसगड राज्यातून वाहत जाऊन ती शिलादेहीजवळ महानदी नदीला मिळते. या नदीवर हसदेव बांगो हे धरण बांधले गेले आहे. नदीची एकूण लांबी ३३० किलोमीटर्स आहे आणि एकूण जलक्षेत्र ९८५६ चौरस किलोमीटर्स आहे. गेज नदी ही हसदेव नदीची प्रमुख उपनदी आहे.

५. ओंग नदी : ओंग नदीचा उगम समुद्र सपाटीपासून सुमारे ४५७ मीटर उंचीवरून झालेला आहे. ओडिशा ओलांडून महानदीला भेटण्यापूर्वी २४० किलोमीटर्स अंतर वाप्रवास करते. ओंग नदीचे एकूण जलक्षेत्र सुमारे ५१२८ चौरस किलोमीटर्स आहे.

६. जोंक नदी : जोंक नदी ही ओडिशा राज्यातील नुआपाडा व बारगड आणि छत्तीसगड राज्यातील महासमुंद आणि रायपूर जिल्ह्यातून सुमारे २१० किलोमीटर्स वाहते. ही नदी सुनाबेदाच्या पठारापासून वाहत येऊन मरागोडा येथे प्रवेश करते आणि

पाटोरा गावाजवळ गायदास-नाला नावाच्या ओढ्याने जोडली जाते. या नदीवर ८० फूट उंचीचा बेनिधास आणि १५० फूट उंचीचा खरलधास नावाचा धबधबा आहे. ही नदी शोरिनारायण येथे महानदीला मिळते.

७. तेलन नदी : तेलन किंवा तेल नदी ही महानदीची एक उपनदी आहे. तर भेडे नदी ही तेलनची उपनदी आहे. ऐतिहासिक कोलाबीरा किल्ला या नदीच्या काठावर वसलेला आहे. या नदीच्या काठावर झारसुगुडा शहर आहे.

ब) गोदावरी जलप्रणाली (Godavari)

भारतातील द्वीपकल्पीय पठारी प्रदेशातील गोदावरी नदी सर्वांत मोठी नदीप्रणाली आहे. गोदावरी ही भारतातील दुसऱ्या क्रमांकाची नदी मानली जाते. गोदावरी नदीचा समावेश दक्षिण भारतातील नद्यांमध्ये केला जातो. दक्षिण क्षेत्रातील नद्या प्रामुख्याने पश्चिम घाटात उगम पावतात म्हणून पश्चिम घाट हा 'प्रमुख जल विभाजक' मानला जातो. पश्चिम घाटाच्या पूर्व उतारावरून वाहणाऱ्या नद्या 'पूर्ववाहिनी' म्हणून ओळखल्या जातात. पठारावरून लांब वाहत जाऊन त्या बंगालच्या उपसागरास जाऊन मिळतात. पश्चिम उतारावर 'पश्चिम वाहिनी' नद्या उगम पावून त्या जवळच असलेल्या अरबी समुद्रास जाऊन मिळतात. गोदावरीचे एकूण पाणलोट क्षेत्र ३१२८०० चौरस किलोमीटर्स आहे.

गोदावरी नदीचा उगम महाराष्ट्रातील नाशिक जवळ त्रिंबकेश्वर येथे १०६७ मीटर्स उंचीवर पश्चिम घाटात होतो. गोदावरी नदीची लांबी सुमारे १४६५ किलोमीटर्स असून उगम क्षेत्रामध्ये ती एका घळईमधून वाहते. नदीच्या उगमस्थानच्या प्रदेशात विविध ठिकाणी प्रपातमाला दिसून येते. गोदावरी नदी महाराष्ट्रातून आंध्र प्रदेशातील राजमहेंद्री शहराजवळ बंगालच्या उपसागराला जाऊन मिळते. गोदावरी नदी बंगालच्या उपसागराला दोन मुख्य प्रवाहांनी जाऊन मिळते. तिचा पूर्व बाजूचा फाटा गौतमी तर पश्चिमेकडील फाटा वसिष्ठी नावाने ओळखला जातो. गोदावरीच्या त्रिभूज प्रदेशात जलवाहतूक करता येते. गोदावरी नदीच्या काही प्रमुख उपनद्या खालीलप्रमाणे आहेत-

१. **दारणा :** दारणा नदीचा उगम सह्याद्रीत इगतपुरी जवळ टेकड्यांमध्ये झाला आहे. या नदीची लांबी २४ किलोमीटर्स असून नाशिकच्या खाली ती गोदावरीस मिळते.

२. **कादवा :** कादवा नदीचा उगम नाशिक जिल्ह्यातील दिंडोरी तालुक्यात डोंगरी भागात झालेला आहे. या नदीची सुमारे लांबी ५१ किलोमीटर्स असून ही नदी निफाडच्या पूर्वेला गोदावरीस मिळते.

३. **प्रवरा :** प्रवरा नदीचा उगम पश्चिम घाटातील अहमदनगर जिल्ह्यातील अकोले तालुक्यातील रतनगड भागातील अमृतेश्वर येथे कळसुबाई शिखराजवळ होतो. उगम क्षेत्रापासून सुमारे १७० किलोमीटर्स अंतरानंतर टोका या खेड्याजवळ ती गोदावरीस मिळते. गोदावरीच्या अगोदर ती मुळा नदीस मिळते. प्रवरा नदीला आढळा व मांजरा या उपनद्या संगमनेरजवळ मिळतात.

४. **पैनगंगा :** पैनगंगा नदी बुलढाणा जिल्ह्यातील अंजिठा डोंगर रांगेत ८६८ मीटर उंचीवर उगम पावते. सुमारे ६७६ किलोमीटर्स लांब वाहत जाऊन पुढे वर्धा नदीस मिळते.

५. **वर्धा :** वर्धा नदीचा उगम मध्य प्रदेशातील बैतूल जिल्ह्यात ७७७ मीटर्स उंचीवर झाला आहे. या नदीची सुमारे लांबी ४८४ किलोमीटर्स आहे.

६. **वैनगंगा :** मध्य प्रदेशातील सेहनी जिल्ह्यातील डोंगर क्षेत्रात ६४० मीटर्स उंचीवर या नदीचा उगम होतो. वैनगंगा नदीची सुमारे लांबी ४६२ किलोमीटर्स एवढी आहे. पुढे वर्धा व वैनगंगा या नद्यांचा संयुक्त प्रवाह प्राणहिता नावाने ओळखला जातो. या प्राणहिता नदीने विदर्भातील बराचसा भाग सुपीक व सपाट केला असून पुढे ती गोदावरीला जाऊन मिळते.

७. **इंद्रावती –** इंद्रावती नदी आंध्र प्रदेशातील कलहंडी जिल्ह्यातील डोंगर भागात ९१४ मीटर्स उंचीवर उगम पावते. या नदीची लांबी सुमारे ५६१ किलोमीटर्स असून भ्रद्राचलजवळ ती गोदावरी नदीस जाऊन मिळते. या नदीला नारंगी, कोत्री, बंडिया इत्यादी प्रमुख उपनद्या येऊन मिळतात.

८. **सबरी –** सबरी नदी सुईकराम टेकडीवर १३७२ मीटर्स उंचीवर उगम पावते. या नदीची लांबी ४१८ किलोमीटर्स असून ती पुढे गोदावरी नदीस मिळते.

क) कृष्णा नदीप्रणाली (Krishna)

कृष्णा ही दक्षिण भारतातील दुसऱ्या क्रमांकाची नदी जलप्रणाली आहे. कृष्णा नदीचा उगम महाराष्ट्रातील सातारा जिल्ह्यातील महाबळेश्वरच्या शिखरावर १३३९ मी. उंचीवर होतो. कृष्णा नदीची लांबी सुमारे १४०० किलोमीटर्स आहे. सुरुवातीस ही नदी पूर्वेकडून पश्चिमेकडे नंतर दक्षिण महाराष्ट्रातील सातारा, सांगली या जिल्ह्यांमधून कर्नाटकच्या उत्तर भागातून आंध्र प्रदेशाच्या दक्षिण भागातून वाहत जाऊन आंध्र प्रदेशातील बेझवाड्याजवळ ती बंगालच्या उपसागरास जाऊन मिळते. आंध्र प्रदेशातील विजय वाड्यापासून थेट किनाऱ्यापर्यंत या नदीने त्रिभुज मैदानी प्रदेश तयार केला

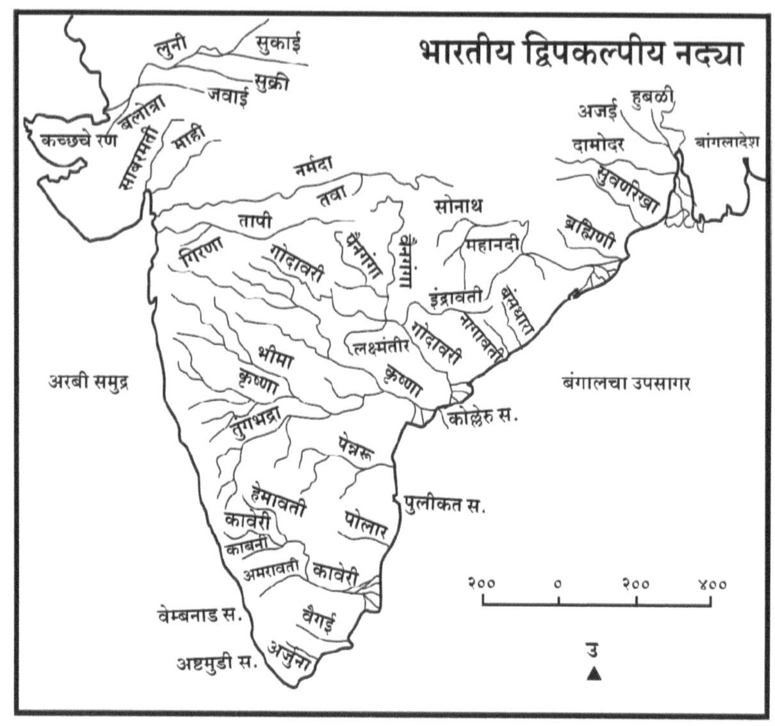

नकाशा क्र. ३.२ : द्वीपकल्पीय नद्या

असून मधल्या टप्प्यात पूर मैदाने तर शेवटच्या टप्प्यात समतलप्राय मैदाने आढळतात. या नदीच्या पुरामुळे खालच्या टप्प्यातील आंध्र किनारपट्टीच्या क्षेत्राचे मोठे नुकसान होते. कृष्णा नदीला कोयना, भीमा, वारणा, पंचगंगा, दुधगंगा, घटप्रभा, मलप्रभा, तुंगभद्रा व मुसी या प्रमुख उपनद्या येऊन मिळतात.

१. **भीमा :** भीमा नदीचा उगम महाराष्ट्रातील सह्याद्री पर्वतरांगेत पुणे जिल्ह्यात भिमाशंकर येथे ९७५ मीटर्स उंचीवर होतो. भीमा नदीची लांबी सुमारे ८६७ किलोमीटर्स आहे. उगम क्षेत्रात ही नदी खोल घळईतून वाहते. या नदीचे पात्र पंढरपूर जवळ चंद्राच्या कोरीप्रमाणे असल्याने तिला चंद्रभागा असेही म्हटले जाते. भीमा नदी उत्तर कर्नाटकामध्ये रायचूर जवळ कुरुगड्डी येथे कृष्णेस मिळते. भीमा नदीचे खोरे गोदावरीच्या दक्षिणेस असून ते बालघाट ते महादेव डोंगर याच्या दरम्यान आहे. भीमा नदीस घोड, भामा, इंद्रावती, वेल, मुठा, नीरा, माण, सीना या प्रमुख उपनद्या आहेत. या नद्यांचा उगम सह्याद्रीच्या डोंगर माथ्यावर झालेला दिसून येतो.

२. **तुंगभद्रा :** तुंगभद्रा ही कृष्णा नदीची दुसरी उपनदी असून या नदीचा उगम कर्नाटकात पश्चिम घाटात गोमंतक शिखराजवळ सुमारे १२०० मीटर्स उंचीवर झाला आहे. तुंग व भद्रा या दोन नद्या मिळून तुंगभद्रा नदी बनते. तुंगभद्रा नदीची लांबी सुमारे ६४० किलोमीटर्स आहे. तुंगभद्रा नदीच्या उपनद्या चोरदी, वरदा व हरिदा या आहेत. तुंगभद्रा नदीच्या उगम क्षेत्रात अनेक लहान धबधबे निर्माण झाले आहेत. तुंगभद्रा कर्नूल जवळ संगमेश्वरम येथे कृष्णा नदीला जाऊन मिळते.

३. **कोयना :** कोयना नदीचा उगम महाबळेश्वर शिखरातच झाला आहे. सुरुवातीला ती खोल घळई दरीतून वाहते. कराडजवळ ती कृष्णेस मिळते. त्या संगमाला 'प्रीतिसंगम' असे म्हटले जाते. महाराष्ट्रातील सर्वांत मोठा बहुउद्देशीय प्रकल्प कोयना जलविद्युत प्रकल्प याच नदीवर आहे.

४. **पंचगंगा :** पंचगंगा पाच नद्यांनी तयार झाली असून कासारी, कुंभी, भोगावती, तुलसी व सरस्वती या नद्या कोल्हापूर जिल्ह्यातील पश्चिम घाटात उगम पावून पूर्वेकडे वाहत जाऊन कुरुंदवाड जवळ ती कृष्णा नदीस मिळते.

५. **घटप्रभा :** घटप्रभा ही कर्नाटकात पश्चिम घाटात उगम पावून पूर्वेकडे वाहत जाऊन कृष्णा नदीस मिळते. घटप्रभा नदीवर गोकाक हा प्रसिद्ध धबधबा ५४ मी. उंचीचा आहे.

६. **मुसी :** आंध्र प्रदेशातील मुसी ही नदी बाडापल्ली (पझितबाद) जवळ कृष्णा नदीस मिळते.

ड) कावेरी नदी (Kaveri)

दक्षिण भारतातील कावेरी नदीला धार्मिकदृष्ट्या महत्त्व प्राप्त झालेले आहे. म्हणूनच तिला दक्षिण गंगा असे म्हणतात. म्हैसूर मैदानाच्या दक्षिण भागावर कावेरीचा उगम झाला आहे. पर्वतीय भागामुळे धावत्या तसेच धबधब्याची निर्मिती कावेरीच्या मार्गात झालेली आहे. कावेरीचे पाणलोट क्षेत्र ८७९०० किलोमीटर्स असून या नदीच्या प्रवाहाची लांबी ७६५ किलोमीटर्स इतकी आहे. नैऋत्य मौसमी व परतणाऱ्या मौसमी पावसामुळे नदीला भरपूर पाणीपुरवठा होतो. म्हैसूरपासून २० किलोमीटर्स अंतरावर कृष्णसागर धरणाची निर्मिती करण्यात आलेली आहे. शिवसमुद्रम येथे सन १९०२ मध्ये विजनिर्मिती प्रकल्पाची निर्मिती करण्यात आलेली आहे. भवानी ही मुख्य उपनदी असून तिरुचिरापल्ली पासून काही अंतरावर नदीच्या प्रभावी संचयन कार्यामुळे त्रिभुज प्रदेश निर्माण झाला आहे. तमिळनाडू राज्यात ती बंगालच्या उपसागराला जाऊन मिळते.

१. **अमरावती :** कावेरी नदीची महत्त्वाची उपनदी म्हणून अमरावतीला ओळखले जाते. अमरावतीचा उगम केरळ व तमिळनाडू राज्यांच्या सीमेवर झालेला आहे. या नदीची लांबी १७५ किलोमीटर्स असून तमिळनाडू राज्यातील कसर जिल्ह्यात ती कावेरीला मिळते. कोईमतूर जिल्ह्यातील सुमारे ६0000 एकर शेतीस अमरावती नदीमुळे जलसिंचन सुविधा प्राप्त झालेली आहे. मात्र मोठ्या प्रमाणातील औद्योगिकीकरणामुळे नदीचे मोठ्या प्रमाणात प्रदूषण झालेले आहे. ताम्रपर्णी नदी तिरुनेवेष्टी जिल्ह्यात उगम पावते. रामनाथ पुरमपासून ताम्रपर्णी मानारच्या आखातात जाऊन मिळते.

३.३) पश्चिमेकडे वाहणाऱ्या नद्या (West Flowing Rivers)

द्वीपकल्पीय पठारावरील नर्मदा तापी, मही, लुनी, साबरमती या प्रमुख नद्या तर वैतरणा, तानसा, उल्हास, सावित्री, वशिष्टी, मुचकुंदी, तेरेखोल, मांडवी, शरावती, पेरियार या दुय्यम पश्चिम वाहिनी नद्या आहेत.

अ) नर्मदा (Narmada)

द्वीपकल्पीय पठारावरील पश्चिम वाहिनी नद्यांमध्ये सर्वांत मोठी नदी म्हणून नर्मदेचा उल्लेख आहे. नर्मदा नदी मध्य प्रदेशातील मैकल पर्वत श्रेणीत अमरकंटक पठारावर १०५४ मीटर्स उंचीवर उगम पावते. मध्य प्रदेश, महाराष्ट्र आणि गुजरात या

तक्ता क्र. ३.४ : द्विपकल्पीय पठारावरील महत्त्वाच्या नद्या

अ. क्र.	नदी	उगमस्थान	नदीची लांबी (कि.मी.)	मुख्य उपनद्या
१.	गोदावरी	त्र्यंबकेश्वर (नाशिक)	१४६५	मांजरा, पैनगंगा, वर्धा, वैनगंगा, ईद्रावती, साबरी, प्राणहीता
२.	कृष्णा	महाबळेश्वर	१४००	कोयना, घटप्रभा, मलप्रभा, भिमा, तुंगभद्रा, मुसी
३.	नर्मदा	अमरकंटक	१३१०	हिरण, ओरसांग, बारणा, कोलार, तवा, कुंडी
४.	महानदी	दंडकारण्यचे पठार (रायपूर)	८५७	आय, बी, मांड, हासदेव, सेनाथ, तेल, जोन्कं
५.	कावेरी	तळ कावेरी	८००	हेरांगी, हेमावती, लोकपवनी, अरकावती, शिमसा, भावनी, अमरावती
६.	तापी	मुलतानी बैतूल जिल्हा मध्यप्रदेश	७३०	पुरना, बेतूल, पतकी, गुंजाळ, धतरंज, बोकाऊ
७.	अंबा	खोपाली खंडाळा रस्ता	७६	-
८.	दमणगंगा	नाशिक जिल्हा पेठ तालुका वलवेरी गाव	१३२	दवन, श्रीमंत, वळ, रायते, लेंडी,वाघ, रोशनी, दुधनी, पिपेरिया
९.	मांडवी	कर्नाटक राज्य जांबोटी घाट परिसरात	६२	सरंग, मधनंदा, उडेल, लोली, वेलवोटा, बिचोलिम, मापुका, नानोदा, खंडेपार

राज्यांतून पश्चिमेकडे वाहत जाऊन गुजरातमधील भडोचजवळ खंबायतच्या आखातास जाऊन मिळते. या नदीची एकूण लांबी १३७२ किलोमीटर्स असून या नदीचा सर्वांत मोठा प्रवास मध्य प्रदेशातून आहे. महाराष्ट्र राज्याच्या सीमेवरती भागात ३२ किलोमीटर्स प्रवास करते. नर्मदा नदी उत्तरेकडील विंध्य पर्वत व दक्षिणेकडील सातपुडा पर्वत यांच्या दऱ्यात खोल खचदरीतून पूर्व-पश्चिम वाहत जाते. खचदरीची एकूण लांबी १५० किलोमीटर्स आहे. नर्मदा नदीच्या उगम स्थानापासून ते मैदानी भागात प्रवेश करण्यापूर्वी या नदीच्या प्रवाह मार्गात अनेक धबधबे व धावत्या घळ्या तयार झाल्या आहेत. त्यामुळे नदी मोठ्या प्रमाणात उड्या मारीत चालते. जबलपूर जवळ अरुंद घळईतून ही नदी ३५ मीटर्स धबधब्याच्या स्वरूपात खाली उडी मारते. शेवटच्या टप्प्यात म्हणजे गुजरात राज्यात राजपिपलाच्या पूर्वेस गुजरातच्या मैदानात ही नदी प्रवेश करते. गुजरातमध्ये नागमोडी वळणे घेत वाहत जाऊन भडोच शहराजवळ रूंद होऊन खंबायतच्या आखातातून अरबी समुद्रास मिळते. नर्मदा नदीला हिरण आणि तवा या प्रमुख उपनद्या आहेत. नर्मदा एक महत्त्वाची पश्चिमवाहिनी नदी आहे.

१. **हिरण :** हिरण ही नर्मदेची प्रमुख उपनदी आहे. उत्तर प्रदेशातील उभ्या भिंतीसारख्या भाटमेर रांगा सलग असून त्यात फक्त एकदोन खिंडीतून मार्गस्थ होते, जबलपूर जिल्ह्यात भारमेर रांगांना समांतर वाहते या नदीला कोलार व ओसरंग या उपनद्या येऊन मिळतात.

१. **तवा :** तवा नदी महादेव रांगांमध्ये उगम पावते. डोंगराळ भागातून वाहत जाऊन शेवटी नर्मदा नदीस मिळते. या नदीमुळे पावसाळ्यात नर्मदा नदीला प्रचंड पूर येतो.

ब) तापी (Tapi)

तापी नदीचा उगम मध्य प्रदेशातील बेतुल जिल्ह्याच्या पठारी भागात ७६२ मीटर्स उंचीवर मुलताई येथे झालेला आहे. तापी नदीची लांबी ७२४ किलोमीटर्स असून क्षेत्रफळ ६५,१४५ चौरस किलोमीटर्स आहे. तापी नदीचे वार्षिक सरासरी पाण्याचे आकारमान १७,९८० दशलक्ष घनमीटर आहे. या नदीवर शिरपूर जवळ सुलवाडे बैरल तसेच काकरापार, हातनूर व उकाई ही प्रमुख धरणे आहेत. तापी नदीला उजव्या किनाऱ्यावर पूर्णा, बेतुल, पतकी, गंजाल, दथरंज, बोकर सुकी, अनेर, गोमाई तर डाव्या किनाऱ्यावर अभोर, खुर्सी, खांडू, खोकरी, वाघुर, पांझरा, गिरणा, बोरी, अमरावती इत्यादी नद्या येऊन मिळतात. तापी नदी मध्यप्रदेश, महाराष्ट्र व गुजरात राज्यातून शेवटी सुरत शहराजवळ खंबायतच्या अखातात अरबी समुद्रास जाऊन मिळते. तापीच्या काही महत्त्वाच्या उपनद्या खालीलप्रमाणे आहेत.

१) **पूर्णा :** पूर्णा नदी ही तापी नदीची उपनदी असून तिचा उगम सातपुड्याच्या डोंगरांत मध्यप्रदेश राज्याच्या दक्षिण भागात भैसदेही येथून झाला आहे. तिची लांबी ३३४ किलोमीटर्स आहे. तर जलवाहनक्षेत्र १८,३११ चौरस किलोमीटर्स आहे. ही नदी तापी नदीला संमातर अशी पश्चिमेकडे वाहत वाहत, शेवटी जळगाव जिल्ह्यातील चांगदेव येथे तापी नदीला मिळते. पूर्णा नदीचे खोरे सुमारे ७५०० किलोहेक्टर्स इतके आहे. एकेकाळी बारमाही वाहणारी ही नदी आता अपुरा पाऊस व उगम स्थळावरील जंगलतोड यामुळे मृतावस्थेकडे झुकत आहे.

२) **अनेर :** अनेर नदी ही मध्य प्रदेश–महाराष्ट्र राज्यांतील सातपुडा टेकड्यांच्या दक्षिण उतारावर ६०० मीटर उंचीवरील उगम पावते. जळगाव जिल्ह्यातील वैजापूर हे गाव पश्चिम महाराष्ट्राच्या उत्तर सीमेवरील शेवटचे गाव आहे. या गावातून वाहणारी अनेर नदी ही महाराष्ट्र आणि मध्य प्रदेशची नैसर्गिक सीमारेषा आहे. पुढे ही नदी महाराष्ट्रातील जळगाव जिल्ह्यातून वाहते. तापीला उजवीकडून मिळणारी ही तापीची सर्वात मोठी उपनदी आहे. नैर्ऋत्य दिशेला ९४ किलोमीटर्स वाहून, अनेर नदी जळगाव जिल्ह्यातील पिळोदा या गावाजवळ तापीला मिळते. जळगाव आणि धुळे या जिल्ह्यांच्या सीमेवर असलेले अनेर धरण हे मातीचे धरण याच नदीवर आहे. अनेर नदीचे खोरे १७०२ चौरस किलोमीटर आकारमानाचे आहे.

३) **गिरणा :** गिरणा नदी ही नाशिक जिल्ह्यात सह्याद्री डोंगर रांगेमधील 'दळवट' या गावी उगम पावते. तिची लांबी २४१ किलोमीटर्स आहे. ही नदी नाशिक जिल्ह्यात सुरवातीला पूर्व दिशेला वाहते आणि नंतर जळगाव जिल्ह्यात उत्तरेकडे मार्ग बदलून तापी नदीला मिळते. वाटेत तांबडी, आराम, मालेगावजवळ मोसम आणि नंतर पांझण या प्रमुख नद्या मिळाल्यावर ती नांदगाव तालुक्याच्या सीमेवरून ईशान्य दिशेने जळगाव जिल्ह्यात शिरते. चाळीसगाव तालुक्यातून भडगाव महालातील भडगावनंतर थोडे पूर्वेस गेल्यावर तिला तितूर नदी मिळते. मग भडगाव, पाचोरा, एरंडोल, जळगाव तालुक्यांच्या सीमांवरून जाऊन भुसावळ – सुरत लोहमार्गाच्या उत्तरेस वायव्येकडे व नंतर पश्चिमेकडे जाऊन अंमळनेर, एरंडोल, जळगाव व चोपडा तालुक्यांच्या सीमांजवळ ती तापीस मिळते.

४) **वाघूर :** वाघूर नदी ही तापी नदीची उपनदी आहे. वाघूर नदीचा उगम

औरंगाबाद जिल्ह्यातील अजिंठा लेणीमध्ये झाला आहे. ही नदी औरंगाबाद व जळगाव जिल्ह्यांमधून वाहते. भुसावळ तालुक्यातील शेळगावजवळ वाघूर नदीचा तापीशी संगम झाला आहे.

क) मही (Mahi)

मही ही मध्य प्रदेश, राजस्थान व गुजरात या तीन राज्यांतून वाहणारी नदी असून मही नदीची लांबी ५३३ किलोमीटर्स आहे. ही नदी मध्यप्रदेश राज्याच्या धार जिल्ह्यात विंध्य पर्वतात ६१७ मीटर्स उंचीवर उगम पावते. या राज्यातून वायव्य दिशेने ती १६० किलोमीटर्स अंतर वाहत जाते. पुढे राजस्थान राज्यातील डूंगरपूर या जिल्ह्याच्या उत्तरेकडील मेवाड टेकड्यांमुळे ती नैर्ऋत्यवाहिनी होऊन डूंगरपूर व बांसवाडा या जिल्ह्यांच्या सीमेवरून वाहत जाऊन गुजरात राज्याच्या गोध्रा जिल्ह्यात प्रवेशते व पुढे खंबायतच्या आखाताजवळ अरबी समुद्रास मिळते. भारतातील ही एकमेव नदी आहे जी कर्कवृत्तास दोनदा ओलांडते. या नदीचे एकूण पाणलोट क्षेत्र ३४,८४२ चौरस किलोमीटर्स आहे. डाव्या तीरावरील अनास व पानम आणि उजव्या तीरावरील सोम या तिच्या प्रमुख उपनद्या होत. उधानाच्या भरतीच्या वेळी मही नदीमुखातून आत सु. ३२ किलोमीटर्सपर्यंत पाणी येते.

पूर्वीपासून महापूर, खोल दऱ्या व उंच काठ यांसाठी प्रसिद्ध असलेल्या मही नदीवरील जलसिंचन प्रकल्पांमुळे तिला महत्त्व प्राप्त झाले असून राजस्थान व गुजरात राज्यांतील शेतीच्या दृष्टीने ती जास्त उपयुक्त ठरली आहे. गुजरात राज्यात या नदीवर 'मही प्रकल्प' बांधण्यात आलेला आहे. गावजवळ ७९६ मीटर्स लांब व २०६ मीटर्स उंचीचा चिरेबंदी बंधारा कडाणाजवळ १,४३० मीटर्स लांब व ५८ मीटर्स उंचीचे माती-काँक्रीटचे संयुक्त धरण बांधलेले आहे. माहीच्या उपनद्या खालीलप्रमाणे आहेत.

१) **सोम :** सोम नदी राजस्थानमधील उदयपूर जिल्ह्यातील अरवलीच्या पूर्व उतारावर बिच्छा मेडा ठिकाणाहून ६०० मीटर उंचीवरून उगम पावते. या नदीची एकूण लांबी १५५ किलोमीटर्स आहे. एकूण जलक्षेत्र ८७०७ चौरस किलोमीटर्स आहे.

२) **अनास :** अनास नदी ही माही नदीची मोठी उपनदी, मध्य प्रदेशातील झाबुआच्या दक्षिण-पूर्व भागातून विंध्य पर्वताच्या उत्तर उतारावरून सुमारे ४५० मीटर उंचावरून उगम पावते. नदीची एकूण लांबी १५६ किलोमीटर्स असून एकूण जलक्षेत्र ५६०४ चौरस किलोमीटर्स आहे. कुशलगड या ठिकाणी अनास नदी माहीच्या डाव्या काठाशी जोडली जाते.

३) **पानम :** माही नदीला डाव्या बाजूने येऊन मिळणारी ही नदी असून या नदीचा उगम मध्यप्रदेशातील विंध्य पर्वताच्या उत्तर उतारावर झाबुआ जिल्ह्यात ३०० मीटर उंचीवरून झालेला आहे. नदीची एकूण लांबी १२७ किलोमीटर्स असून एकूण जलक्षेत्र २४७० चौरस किलोमीटर्स झालेला आहे. नदीवर धरण बांधले गेले आहे. हे गुजरातमधील महिसागर जिल्ह्यातील संतरामपूर तालुक्यात आहे. पनम ही माही नदीची उपनदी आहे. ही नदी दाहोद जिल्ह्यातील देवगड बारिया तालुक्यातील आहे. पनम धरण २५ किलोमीटर्स डाउनस्ट्रीमवरील माही नदीमध्ये विलीन झाले आहे. पनम कालव्यावर दोन मेगावॅट क्षमतेचा एक लघु जलविद्युत प्रकल्प बांधण्यात आला आहे. पनम कालवा. ९९.७३ किलोमीटर लांबीचा कालवा आहे.

४) **लुनी :** लुनी नदीचा उगम राजस्थानात अजमेरच्या नैऋत्येस ५५० मीटर उंचीवर पुष्कर दरीत होतो. या नदीची लांबी ४८२ किलोमीटर्स आहे. लुनी नदीवर जोधपुर जिल्ह्यात जसवंत सागर' हे कृत्रिम सरोवर निर्माण करण्यात आलेले आहे. या नदीचे पाणी क्षारयुक्त असून तिला लवणावती असेही म्हणतात. नैऋत्येस या नदीचा प्रवाह थरच्या वाळवंटात जातो. गोविंदगडनंतर तिला सरसुती उपनदी मिळते. लुनी नदी शेवटी कच्छरणाच्या दलदलीच्या प्रदेशात नाहीशी होते.

५) **साबरमती :** साबरमती नदीचा उगम राजस्थानात अरवलीरांगेत मेवाड टेकड्यात उगम पावत. या नदीची लांबी ३७१ किलोमीटर्स क्षेत्रफळ २१,६७४ चौरस किलोमीटर्स आहे. गुजरातची राजधानी अहमदाबाद व महात्मा गांधींचा साबरमती आश्रम याच नदीच्या तीरावर आहे. साबरमती नदीच्या साबर, माठ्मती,सेदही, वाकुल, हरनव, मेशवा, वरतक इत्यादी उपनद्या आहेत. साबरमती नदी शेवटी खंबायतच्या अखातात अरबी समुद्रास जाऊन मिळते.

६) **शरावती :** कर्नाटक राज्यातील शिमोगा जिल्ह्यात अबंतीर्थ या ठिकाणी ७३० मीटर उंचीवर शरावती नदी उगम पावते. शरावती नदीची लांबी १२८ किलोमीटर्स असून क्षेत्रफळ २९८५ चौरस किलोमीटर्स आहे. या नदीवर शिमोगा जिल्ह्यातील सागर तालुक्यात इ.स. १९६४ मध्ये 'लिंगानमक्की' हे धरण व इ.स. २००२ मध्ये 'गिरसप्पा' हे धरण बांधण्यात आलेले आहे. भारतातील दुसऱ्या क्रमांकाचा उंच धबधबा शरावती नदीवर सागर तालुक्यात आहे.

३.४) पश्चिम घाटातील पश्चिमवाहिनी नद्या (West Flowing Rivers in Western Ghat)

पश्चिम वाहिनी नद्यांचे पाणलोट क्षेत्र हे स्वतंत्रपणे वाहणाऱ्या लहान नद्यामुळे तयार झाले आहे. भारताचा द्वीपकल्पीय भागामध्ये कृष्णा नदीच्या पाटलोट क्षेत्राचे दक्षिणेस, कावेरी नदीच्या पाणलोट क्षेत्राचा अपवाद वगळता सर्व नद्या या पश्चिम वाहिनी असून शेवटी अरबी समुद्राला मिळतात. ही पाणलोट क्षेत्रे भारताच्या द्वीपकल्पीय प्रदेशाच्या नैऋत्य कोपऱ्यामध्ये येतात. या पाणलोट क्षेत्राचा भाग, महाराष्ट्र, गोवा, कर्नाटक, तमिळनाडू आणि केरळ या राज्यांमध्ये विखुरलेला आहे. एकूण ३१ मध्यम आणि लहान पाणलोट क्षेत्राचा यामध्ये समावेश होतो. उदाहरणार्थ, उल्हास, काळ, काजवी, गड, मांडवी, मेदाई, अद्यनाशिनी, हळदी, सीता, स्वर्णा, गुरुपूर, नेत्रावती, पयास्विनी, वलतपटनम, कुट्टयादी, चलियार, कदकुंडी, भारतपुझ्झा, चलकडी, पेरियार, मुवसुपुझा, मीनाचिल, पम्बा, उनचन कोविळ, मतीमाला, कल्लाद, वामनपुरम, पझयार आणि तांब्रपर्णी.

या सर्व नद्या पश्चिम घाटाच्या डोंगरामध्ये उगम पावतात आणि त्यांच्या वाहणाऱ्या पद्धती जवळजवळ सारख्या आहेत. या सर्व नद्यांचे काठ उभ्या चढणीचे असल्याने कितीही पूर आला तरी या क्वचितच पात्रातून बाहेर येतात त्यामुळे या नद्यांच्या पुरामुळे होणारे नुकसान क्वचितच अनुभवावयास मिळते.

१) अंबा : ही नदी खोपोली–खंडाळा रस्त्याजवळ सुमारे ५५४ मीटर उंचीवर सह्याद्री पर्वताच्या बीटघाट डोंगरावर उगम पावते. सुरुवातीला ही नदी दक्षिण वाहिनी आहे. नंतर मात्र ती वायव्य दिशेला वळून वहाते आणि शेवटी धरमतर खाडीमध्ये खेसजवळ अरबी समुद्राला मिळते. या नदीची एकूण लांबी ७६ किलोमीटर्स आहे. अरबी समुद्राच्या मुखापासून ३१ किलोमीटर्स वरच्या बाजूस असलेल्या चिकल गावापर्यंत भरतीचे पात्र येते. चिकल गावाच्या वरच्या बाजूस दोन किलोमीटर्स वर असलेल्या नागोठणे गावामध्ये या नदीच्या पाण्याची शास्त्रीय अभ्यास करण्यासाठी पहाणी केंद्र आहे. नागोठाण्याचे खाली दीड कीलोमीटरवर कोल्हापूर पद्धतीचा बंधारा असल्यामुळे पहाणी केंद्राजवळील नदीच्या पाण्याला अरबी समुद्राच्या भरतीचा बांध येत नाही.

या नदीचे पाणलोट क्षेत्र ४२० चौरस किलोमीटर्स असून ते संपूर्णपणे समुद्राच्या भरती–ओहोटीपासून मुक्त आहे. उगमापासून पहाणी केंद्रापर्यंत नदीची लांबी ४१ किलोमीटर्स आहे. या केंद्राचे वरचे भागामध्ये बंधारा नाही मात्र ही नदी हंगामी आहे.

२) भोगेश्वरी : रायगड जिल्ह्यातील भोगेश्वरी गावाजवळ पश्चिम घाटामध्ये

या नदीचा उगम आहे. उगमस्थान समुद्र सपाटीपासून २२८.६ मीटर आहे. ही नदी पेण तालुक्यातून पश्चिम वाहिनी आहे. अंतोरा गावाजवळ ही नदी धरमतर खाडीला मिळते. या नदीची एकूण लांबी ४० किलोमीटर्स आहे.

समुद्राच्या भरतीचे पाणी नदी मुखापासून १४ किलोमीटर्स पर्यंत राष्ट्रीय महामार्ग १७ वरील पुलापर्यंत येते. या नदीचे पहाणी केंद्र पेण येथे आहे. पेण हे भरतीचे पाणी जेथवर येते त्याचेपासून ३० किलोमीटर्स वरचे बाजूस आहे. या नदीचे एकूण पाणलोट क्षेत्र १२५ चौरस किलोमीटर्स आहे. हे पहाणी केंद्र भोगेश्वरी नदीवरील हेटवणे मध्यम बंधारा आणि अंबाघर या भोगेश्वरीच्या उपनदीवरील बंधाऱ्याची देखील पहाणी करते. पहाणी केंद्र नदीच्या उगमापासून २२ किलोमीटर्स अंतरावर आहे.

३) कुंडलिका : कुंडलिका नदी भांबुर्डी गावाजवळ सह्याद्रीच्या डोंगरामध्ये उगम पावते. पाटणुस गावापर्यंत ही नदी नैऋत्य दिशेने वहाते. नंतर वायव्य दिशेने वाहते व अरबी समुद्राला जाऊन मिळते. या नदीवर कोलाड, रोहा ही कोकणातील महत्त्वाची शहरे वसली आहेत. भिरा हे जलविद्युत केंद्र या नदीवर निर्माण केलेले आहे.

४) उल्हास : उल्हास ही महाराष्ट्रातील पश्चिमवाहिनी नदीपैकी एक असून ती अरबी समुद्राला मिळते. उल्हास नदीचे पाणलोट क्षेत्र हे १८° ४४' ते १९° ४२' अक्षांश आणि पूर्व रेखांश ७२° ४५' ते ७३° ४८' असून बदलापूर येथे या नदीचे पहाणी केंद्र आहे.

उल्हास नदीचे पाणलोट क्षेत्र ४६३७ चौरस किलोमीटर्स असून ते पूर्णपणे महाराष्ट्रामध्ये येते. पाणलोट क्षेत्र ठाणे, रायगड आणि पुणे जिल्ह्यांतील भागांमध्ये येते. या नदीचा उगम समुद्रसपाटीपासून ६०० मीटर उंचीवर सह्याद्री पर्वतावर होतो. या नदीची एकूण लांबी १२२ किलोमीटर्स आहे. उल्हास नदीच्या पेज, बारवी, भिवपुरी, मुरबारी, काळू, शरी, भस्ता, सालपे, पोशीर आणि शिलार या उपनद्या आहेत. काळू आणि भस्ता या उजव्या तीरावरील उपनद्या असून यांचे पाणलोट क्षेत्र उल्हास नदीच्या एकूण पाणलोट क्षेत्राचे ५५.७ टक्के इतके आहे.

५) काळ नदी : ही सावित्री नदीची उपनदी आहे. काळ नदीचे पाणलोट क्षेत्र हे १८° ५' ते १८° २५' अक्षांश आणि रेखांश ७३° १०' ते ७३° १३' या मध्ये येते. या नदीचे पहाणी केंद्र मालगाव येथे आहे.

या नदीचा उगम सह्याद्री पर्वतरांगांमध्ये समुद्रसपाटीपासून ६५२ मीटर्स उंचीवर आहे. ही सावित्री नदीची प्रमुख उपनदी असून सावित्री नदीच्या पाणलोट क्षेत्रापैकी २३ टक्के पाणलोट क्षेत्र या नदीच्या क्षेत्राने व्यापले आहे.

६) काजवी नदी : काजवी नदीचा उगम सह्याद्री पर्वतरांगांच्या विशाळघाट भागात आहे. ही पश्चिम वाहिनी असून रत्नागिरी जवळ भाट्ये खाडीमध्ये ही अरबी समुद्राला मिळते. पावसाळ्यामध्ये भरतीचे पाणी हरचेरीगावापर्यंत येते. हे ठिकाण मुखापासून २५ किलोमीटर्स वरचे बाजूस आहे. या नदीचा तळ हा वाळू आणि खडी यांचा बनलेला आहे. लांजा तालुक्यातील अंजनारी गावामध्ये या नदीचे पहाणी केंद्र आहे.

७) गड नदी – या नदीचे पाणलोट क्षेत्र हे १६° ते १६° २०' अक्षांक्षमध्ये आणि ७३° ३०' ते ७४° रेखांश यामध्ये येते. बेलणे पूल येथे या नदीचे पहाणी केंद्र आहे.

गड नदीचे पाणलोट क्षेत्र हे ८९० चौरस किलोमीटर्स असून ते पूर्णपणे सिंधुदुर्ग जिल्ह्यामध्ये येते. सह्याद्री पर्वतरांगांमध्ये समुद्रसपाटीपासून ६०० मीटर उंचीवर या नदीचा उगम आहे. याची एकूण लांबी ६६ किलोमीटर्स आहे.

कसाळ ही गड नदीची उपनदी आहे. ही उपनदी चुनवरा गावाजवळ गड नदीला मिळते. पावसाळ्यामध्ये भरतीचा फुगवटा चुनावरा गावापर्यंत येतो. गड नदीच्या एकूण पाणलोट क्षेत्रापैकी २८.८ टक्के क्षेत्र या कसाळ नदीने व्यापले आहे. या उपनदीवर कोणताही बंधारा नाही.

८) मांडवी नदी – ही गोवा राज्यातील प्रमुख नदी आहे. उगमापासून पाच किलोमीटर्स अंतर ही नदी ईशान्य वाहिनी असून या नंतर ती पश्चिम वाहिनी होते. या नदीचे पाणलोट क्षेत्र १५° १५' ते १५° ४०' अक्षांश आणि रेखांश ७३° १५' ते ७३° ४५' यामध्ये येते. या नदीसाठी गंजीम आणि कोकेम या ठिकाणी दोन पहाणी केंद्रे आहेत.

तिसवडी, बारदेस, बिचोली, संगम आणि फोंडा या गोव्यातील तालुक्यांमध्ये या नदीचे पाणलोट क्षेत्र येते.

कर्नाटक राज्यातील जांबोटी घाट विभागामध्ये या नदीचा उगम आहे. हे ठिकाण मबुलेश्वर गावाजवळ आहे. या ठिकाणाला भाबुरनाळ म्हणतात. उगम समुद्रसपाटीपासून ६०० मीटर्स उंचीवर आहे. या नदीची एकूण लांबी ६२ किलोमीटर्स आहे. सरंग, महानंदा, उडेल, लोहा, वेळवोटा, बिचोलीम, मापुका, नानोदा आणि खंडेपार या मांडवीच्या उपनद्या आहेत.

९) दमणगंगा नदी – नाशिक जिल्ह्यातील पेठ तालुक्याच्या वलवेरी गावाजवळ सह्याद्री पर्वतरांगांमध्ये दमणगंगा नदीचा उगम आहे. या नदीची एकूण लांबी १३१.३० किलोमीटर्स असून याचे एकूण पाणलोट क्षेत्र २३१८ चौरस किलोमीटर्स

आहे. दमणगंगा नदीवर मधुबन बंधारा उगमापासून ९६ किलोमीटर्स अंतरावर आहे. या बंधाऱ्याचे पाणलोट क्षेत्र १८१३ चौरस किलोमीटर्स आहे. ही नदी दमण गावाजवळ अरबी समुद्राला मिळते. दमणगंगा आणि तिच्या उपनद्या या महाराष्ट्र, गुजरात आणि केंद्रशासित दादरा नगरहवेली आणि दमण या राज्यांतून वाहतात. दवन, श्रीमंत, वळ, रायते, लेंडी, वाद्य, लाकरतोंड, रोशनी, दुधनी, पिपेरिया या दमणगंगेच्या उपनद्या आहेत. या नदीचे पाणलोट क्षेत्र हे १९° ५१' ते २०° २८' उत्तर अक्षांश ते ७२° ५०' ते ७३° ३८' पूर्व रेखांश यामध्ये येते. राज्यवार विचार करता महाराष्ट्रातील नाशिक जिल्ह्यामध्ये १४०८ चौरस किलोमीटर्स म्हणजे ६०.७४ टक्के पाणलोट क्षेत्र, गुजरात मध्ये ४९५ चौरस किलोमीटर्स म्हणजेच २१.३६ टक्के क्षेत्र आणि दादरा नगरहवेली आणि दमण केंद्रशासित प्रदेशांमध्ये ४१५ चौरस किलोमीटर्स म्हणजेच १७.९० टक्के पाणलोट क्षेत्र येते.

या नदीकाठावर पुढील भागामध्ये ५१०५ लघु व मध्यम उद्योग असून केवळ सिल्वासा, वापी व दमण ही यातील काही प्रमुख शहरे आहेत.

या नद्यांव्यतिरिक्त रायगड जिल्ह्यामध्ये सावित्री नदी आणि रत्नागिरी जिल्ह्यामध्ये जगबुडी, वाशिष्ठी, शास्त्री आणि बाव या नद्या आहेत.

प्रकरण ४ हवामान, मृदा आणि नैसर्गिक वनस्पती
Climate, Soils and Natural Vegetation

४.१) **विविध ऋतू आणि त्यांच्याशी संबंधित हवामान (Various Seasons and Weather Associated with them**
४.२) **मृदेचे प्रकार आणि त्याचे वितरण (Types of Soils and its Distribution)**
४.३) **मृदेचा ऱ्हास आणि संवर्धन (Soil Degradation and Conservation)**
४.४) **नैसर्गिक वनस्पतींचे प्रकार आणि त्याचे वितरण (Types of Natural Vegetation and its Distribution)**

प्रस्तावना (Introduction)

कोणत्याही प्रदेशाचे भौगोलिक स्थान व प्राकृतिक रचना यांचे प्रदेशातील हवामानावर स्वामित्व असते. भारत हा विस्तृत उपखंडीय भाग आहे. हिंदी महासागराच्या माथ्याशी असणारे आशिया खंडातील विस्तृत उपखंडीय स्थान व विस्तार, उत्तरेकडील विशाल हिमालयीन उंच पर्वतरांगा, दक्षिणेच्या अर्ध्या उपखंडात समुद्राने वेढलेले दख्खनचे पठार आणि उष्ण कटीबंधीय स्थान या घटकांबरोबरच भूपृष्ठ उठाव आणि मोसमी वारे या सर्व घटकांचा एकत्रित परिणाम भारतीय हवामानावर झालेला दिसून येतो.

भारताचा दक्षिणोत्तर विस्तार जास्त असल्यामुळे भारताच्या हवामानात विविधता आढळते. उत्तरेकडील भूभाग उबदार विभाग तर जम्मू व काश्मीर आणि हिमाचल प्रदेश या भागांत हवामान समशितोष्ण प्रकारचे आढळते. मध्य आशियात निर्माण होणारे वारे हिमालयाच्या उंच रांगांमुळे भारतात पोहचत नाहीत. त्यामुळे भारताचे हवामान उष्ण आहे. बऱ्याच मोठ्या प्रमाणात समुद्र सान्निध्य लाभल्याने किनारपट्टीच्या प्रदेशात हवामान सम असते.

भारतातील तापमान, वायुभार, आर्द्रता, पर्जन्य, वारे या हवामानाच्या अंगामध्ये मोठ्या प्रमाणात विविधता आढळते. जगातील सर्व हवामान प्रकाराची झलक भारताच्या विविध भागांत अनुभवायला मिळते. या सर्व विविधतेतील एकता म्हणजे भारतातील हवामान उष्ण व दमट आहे. परंतु विशिष्ट ऋतूत वाहणाऱ्या सागरी वाऱ्यांपासून भारतीय उपखंडात बऱ्याच वेळा पाऊस पडतो. यामुळे भारतीय हवामान हे उष्ण व मोसमी प्रकारचे आहे असे म्हटले जाते.

मान्सून (Monsoon) ही संज्ञा मुळात अरब भाषेतील मौसमी आणि मलायी भाषेतील 'मौन्सीन' या शब्दांचे रूपांतरण आहे. सामान्यत: या शब्दाचा अर्थ ऋतू. विशिष्ट ऋतूत सागरी भागावरून जमिनीच्या भागावर वाहणारे बाष्पयुक्त वारे म्हणजे मोसमी वारे. या वाऱ्यांमुळे पाऊस मिळणाऱ्या प्रदेशाला मोसमी हवामान प्रदेश असे म्हटले गेले आहे.

अ) भारतीय हवामानाची वैशिष्ट्ये (Characteristics of Indian Climate)

'मान्सून' या एका शब्दाने संपूर्ण भारतीय उपखंडाचे हवामान सूचित केले जाते. भारताचा मोठा विस्तार, स्थानिक उठाव व हवामानावर प्रभाव टाकणाऱ्या इतर घटकांना अनुसरून देशाच्या प्रादेशिक हवामानात फार मोठ्या प्रमाणावर विविधता आढळते. दैनिक तापमान, तापमान कक्षा, वायुभार, आर्द्रता, सरासरी वार्षिक पाऊस, वाऱ्याची दिशा व आकाशाची स्थिती अशा सर्वच घटकांच्या बाबतीत जाणवणारी ही विविधता खालील मुद्यांवरून अधिक स्पष्ट होईल.

१. राजस्थानमधील गंगानगर आणि बारमेर येथे जूनमध्ये दिवसाचे तापमान ४८° सेल्सिअस ते ५१° सेल्सिअस असते. तर याच काळात काश्मीरमध्ये गुलमर्ग येथील तापमान ३०° सेल्सिअस असते.
२. हिवाळ्यात काश्मीरमध्ये ग्रास येथे (डिसेंबर महिन्यात) रात्रीचे किमान तापमान गोठण बिंदूखाली -४५° सेल्सिअस असते. त्याच काळात दक्षिण भारतात तिरुअंनतपुरम् येथे किमान तापमान २२° सेल्सिअस असते.
३. पूर्व भारतात चेरापुंजी परिसरात वार्षिक पर्जन्य १२०० सें.मी. तर पश्चिमेकडे राजस्थानात १२ सें.मी. पेक्षा कमी आहे. पूर्वेकडील प्रदेशात पडणारा एक दिवसाचा पर्जन्य व पश्चिमेकडील राजस्थानामधील दहा वर्षांचा पर्जन्य सारखाच असतो.
४. जुलै महिन्यात भारताच्या दक्षिण टोकापाशी असलेल्या कन्याकुमारी येथे वायुभार १,०१२ मिलिबार असतो. त्याच काळात राजस्थानच्या वायव्य भागात जैसलमेर, बिकानेर व गंगानगर इत्यादी ठिकाणी वायुभार ९९६ मिलिबार असतो.

५. भारताच्या दक्षिण व वायव्य भागात मान्सूनच्या आगमन व निर्गमन तारखांमध्ये मोठी तफावत असते. दक्षिण भारतात तिरुअनंतपुरम् येथे ३१ मे रोजी मान्सूनचे आगमन होते. भारताच्या वायव्य भागातील गंगानगर येथे १५ जुलै नंतर मान्सूनचे आगमन होते.

६. राजस्थानच्या पश्चिम व वायव्य भागातील जैसलमेर व गंगानगर येथे मान्सूनचे निर्गमन १ सप्टेंबरला सुरू होते; तर तिरुअनंतपुरम येथे मान्सूनच्या निर्गमनाची तारीख १ डिसेंबर आहे.

७. जुलै महिन्यात ब्रह्मपुत्रा महापुरामुळे हाहा:कार उडालेला असतो. तेव्हा उत्तर गुजरात व राजस्थानमध्ये कडक ऊन व कोरडे हवामान असते.

८. समुद्र किनाऱ्याजवळील प्रदेशात आर्द्रतेचे प्रमाण जास्त तर अंतर्गत भागात हे प्रमाण अतिशय कमी असते.

९. भारतात ठरावीक कालावधीत पर्जन्य पडतो, त्यामुळे पावसाळा हा वेगळा ऋतू मानला जातो.

१०. भारत खंडप्राय देश असल्यामुळे येथे हवामानाचे विविध प्रकार आढळतात. उदा., अंदमान, निकोबार बेटांमध्ये विषववृत्तीय प्रकारचे, जम्मू-काश्मीरमध्ये समशीतोष्ण प्रकारचे तर राजस्थानमध्ये उष्ण व कोरडे वाळवंटी प्रकारचे हवामान आढळते.

११. भारताच्या मध्यातून कर्कवृत्त जाते. कर्कवृत्ताच्या दक्षिणेकडे हवामान उष्ण तर उत्तरेकडे हवामान उबदार व विषम स्वरूपाचे असते.

१२. भारताच्या उत्तरेला हिवाळ्यात भरपूर म्हणजे पाणी गोठण्याइतकी थंडी असते तर दक्षिण भारतात कधीही पाणी गोठत नाही.

४.१) विविध ऋतू आणि त्याच्याशी संबंधित हवामान (Various Seasons and Weather Associated with them)

अ) भारतातील ऋतू (Seasons in India)

जगातील इतर अनेक देशांत उन्हाळा व हिवाळा असे दोनच ऋतू असतात. पावसाळा हा स्वतंत्र ऋतू केवळ मोसमी हवामान विभागातच आढळतो. भारतामध्ये उन्हाळा, पावसाळा व हिवाळा या तीन ऋतूंबरोबरच माघारी मान्सून हा मान्सूनच्या निर्गमनाचा आणखी एक ऋतू मानला जातो. अशा प्रकारे भारतामध्ये वर्षाची विभागणी एकूण चार ऋतूंमध्ये केली जाते.

१) उन्हाळा ऋतू (मार्च ते मे) :

२२ मार्चनंतर सुर्याचे भासमान भ्रमण उत्तर गोलार्धात सुरू होते म्हणजे उत्तरायणास सुरुवात होते. भारतीय द्विपकल्पात सूर्याची किरणे लंबरूप पडू लागतात. त्यामुळे भूपृष्ठ अधिक तापू लागते. याउलट स्थिती दक्षिण गोलार्धात असते. तापमान कमी असल्याने वायुभार जास्त असतो व हवा कोरडी असते. भारतीय द्विपकल्पाच्या दक्षिणेकडील भागात तापमान ३०° सें. असते. याचवेळी ते गुजरात, मध्य प्रदेशात ३८° ते ४३° से. पर्यंत जाते. मे महिन्यात उत्तर भारतातील अनेक राज्यांत ते ४७° ते ४८° सें. पर्यंत जाते. वाळवंटी प्रदेशांत यावेळी तापमान ४९° ते ५१° सें. इतके असते. या काळात वायव्य सरहद्द भागात हवेच्या कमी भाराचे केंद्र निर्माण होते. उत्तर भारतातील बऱ्याच मोठ्या क्षेत्रात या काळात उष्ण वारे वाहतात. या वाऱ्यांना 'लू' असे म्हणतात. काही वेळा या भागात धुळीची वादळे निर्माण होतात.

तापमान वाढल्याने वायुभार कमी होतो. राजस्थान, पंजाब, हरियाणा व उत्तर प्रदेशात वायुभार साधारणपणे १००० मिलीबार पेक्षा कमी राहतो. यावेळी दक्षिणेकडील सागरी भागावर हवेचा भार १०१० मिलीबार पेक्षा अधिक असतो. पश्चिम बंगाल, ओडिशा या राज्यांच्या भागात बंगालच्या उपसागरावरून उबदार बाष्पयुक्त वारे वाहत येतात. तर वायव्येकडून उष्ण कोरडे वारे वाहत येतात. दोन्ही वाऱ्यांच्या आघाडी दरम्यान गडगडाटी वादळांची निर्मिती होते. त्यांना 'नॉर्वेस्टर' असे म्हणतात. ही वादळे वैशाख महिन्यात येत असल्यामुळे पश्चिम बंगालमध्ये त्यांना 'कालबैसाखी' असे म्हणतात. ताशी १०० किलोमीटर्सच्या वेगाने हे वादळी वारे वाहतात. याच काळात बंगालच्या उपसागरावर व अरबी समुद्रावर बऱ्याच वेळा चक्रीवादळे येतात. कधीकधी या चक्रीवादळाबरोबर पाऊसही पडतो.

वैशिष्ट्ये

१. सूर्याची लंबरूप किरणे पडतात.
२. तापमान जास्त व तापमान कक्षा कमी असते.
३. वायुभार कमी असून सागरी भागाकडून वारे जमिनीकडे वाहतात.
४. पर्जन्य व आर्द्रता कमी असते
५. हवेची सर्वसामान्य स्थिती अशांत स्वरूपाची असते.

२) नैऋत्य मान्सून - पावसाळा ऋतू (जून ते सप्टेंबर) :

उन्हाळ्यात भारतीय उपखंडात हळूहळू उष्णतेचे प्रमाण वाढत जाते. मे महिन्याच्या शेवटच्या आठवड्यात तर ते सर्वाधिक होते. वायव्य भारतात हिच

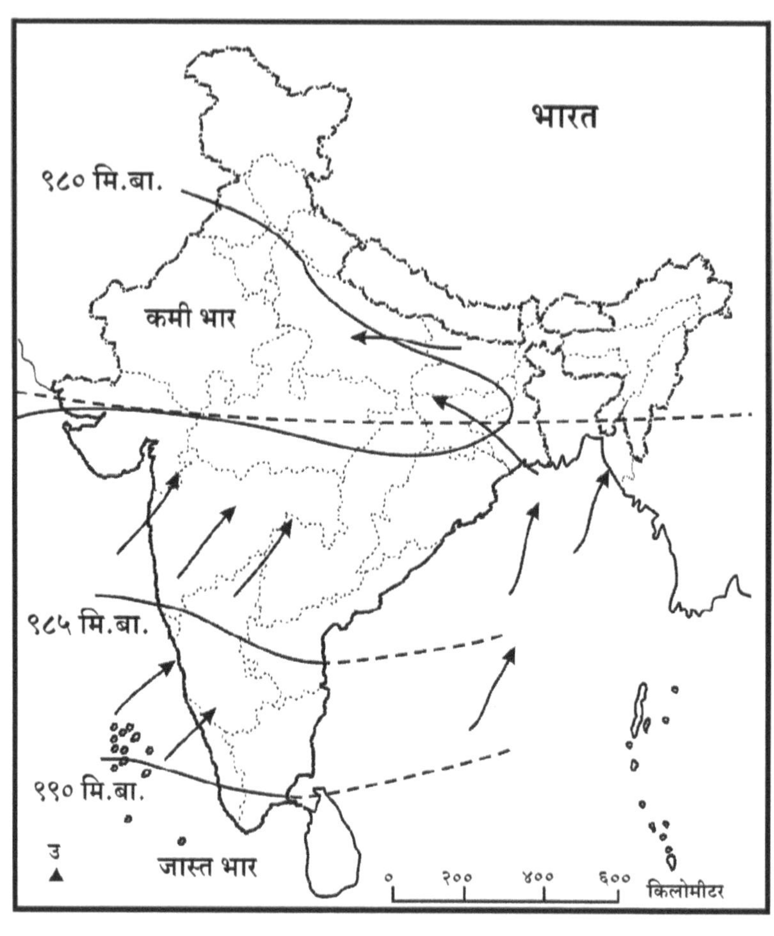

नकाशा क्र. ४.१ : भारतातील वायुभार वितरण व नैऋत्य मोसमी वारे

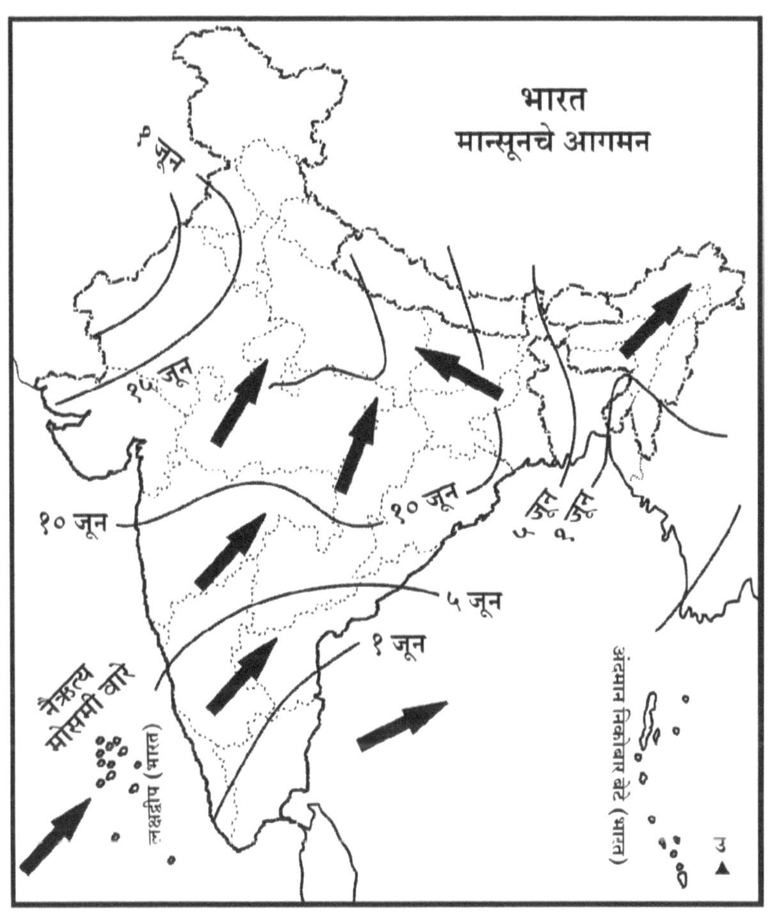

नकाशा क्र. ४.२ : मोसमी वाऱ्यांचा भारतातील प्रवास

स्थिती जुलैच्या शेवटपर्यंत राहते. नैऋत्य मान्सून काळात भारतात सर्व भागांत नैऋत्य मोसमी वाऱ्यांमुळे पाऊस पडतो. जास्त उष्णतेमुळे वायव्य भागात हवेच्या कमी दाबाचे तीव्र स्वरूपाचे केंद्र निर्माण झालेले असते. या उलट स्थिती हिंदी महासागरावर असते. या काळात आंतर उष्ण कटिबंधीय पट्टा भारतावर येतो. त्यामुळे वायुराशीच्या सम्मीलनाने किंवा एकत्र येण्याने जोराने वारे वाहू लागतात व पाऊस पडतो. या वाऱ्यामुळे पावसाचे प्रमाण सर्वत्र सारखे नसते. अरबीसमुद्रावरून येणारे नैऋत्य मोसमी वारे सह्याद्री पर्वतरांगांनी अडवले जातात. त्यामुळे पश्चिम किनारपट्टीवर म्हणजे कोकणात भरपूर पाऊस पडतो. परंतु सह्याद्रीच्या पूर्व भागात कमी किंवा अत्यल्प पाऊस पडतो. त्यामुळे तेथे वर्षाछायेचा प्रदेश निर्माण होतो. बंगालच्या उपसागरावरून येणारे मोसमी वारे पूर्वेकडील व उत्तरेकडील पर्वतांनी अडविले जातात. व त्यामुळे ते उत्तरेकडे आणि वायव्येकडे वळतात. नैऋत्य मान्सून काळात बंगालच्या उपसागरात व अरबी समुद्रात तीव्र गतीची वादळे निर्माण होतात.

भारतातील वायव्य भागातील कमी वायुभारामुळे आग्नेय व्यापारी वारे विषुववृत्त ओलांडून उत्तर गोलार्धात येतात. पृथ्वीच्या परिवलनामुळे ते आपल्या उजवीकडे वळतात व त्यामुळेच ते नैऋत्येकडून ईशान्यकडे वाहतात. त्यांनाच नैऋत्य मोसमी वारे म्हणतात.

नैऋत्य मोसमी वारे हिंदी महासागरावरून वाहत असल्याने ते आपल्याबरोबर बाष्पयुक्तता आणतात. त्यापासून भारतीय उपखंडास पाऊस मिळतो. अरबी समुद्र व बंगालचा उपसागर अशा दोन मार्गांनी हे वारे भारतात प्रवेश करतात. बंगालच्या उपसागरावरून येणारी शाखा दोन भागांत विभागून एक पंजाबकडे जाते; तर पतकोई राखीनेयोमाच्या दक्षिणोत्तर विस्तारामुळे दुसरी शाखा मेघालय, आसाम व अरुणाचल प्रदेशाकडे वाहते. अरबी समुद्रावरून येणारे मोसमी वारे भारताच्या पश्चिम किनाऱ्यावरून येतात व उत्तरेकडे आणि पूर्वेकडे वाहतात. भारतातील एकूण पर्जन्यापैकी ८० टक्क्यांपेक्षाही जास्त पर्जन्य हे नैऋत्य मोसमी वाऱ्यापासून मिळतो.

वैशिष्ट्ये

१. सूर्याची लंबरूप किरणे पडतात.
२. नैर्ऋत्य मोसमी वाऱ्यांची निर्मिती होते.
३. तापमान जास्त व तापमान कक्षा कमी असते.
४. वायुभार कमी सागरी भागाकडून बाष्पयुक्त वारे वाहतात.
५. पर्जन्य व आर्द्रता जास्त असते.

३) नैऋत्य मोसमी वाऱ्यांचे निर्गमन :

पावसाळा व हिवाळा या दरम्यानचा संक्रमण काळ (ऑक्टोबर व नोव्हेंबर).

साधारणपणे सप्टेंबरच्या शेवटी पावसाचा जोर कमी होतो. पावसाळा व हिवाळा यांचे दरम्यानचा हा संक्रमण काळ असतो. मोसमी वाऱ्याचा जोर कमी होऊन थंडी वाढते. ऑक्टोबरमध्ये हवेचा दमटपणा कमी होऊन तापमान वाढते. शरद समाप्तीनंतर तापमान कमी कमी होऊ लागते. व भूभागावर हवेचा दाब वाढू लागतो. आणि सागरावर हवेचा दाब कमी होतो. आंतर उष्ण कटिबंधीय केंद्रिभवन पट्टा दक्षिणेकडे सरकतो. बंगालच्या उपसागरावर आवर्ताची निर्मिती होते. प्रचलित वाऱ्याच्या दिशेने आवर्तांचे स्थानांतर होऊन पूर्व किनाऱ्यावर अनेकवेळा वादळे निर्माण होतात व त्यामुळे भरपूर पाऊस पडतो. खंडांतर्गत भागात विशेषतः आरोह प्रकारचा पाऊस पडतो. नोव्हेंबरच्या अखेरीस उत्तर भारतात तापमान १६° ते २०° से. पर्यंत खाली जाते आणि दक्षिण भारतात तापमान २०° ते २५° सें. पर्यंत असते. नैऋत्य मान्सून वारे माघारी अल्यानंतर भारतात सूर्यप्रकल्पाची तीव्रता जाणवू लागते. ऑक्टोबर महिन्यात तापमान वाढते. हवेतील कोरडेपणामुळे त्याची तीव्रता अधिक जाणवते त्यानंतर हिवाळा ऋतू सुरू होतो. म्हणूनच या काळास 'संक्रमणाचा काळ' असे म्हणतात.

वैशिष्ट्ये

१. सूर्य किरणे तिरपी पडल्यास सुरुवात होते.
२. तापमान कमी झालेले असते.
३. वायुभार तुलनेने जास्त व खंडीय भागाकडून वारे वाहू लागतात.
४. मोसमी पावसाचे निर्गमन.

४) हिवाळा ऋतू (डिसेंबर ते फेब्रुवारी) :

भारतात बहुतेक भागात या काळात तापमान कमी असते. सापेक्ष आर्द्रताही कमी झालेली असते. आकाश निरभ्र असते. पावसाचा अभाव असतो. जानेवारीमध्ये पंजाबमध्ये सरासरी तापमान १२° सें. तर दक्षिण भारतात २०° ते २५° सें.च्या दरम्यान असते. उत्तर भारतात पश्चिमेकडून वादळी वारे वाहतात. त्यामुळे भारताच्या वायव्य भागात थोड्या प्रमाणावर पाऊस पडतो. ही वादळे बंगालच्या उपसागरावरून प्रवास करतात. त्यामुळे त्यांच्यातील बाष्पाचे प्रमाण वाढते आणि दक्षिण व पूर्व भागात पाऊस पडतो. जेट प्रवाह या काळात भूपृष्ठावर पोहचतात. त्यामुळेही तापमान कमी होऊन उत्तर भारतात बऱ्याच ठिकाणी हिमवर्षाव होतो. तसेच मध्य व उत्तर

भारतात थंडीची लाट पसरते. उत्तर भारतात जास्त वायुभार प्रदेश निर्माण होतात. दक्षिणेकडे वायुभार कमी होत जातो. भूपृष्ठावरील जास्त वायुभाराच्या प्रदेशाकडून हिंदी महासागरावरील कमी वायुभाराच्या प्रदेशाकडे वारे वाहू लागतात. हे वारे आपल्या उजवीकडे वळतात व ईशान्यकडून नैऋत्यकडे वाहू लागतात. त्यांना ईशान्य मोसमी वारे म्हणतात. हे वारे मंद गतीने समुद्राकडे वाहतात. हे वारे थंड व कोरडे असतात. बंगालच्या उपसागरावरून वाहताना ते बाष्पयुक्त बनतात. पुढे आंध्र प्रदेश व तमिळनाडूच्या पूर्व किनाऱ्यावर ते हिवाळ्यात पाऊस देतात.

वैशिष्ट्ये

१. सूर्यकिरणे तिरपी पडतात.
२. तापमान कमी व तपमान कक्षा जास्त असते.
३. वायुभार जास्त व हवा शांत.
४. पर्जन्य व सापेक्ष आर्द्रता कमी असते.

ब) भारतातील हवामानाचे प्रदेश (Climatic Regions in India)

वेगवेगळ्या हवामान शास्त्रज्ञांनी भारताच्या हवामानाचे वर्गीकरण केले आहे. प्रा. केड्रयू. डॉ. स्टॅम्प, थॉर्नवेट आणि डॉ. त्रिवार्था यांनी भारताच्या हवामान विभागाचा अभ्यास केलेला आहे. डॉ. त्रिवार्था यांनी भारतीय हवामानाचा चिकित्सक अभ्यास करून भारताचे हवामान विभाग सांगितले आहेत.

डॉ. त्रिवार्था यांनी कोपेनच्या हवामान विभागाच्या वर्गीकरणामध्ये सुधारणा करून हवामान प्रदेश सांगितले आहेत. त्रिवार्था यांचे वर्गीकरण हे तापमान व वनस्पती प्रकार यांवर आधारित असून यासह भारतातील भौगोलिक प्रदेशही त्यांनी विचारात घेतले आहेत. डॉ. त्रिवार्था यांनी भारतीय भूभागाचे प्रमुख चार हवामान विभाग सांगितले आहेत व त्यानंतर सात उप हवामान विभाग सांगितले आहेत.

१. उष्ण कटिबंधीय हवामान विभाग - A
२. समशीतोष्ण हवामान विभाग - B
३. दमट समशीतोष्ण हवामान विभाग - C
४. पर्वतीय हवामान विभाग - H

उपप्रकार

१. **उष्ण कटिबंधीय जास्त पर्जन्य हवामान विभाग (AM Type) :** या प्रकारचे हवामान कर्नाटक, केरळ, महाराष्ट्र या राज्यांचा पश्चिम किनारपट्टीचा भाग, मेघालय, पश्चिम त्रिपुरा, नागालँड इत्यादी प्रदेशांत आढळते. येथील

तापमान वर्षभर जास्त असते. हिवाळ्यातील म्हणजेच डिसेंबरमध्येही रात्रीचे तापमान १८° सेल्सिअस पेक्षा अधिक असते. एप्रिल / मे महिने अतिशय उष्ण असतात. जुलै व ऑगस्टमध्ये जास्त पर्जन्यामुळे तपमान कमी असते. येथे सरासरी २५० सें.मी.पेक्षा अधिक पर्जन्य पडतो. मेघालय, पश्चिम त्रिपुरा, नागालँड या भागांत जास्त पाऊस पडतो. डिसेंबर ते मार्च महिन्यांत हवा कोरडी असून या हवामान प्रदेशात भारतात सदाहरित प्रकारची जंगले आढळतात.

२. **उष्ण कटिबंधीय सॅव्हाना हवामान विभाग (AW type) :** या प्रकारचे हवामान दख्खनच्या पठारी प्रदेशाचा पूर्व भाग, ईशान्य गुजरात, मध्य प्रदेशाचा दक्षिण भाग, दक्षिण बिहार, ओडिशा, आंध्र प्रदेशाचा उत्तर भाग, पूर्व महाराष्ट्र, पूर्व तमिळनाडू इत्यादी प्रदेशांमध्ये आढळते. या प्रदेशात दीर्घ काळ कोरडी हवा, सरासरी तापमान १८° सेल्सिअस पेक्षा अधिक तापमान व कमाल तापमान ४६° ते ४८° सेल्सिअस ही या हवामान प्रकाराची वैशिष्ट्ये आहेत. या विभागात वार्षिक सरासरी १०० सें.मी. पाऊस पडतो. परतणाऱ्या मोसमी वाऱ्यापासून (ईशान्य मान्सून वारे) आंध्र प्रदेश व तमिळनाडू या राज्यांत पाऊस पडतो. त्यामुळे या प्रदेशाला 'हिवाळी पावसाचा प्रदेश' असे म्हणतात.

३. **उष्ण कटिबंधीय स्टेपी हवामान विभाग (BS Type) :** या विभागात पश्चिम घाटाचा पर्जन्य छायेचा प्रदेश कर्नाटकाचा पूर्व भाग, मध्य तमिळनाडू, आंध्र प्रदेशाचा पश्चिम भाग, इत्यादी प्रदेशांमध्ये या प्रकराचे हवामान आढळते. एप्रिल व मे महिन्यात उन्हाळा अतिशय कडक असतो. वार्षिक सरासरी तापमान २७° सेल्सिअस असते. हिवाळ्यात तापमान २३° सेल्सिअस असते. या विभागात वार्षिक सरासरी पर्जन्य ७५ सें.मी. इतका असतो. या विभागात वारंवार दुष्काळ पडतो. विशेषत: नैर्ऋत्य मोसमी वाऱ्यांमुळे या हवामान विभागात पाऊस पडतो.

४. **समशीतोष्ण स्टेपी हवामान विभाग (BSH Type) :** भारताच्या या हवामान प्रदेशात पंजाब प्रांताचा नैर्ऋत्य भाग, राजस्थानचा पश्चिम भाग, सौराष्ट्र, उत्तर गुजरात इत्यादी ठिकाणी या प्रकारचे हवामान आढळते. या विभागाचे वार्षिक सरासरी तापमान २७° सेल्सिअस असते. उन्हाळ्यात जास्तीतजास्त ४८°सेल्सिअस तापमान एखाद्या ठिकाणी आढळते. या विभागात वार्षिक सरासरी पर्जन्य ५० ते ७५ से.मी. इतका पडतो.

५. **उष्ण कटिबंधीय व कोरड्या हवामानाचा विभाग (BUKH Type) :** भारताच्या या हवामान प्रदेशात राजस्थानच्या थरच्या वाळवंटाचा, पश्चिम

भाग, कच्छचा उत्तर व पश्चिम भाग यांचा समावेश होतो. उन्हाळ्याचे तापमान ४८° सेल्सियसपेक्षा जास्त असते तर हिवाळ्यात तापमान १२° सेल्सिअस खाली जाते. मे आणि जून मात्र अतिशय उष्ण असतात. वार्षिक सरासरी पर्जन्य ९३ सें.मी.पर्यंत असतो. कडक हिवाळ्याचा पिकांवर विपरीत परिणाम होतो.

६. **समशीतोष्ण दमट हवामान विभाग (CAW Type) :** या हवामान प्रकारात हिमालय पर्वताच्या पायथ्याचा प्रदेश, पंजाब-हरियाणा मैदान, पूर्व राजस्थान, उत्तर प्रदेश, बिहारमधील मैदान, पश्चिम बंगालचा उत्तर भाग, आसाम, अरुणाचल प्रदेशचा काही भाग यांचा समावेश होतो. उन्हाळ्यात जास्तीत जास्त तापमान ४३° ते ४८° सेल्सिअस पर्यंत वाढते. वार्षिक सरासरी पर्जन्य ६२५ सें.मी. इतके असतो; परंतु पूर्व भागात वार्षिक सरासरी पर्जन्य २५० सें.मी. पर्यंत आढळते. या भागात हिवाळा कोरडा असतो. मोसमी वाऱ्याच्या कालावधीमध्ये पाऊस पडतो. त्याचप्रमाणे आसाम व हिमाचल प्रदेशात उन्हाळ्यातही पाऊस पडतो.

७. **पर्वतीय हवामान विभाग / थंड हवामान विभाग (H-Type) :** भारताच्या या हवामान प्रदेशात हिमालय पर्वताचा पूर्व भाग येतो. येथे जूनमध्ये सरासरी तापमान १५° से १७° सेल्सिअस असते. हिवाळ्यात तापमान ८° सेल्सिअस खाली जाते. हिवाळ्यात उंच पर्वतरांगेवरील तापमान गोठणबिंदूच्या खाली जाते. त्यामुळे अशा भागात बर्फवृष्टी होते. पूर्व भागात २५० सें. मी. पेक्षा जास्त पाऊस पडतो. पश्चिम भागात मात्र पर्जन्याचे प्रमाण कमी कमी होताना आढळते.

अशा प्रकारे भारताचे वरील सात हवामान प्रदेश वैशिष्ट्यपूर्ण मानले जातात.

४.२) मृदेचे प्रकार व वितरण (Types of Soils and its Distribution)

अ) मृदेचे प्रकार (Types of Soils)

मृदे संदर्भात वेगवेगळ्या शास्त्रज्ञांनी सखोल संशोधन करून विशेष गटामध्ये वर्गीकरण केले आहे. मृदेच्या निर्मिती प्रक्रियेपासून दुसऱ्या प्रक्रियेत रूपांतर होत असतांना त्यांवर नैसर्गिक वनस्पती, हवामान, स्थानिक प्राकृतिक रचनेत सुद्धा याचा परिणाम झालेला दिसून येतो. मृदा मशागतीमुळे मृदेचे प्राथमिक स्वरूप बदलते. त्यामुळे विविध देशांतील शास्त्रज्ञांनी आपल्या सोयीनुसार मृदेचे वर्गीकरण केले आहे. मृदा निर्मितिप्रक्रियेत प्रामुख्याने मृदेची रचना, रासायनिक मूलद्रव्ये, अस्तित्त्वात असलेली प्राकृतिक रचना, अस्तित्त्वात असलेले हवामान यांचा परिणाम होत असतो.

भारतात वेगवेगळ्या प्रकारची मृदा आढळते. त्यानुसार भारतीय शेती संशोधन मंडळाने (I.C.A.R.) मृदेचे आठ प्रकारांत वर्गीकरण केले आहे.

१. गाळाची मृदा,	२. दलदलीची मृदा
३. काळी मृदा	४. तांबडी मृदा
५. जांभा मृदा	६. वन भूमी मृदा
७. क्षारयुक्त मृदा	८. वाळवंटी मृदा

१) **गाळाची मृदा :** गाळाच्या मृदेची निर्मिती प्रामुख्याने नदीकाठच्या प्रदेशात दिसून येते. नदी प्रवाहित असताना ती पर्वत, डोंगर भागातून वाहत असताना तिच्या बरोबर खडकापासून विदारण झालेले कण पाण्याच्या प्रवाहाबरोबर वाहत असताना निसर्गातील विविध वनस्पतींची सेंद्रीय व असेंद्रीय पदार्थांनी युक्त अशा गाळाचे संचयन होऊन त्रिभुज प्रदेशात गाळाचे मैदान तयार होते. अशी मृदा शेतीच्या दृष्टिकोनातून फार उपयुक्त असते. अशा मृदेस 'गाळाची मृदा' असे म्हणतात. अशी मृदा पिकांच्या दृष्टिकोनातून फार उपयुक्त असते. गाळाची मृदा प्रामुख्याने पर्वतीय नद्यांच्या परिसरात दिसून येते. सतलज - गंगा नदीच्या खोऱ्यांनी राजस्थान पंजाब, उत्तर प्रदेश, बिहार, पश्चिम बंग, तर ब्रह्मपुत्रेने आसाममधील भागात, कर्नाटक, आंध्र प्रदेश, तमिळनाडू, भागात कृष्णा व गोदावरी नद्यांच्या परिसरात गाळाची मैदाने आढळतात. गाळाच्या मृदेमध्ये प्रामुख्याने पोटॅशचे प्रमाण अत्यल्प असते. अशा मृदेत अतिसूक्ष्म गाळ, चिकण माती व पोयट्याचे प्रमाण जास्त असते. अशी मृदा सर्वसाधरणपणे भूपृष्ठापासून सुमारे ३ ते ६० मीटर खोलीवर आढळते. प्रतीवर्षी नद्यांना पूर आल्यावर नवीन गाळांचे संचयन होत असते.गाळाच्या मृदेतून पाण्याचा निचरा लवकर होत असल्याने ऊस, कापूस, गहू तांदूळ, मका अशा स्वरूपाची पिके घेतली जातात.

२) **दलदलीची मृदा :** अल्कली क्षार पाण्यात विरघरळल्याने तयार होणाऱ्या जमिनीस पिठी मृदा असे म्हणतात. अशा प्रकारची मृदा समुद्र किनारी भागात दिसून येते. क्वचित प्रसंगी समुद्रापासून दूर अंतरावर खोलगट भागात पाणी साचून अशी मृदा तयार होते. अशा मृदेत सेंद्रीय घटक द्रव्याचे प्रमाण अधिक असते. अशा मृदेत पालाश स्फुरद व लोहाचे प्रमाण अतिशय कमी असते. म्हणून अशी मृदा शेतीच्या दृष्टीने फारशी उपयुक्त नसते. कोरड्या हवामानाच्या प्रदेशात प्रामुख्याने तांदूळ पीक घेतले जाते, तसेच काही भागांत तागाची

लागवड केली जाते. अशा स्वरूपाची मृदा पश्चिम बंगालमधील सुंदरबन क्षेत्र, ओडिशा, आंध्र प्रदेश व तमिळनाडूचा किनारपट्टीचा प्रदेश, उत्तर प्रदेशातील तराई क्षेत्र, बिहार राज्याच्या मध्यवर्ती भागात दलदलयुक्त मृदा आढळते. तर गुजरातमध्ये कच्छच्या रणातसुद्धा दलदलयुक्त मृदेचे क्षेत्र आहे.

३) **काळी मृदा :** बेसॉल्ट व ग्रॅनाईट खडकांच्या विदारणामुळे काही मृदा तयार होते. ही मृदा ज्वालामुखीच्या खडकांपासून तयार होत असल्यामुळे यामध्ये लोह, मॅग्नेशिअम, ॲल्युमिनिअम, चुनखडी इत्यादी खनिज द्रव्यांचा भरणा जास्त असतो. लोह व प्राणिजन्य घटक द्रव्य जास्त असल्याने या मृदेस काळा रंग प्राप्त होतो. या मृदेत प्रामुख्याने पॉटेश, नायट्रोजन, फॉस्फरस या घटक द्रव्यांचे प्रमाण अत्यल्प आढळते. या मृदेचे वैशिष्ट्ये म्हणजे अशी मृदा पावसाच्या पाण्याने जास्त चिकट होते तर उन्हाळ्यामध्ये मोठ्या प्रमाणात भेगा पडतात. या जमिनीची पाणी धरून ठेवण्याची क्षमता जास्त असते. चुनखडी व मँगनेशिअमचे प्रमाण अधिक असते. अशा स्वरूपाची मृदा प्रामुख्याने दख्खनच्या पठारी प्रदेशात आढळते. या मृदेने भारताचे सुमारे ५,५०,००० चौ. कि. मी. क्षेत्र व्यापले आहे. या मृदेची सुपीकता अधिक असल्याने यात कापसाचे पीक चांगल्या प्रकारे येते म्हणून या मृदेला 'काळी मृदा' असे म्हटले जाते. तसेच या मृदेला 'रेगूर' असेही म्हटले जाते. या मृदेतून गहू, ज्वारी, ऊस व तेलबिया ही पिके तर संत्री, मोसंबी, द्राक्षे ही पिके घेतली जातात. पश्चिम मध्य प्रदेश, दक्षिण ओडिशा, दक्षिण व पश्चिम आंध्र प्रदेश, उत्तर कर्नाटक, महाराष्ट्र या भागांत ही मृदा आढळते.

४) **तांबडी मृदा :** या मृदेमध्ये लोह घटकांच्या अंशाचे प्रमाण जास्त असतात. या मृदेत चुनखडी व नायट्रोजन या घटक द्रव्याचे प्रमाण अल्प व मॅग्नेशिअम, लोह व अल्युमिनिअम या घटक द्रव्यांची संयुगे जास्त असतात. अशा भागात 'तांबडी मृदा' तयार होते. लोहाच्या अंशाच्या प्रमाणावर या मृदेचा रंग लाल, तांबूस, पिवळसर अशा स्वरूपाचा असतो. तांबड्या मृदेने भारताचे सुमारे २०.७ लक्ष चौरस किलोमीटर्स क्षेत्रफळ व्यापले आहे. भारतातील तमिळनाडू, कर्नाटक, आंध्र प्रदेश ईशान्य, ओरिसा पूर्व, बिहार, राज्यस्थान, पश्चिम महाराष्ट्र, पूर्व बिहार, पश्चिम बंगमधील मिदनापूर, बांकुरा, पूर्वेकडे खासी, जैतिया व नागा टेकड्या, उत्तर प्रदेशातील झांसी, बंडा हमीदपूर इत्यादी क्षेत्रांवर तांबडी मृदा दिसून येते. या मृदेमध्ये चुनखडी व विरघळणारे क्षाराचे प्रमाण अल्प असते. तसेच सेंद्रीय घटक व नायट्रोजनचा अभाव दिसून येतो.

या जमिनीत मॅग्नेशिअम व लोहाची संयुगे असतात. या मृदेमधून कापूस, गहू, कडधान्य, मका यांसारखी पिके घेता येतात.

५) **जांभा (लेटेराईट) मृदा :** लेटेराईट मृदेत प्रामुख्याने अल्युमिनिअम ऑक्साईड व लोह या घटक द्रव्यांचे प्रमाण जास्त असते.परंतु फॉस्फरिक ॲसिड व मॅग्नेशिअम, नायट्रोजन, पोटॅश, चुनखडी यांचे प्रमाण अत्यल्प असल्यामुळे या मृदेची सुपीकता कमी असते. अशी मृदा अति पावसामुळे आणि आलटूनपालटून येणाऱ्या ओल्या व कोरड्या हवामानात तयार होते. या मृदेचा रंग तांबूस करडा व पिवळसर असतो. या मृदेचा पोत वालुकामय पोयटा ते चिकण पोयट्याप्रमाणे असतो. या मृदेने भारताचे सुमारे २,५०,००० चौरस किलोमीटर्स क्षेत्रफळ व्यापले आहे. अशा स्वरूपाची मृदा केरळ, कर्नाटक, आसाम, ओडिशा, महाराष्ट्रात रत्नागिरी, सिंधुदुर्ग, इगतपुरी इत्यादी भागांत आढळते. या भागात भात व इतर कडधान्य पिके घेतली जातात. तर काजू, नारळ, आंबा ही फळे व मसाल्याचे पदार्थ अशा स्वरूपातील पिकांचे उत्पादन घेतले जाते.

६) **पर्वतीय मृदा :** पर्वतीय प्रदेशात विविध कालखंडातील खडक आढळत असल्याने विविध कालखंडातील आणि विविध प्रकारच्या मृदा आढळतात. तीव्र उतार, थंड हवामान, पर्जन्याचो भिन्न प्रमाण आणि नैसर्गिक वनस्पतीचे अच्छादन भिन्न असल्याने पर्वतीय प्रदेशातील मृदा भिन्न भिन्न असतात. थंड हवामानामुळे जमिनीवर विशेष संस्कार होत नसल्याने पोटॅश, फॉस्फरस व चुनखडीचे प्रमाण कमी असते. पर्वतीय भागामध्ये वनभूमी निर्माण होते.

वनभूमी ही जंगलामुळे सेंद्रीय घटकांपासून निर्माण होणारी मृदा होय. भारतात अशा प्रकारची मृदा मलबार जंगल, उत्तरेकडील डोंगराळ प्रदेशात आढळते. या जमिनीत चहा, कॉफी, विविध फळे, यांचे उत्पादन चांगल्या प्रकारे येते. या जमिनीत सेंद्रीय घटक व नायट्रोजन यांचे प्रमाण जास्त असते. भारतात या मृदेने सुमारे २,८५,००० चौरस किलोमीटर्सचे क्षेत्र व्यापले आहे.

७) **क्षारयुक्त व विम्ल मृदा :** अशा प्रकारच्या जमिनीची निर्मिती अति जलसिंचनाने होते. ही मृदा नापीक असते. कारण अतिजलसिंचनामुळे पर्जन्याची पातळी उंचावली की क्षार घटक वरच्या मृदेत येतात. अशा स्वरूपाची मृदा प्रामुख्याने उत्तर प्रदेश, पंजाब, हरियाणा, बिहार, राजस्थान, महाराष्ट्र इत्यादी राज्यांत आढळते.

८) **वाळवंटी मृदा :** ही मृदा ओसाड रेती, वाळू यांच्या मिश्रणातून तयार होते. अतिउष्णता व कमी पाऊस, कोरडे हवामान यामुळे खडकांचे विदारण होऊन

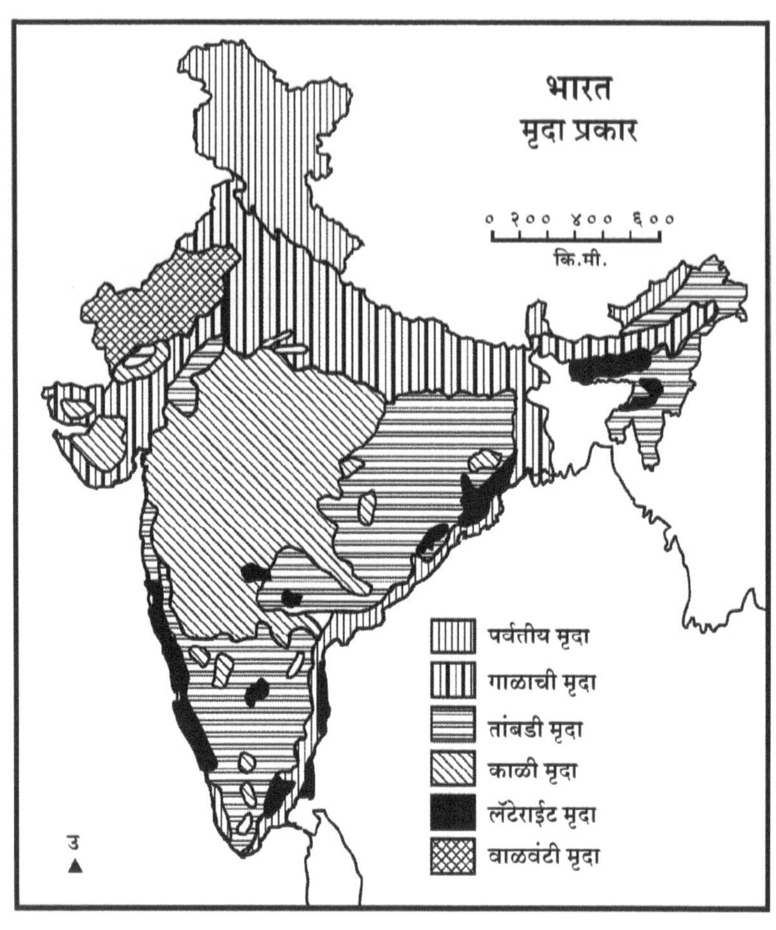

नकाशा क्र. ४.३ : भारत – मृदा प्रकार

वाळू व रेती तयार होते. तयार होणाऱ्या मृदेस वाळवंटी मृदा असे म्हणतात. भारतातील या जमिनीचे क्षेत्रफळ सुमारे १,४३,००० चौरस किलोमीटर्स एवढे आहे. या मृदेत विरघळलेले क्षार अधिक प्रमाणात तर कॅल्शिअमचे प्रमाण कमी असते. सेंद्रीय पदार्थाचा अभाव असतो. अशा प्रकारची मृदा भारतात राजस्थान, द.पंजाब, हरियाणाच्या काही भागांत थरचे वाळवंट येथे आढळते. अशा मृदेत क्षारयुक्त पदार्थ जास्त असतात. तर सेंद्रीय घटक द्रव्याचे प्रमाण कमी असते. त्यामुळे या मृदेतून चांगल्या स्वरूपाची पिके घेता येत नाहीत. परंतु योग्य नियोजन व जलसिंचनाची व्यवस्था केल्यास थोड्या प्रमाणात पिके घेता येतात.

ब) जमिनीची सुपीकता (Soil Fertility)

पिकांची उत्पादकता ही काही घटकांवर अवलंबून असते. त्यात मृदेची सुपीकता योग्यरीतीने होण्यासाठी मृदेची मशागत, पाणी पुरवठा, योग्य त्या घटक द्रव्याचा पुरवठा, सेंद्रीय घटकांची मात्रा हे घटक उत्पादन वाढीस मदत करतात. यातील एखादा जरी घटक योग्य प्रमाणात नसेल तर शेती उत्पादन घटते. वरीलपैकी मृदेची सुपीकता हा अत्यंत महत्त्वाचा घटक शेतीच्या उत्पादनामध्ये कार्य करीत असतो. सुपीकता खालील घटकांच्या दृष्टीने फार उपयोगी असते.

१. पिकांच्या विकासाच्या दृष्टीने.
२. मृदेतील पोषक द्रव्यात वाढ करणे.
३. पोषक द्रव्यपुरवठा कसा व किती प्रमाणात करावा, यांचे मापन झाले पाहिजे.
४. मृदेची सुपीकता टिकविण्यास योग्य उपायांची गरज असते, ती खालीलप्रमाणे,
   अ. प्राथमिक घटक - अन्नद्रव्ये, नत्र, स्फुरद, पालाश,
   आ. दुय्यम घटक - अन्नद्रव्ये, कॅल्शिअम, मॅग्नेशिअम, गंधक,
   इ. सूक्ष्म अन्न - लोखंड, तांबे, मॅंगेनिज, बोरॉन, जस्त, क्लोरिन.

जर या अन्न द्रव्याचे प्रमाण योग्य असेल तर मृदेची सुपीकता चांगली असते. परंतु मृदा सुपीकतेचे मापन प्रामुख्याने नत्र, स्फुरद व पालाश या प्राथमिक अन्न द्रव्यांवर अवलंबून असते. मृदेच्या सुपीकतेचे मापन करताना ४५३० कि.ग्रॅ. माती घेऊन त्यातील प्राथमिक अन्न प्रदूषणाचे प्रमाण जोडले जाते. जर प्रमाण पुढीलप्रमाणे असेल तर ते योग्य आहे.

तक्ता क्र. ४.१ : मृदेची सुपीकता दर्शविणारा तक्ता

अ.क्र.	अन्नद्रव्य	नापीक	साधारण	चांगली	उत्तम
१	नत्र	२.२७	६.८० - ११.३१	११.३२-१८.१२	१८.१३ पेक्षा अधिक
२	स्फुरद	२.२७	४.५३ - ६.८०	६.८१-११.३२	११.३३ पेक्षा अधिक
३	पालाश	२.२७	४.५३-६.८०	६.८१-११.३२	११.३३ पेक्षा अधिक

भारतातील जमिनीत स्फुरद या घटकाची कमतरता नाही. पालाश योग्य प्रमाणात उपलब्ध आहे. मात्र नत्र या घटकाचे प्रमाण अतिशय कमी आहे. म्हणजेच नायट्रोजन हा घटक भारतातील मृदेवर नियंत्रक घटक आहे. त्यावरून जमिनीच्या सुपीकतेचे विभाग खालीलप्रमाणे पडले आहेत.

१. **अति कमी सुपीक मुदा :** ४० टक्क्यांपेक्षा कमी सुपीकता असणारी मृदा भारताच्या ठराविक भागांत दिसून येते. चंबळ खोरे, उत्तर प्रदेशातील तराई क्षेत्र, गुजरातचा वायव्य भाग या क्षेत्रातून उत्पादन फारच कमी मिळत असल्याने अशा मृदेचे क्षेत्र पडीत ठेवले जाते.

२. **कमी सुपीकता :** ४१ ते ५० टक्के सुपीकता असणारी मृदा कमी सुपीक गटात समाविष्ट होते. या क्षेत्रामधून उत्पादन फारसे चांगले निघत नाही. दर हेक्टरी उत्पादन फारच कमी असते. अशा मृदेचे क्षेत्र भारतातील मर्यादित क्षेत्रात आढळते. मध्य प्रदेशचा उत्तर व पश्चिम भाग, महाराष्ट्राचा पूर्व व उत्तर भाग, हरियाणाचा पूर्व, तर गुजरातच्या मैदानी प्रदेशात कमी सुपीक मृदा दिसून येते.

३. **मध्यम सुपीक :** ५१ ते ६० टक्के सुपीकता असलेली मृदा मोठ्या प्रमाणात विखुरलेल्या स्वरूपात आढळते. पूर्व भारतात मेघालयाचा पश्चिम भाग, नागालँड, पश्चिम बंग, उत्तर भारतात जम्मू-काश्मीर, राजस्थानचा पश्चिम भाग, गुजरातचे मैदानी क्षेत्र याशिवाय महाराष्ट्र, मध्य प्रदेश, तर दक्षिण भारतात केरळचे मैदानी क्षेत्र, तमिळनाडू व आंध्र प्रदेशात काही प्रमाणात आढळते.

४. **जास्त सुपीक :** ६१ ते ७६ टक्क्यांपर्यंत सुपीक मृदा जास्त सुपीक मृदा म्हणून ओळखली जाते. अशा स्वरूपाची मृदा प्रामुख्याने पूर्व भारतामध्ये त्रिपुरा,

मेघालय भागात, पश्चिम बंग, छोट्या नागपूरच्या पठारावरील काही भागात, उत्तर भारतात पंजाब, हरियाणा, उत्तर प्रदेश तर भारताच्या पश्चिम पट्ट्यात अशा स्वरूपाची मृदा दिसून येते. या मृदेमध्ये चांगल्या प्रकारे पिकांचे उत्पादन घेतले जाते.

५. **अति जास्त सुपीकता :** भारतामध्ये ७७ टक्क्यांपेक्षा जास्त सुपीक मृदा गटात समावेश होतो. अशी मृदा प्रामुख्याने मोठ्या नद्यांच्या प्रदेशात दिसून येते उदा., गंगा, गोदावरी, कृष्णा नद्यांच्या खोऱ्याच्या त्रिभुज प्रदेशात अशा स्वरूपाची मृदा दिसून येते. अशा मृदेची सुपीकता अधिक असते.

४.३) मृदा धूप व संवर्धन (Soil Degradation and Conservation)

मृदा निर्मिती झाल्यावर मानवी हस्तक्षेपाबरोबरच ऊन, वारा, पर्जन्य, अति पशुचराई, मोकाट जनावरे, बेसुमार वृक्षतोड इत्यादी घटकांचा अतिरेक झाल्यानंतर मृदा इतर ठिकाणी वाहून नेली जाते. अशा घटनेला 'मृदा धूप' म्हणतात. मूळ मृदेच्या घटनेत मानवी हस्तक्षेपामुळे होणाऱ्या परिणामामुळे मृदेची प्रत खालावते. अशा घटनेला मृदा धूप म्हणतात. मृदा धूप होण्यास मानवाच्या अती उत्पादन घेण्याच्या लाभामुळे मृदेत अनेक प्रकारची खते, रसायने दिली जातात हे प्रमाणापेक्षा जास्त असल्यास मृदेची धूप मोठ्या प्रमाणात होते. कारण एक पीक पद्धतीमुळे मृदेतील क्षार पदार्थांचे संचयन होते. त्यामुळे मृदा नापीक होते किंवा गुणवत्तेत बदल होतो. त्यामुळे मृदेची धूप होत असते. अतिपर्जन्य प्रदेशात मोठ्या प्रमाणात पाण्याच्या प्रवाहाबरोबर मृदेचे वहन होऊन मृदा धूप होते. त्याचप्रमाणे जोराच्या वाऱ्यामुळे सुद्धा मृदा एका ठिकाणावरून दुसऱ्या ठिकाणी वाहून जाते. त्यामुळेसुद्धा मृदेची धूप होते.

अ) मृदा धूपेचे प्रकार

१) **घळई धूप :** पर्वत व डोंगरी भागांत मोठ्या प्रमाणात तीव्र उताराच्या भागात पाण्याचा प्रवाह हा सर्वांत जास्त असतो. त्या प्रवाह मार्गात येणारी मृदा पाण्याच्या प्रवाहाबरोबर खोल अशा भागातून वाहत जाते. सततच्या पाण्याच्या संपर्कात राहिल्याने मृदा ही नापीक होते. अशा मृदेला 'घळई धूप' म्हणतात.

२) **चादर धूप :** ज्या क्षेत्रामध्ये पर्जन्याचे प्रमाण जास्त असते अशा भागात मोठ्या प्रमाणात पावसाच्या प्रवाहाचा वेग जास्त असल्याने भूपृष्ठावरील मातीचे थरच्या थर वाहून जातात. परिणामी, ती जमीन नापीक होते. त्याला 'चादर धूप' म्हणतात.

३) **खळगे धूप :** पर्वतीय प्रदेशात मोठ्या प्रमाणात पाऊस पडतो. त्यावेळी

त्याच्या आघाताने मृदेचा वरचा थर निघून जाऊन जमीन ओबडधोबड होते. अशी मृदा पिकांच्या दृष्टीने काहीच उपयुक्त नसल्याने तिथे 'खळगे धूप' होते.

ब) मृदा धूप होण्याची कारणे

१) **पर्जन्य :** ज्या प्रदेशामध्ये पर्जन्य जास्त असते त्या भागात पर्जन्याच्या सरीही मोठ्या असतात. त्यामुळे मृदेवर सतत आघात झाल्याने मृदा विलग होते व ती पर्जन्याच्या पाण्याच्या प्रवाहाबरोबर वाहत जाते.

२) **अति चराई क्षेत्र :** या क्षेत्रामध्ये गवताळ कुरणे आहेत अशा भागांत मोठ्या प्रमाणात मृदेचे संवर्धन होत असते. विदारणाची क्रिया जलद होत नाही. शिवाय पाण्याच्या वाहनाची क्रिया मंद असते. त्यामुळे मृदेचे संवर्धन होते. परंतु अशा गवताळ कुरणात जर जनावरे मोकाट सोडली तर त्यांच्या पायांच्या खुऱ्यांमुळे मोठ्या प्रमाणात मृदा उखडली जाते. परिणामी, विदारणांची क्रिया तीव्रतेने घडून येते व मृदा पाण्याच्या प्रवाहाबरोबर वाहून जाऊन मृदेची धूप घडून येते.

३) **वृक्षतोड :** वृक्ष जर भरपूर असतील तर त्याचा परिणाम मृदा धूपेवर लवकर होत नाही. कारण पर्जन्याचा प्रथम आघात वृक्षाच्या पानावर होतो. जर वृक्ष मोठ्या प्रमाणात तोडले तर पर्जन्याचा आघात प्रथम मृदेवर होतो व विदारण झाल्यामुळे मृदेचे सुटे कण पाण्याच्या प्रवाहाबरोबरच वाहून जातात.

४) **स्थलांतरित शेती :** आदिवासी जमात मोठ्या प्रमाणात डोंगर भागात वास्तव्य करते व तेथे आदिवासी लोक उपलब्ध असलेले जंगल नष्ट करतात. त्याचप्रमाणे गवताचे क्षेत्र जाळून नष्ट करतात. त्यामुळे मोठ्या प्रमाणात मृदा उघडी होते. सततच्या स्थलांरित शेतीमुळे जंगलाचा नाश तर होतोच, परंतु मृदेची धूपसुद्धा मोठ्या प्रमाणात होते. पूर्वी अशा प्रकारची शेती केली जात होती.

५) **मशागतीची अयोग्य पद्धत :** भारतातील बहुतांशी शेती ही डोंगर माथ्यावर केली जाते. ज्या दिशेला उतार आहे त्या दिशेला शेतकरी नांगरणी करतात. परिणामी, त्या भागात मोठ्या प्रमाणात मृदेची धूप झालेली दिसून येते.

६) **हवामान :** ज्या भागात उष्णता जास्त आहे, त्या भागातील मृदेतील बाष्प निघून जाते. परिणामी, मृदेचे कण अलग होतात. विदारणाची क्रिया जास्त उष्णतामान असलेल्या भागात घडून येते व तेथील मृदेची धूप होते.

७) **भूपृष्ठाचा उतार :** ज्या क्षेत्रात जमिनीचा उतार जास्त असेल त्या भागात पाणी वेगाने वाहू लागते. त्यामुळे मृदेचा वरचा थर नष्ट होतो. त्याचप्रमाणे पाणी

झिरपल्याने मृदा खचते, दरड कोसळते, कडे कोसळतात. यामुळेही मोठ्या प्रमाणात धूप झालेली दिसून येते. त्या तुलनेत मैदानी प्रदेशात धूपेचे प्रमाण अत्यल्प असते.

८) भारतासारख्या देशात मोठ्या प्रमाणात एकाच मौसमात पाऊस भरपूर पडतो. परिणामी, मृदा उखडली जाऊन मृदा वाहून जाते व धूप होते.

९) नद्यांना आलेल्या पुरांमुळे डोंगराळ प्रदेशामध्ये उतार तीव्र असल्याने पाण्याचा जोर जास्त असल्याने कित्येक टन मृदा खरवडून वाहून नेली जाते. परिणामी, मृदेची धूप मोठ्या प्रमाणात होते.

१०) ज्या क्षेत्रामध्ये जांभा मृदा आहे तेथे आर्द्रतायुक्त वारे एकाच दिशेने जोरात वाहत असल्यास, रासायनिक क्रिया त्या परिसरात घडून येते. परिणामी, मृदेची मोठ्या प्रमाणात धूप होते. अशी धूप प्रामुख्याने तेथे अस्तित्त्वात असलेल्या मृदेच्या प्रकारावर अवलंबून असते.

११) औद्योगिकीकरणाच्या प्रयत्नामुळे मोठ्या प्रमाणात उपयुक्त जमिनीवर विविध प्रकारच्या उद्योगधंद्यांचा विकास झालेला दिसून येतो. परिणामी, तेथील मृदेची एक प्रकारे धूप झालेली दिसून येते.

क) मृदेचे संवर्धन (Soil Conservation)

१) **चराई बंदी :** या क्षेत्रामध्ये मोठ्या प्रमाणात विविध गुरे चरण्यासाठी मोकाट सोडल्याने जनावरांच्या पायाला असलेल्या खुऱ्यांमुळे मृदा विलग होते. त्यामुळे धूप होते. ती होऊ नव्हे म्हणून जंगलात गुरे चरण्यास बंदी घातली तर मृदेचे संरक्षण होते. त्यामुळे एक प्रकारे संवर्धन होण्यास मदत होते.

२) **शेतास बांध घालणे :** शेताचा उतार ज्या दिशेला असतो त्या दिशेला पाण्याचे वहन होते. पाणी ज्या दिशेला उतार असेल त्या दिशेला वाहत असताना उंचवट्यावरील मृदा क्रमाक्रमाने वाहून जाऊन खडक उघडा पडतो. शेताच्या उताराच्या बाजूला बांध घातल्यास वाहत येणाऱ्या मृदेचे बांधाच्या बाजूला संचयन होते. परिणामी, जमीन समप्रमाणात होते व मृदेचे संवर्धन होते.

३) **मशागत पद्धती :** शेताची मशागत करीत असताना ती समांतर न करता काटकोनातून केल्यास पाण्याच्या वहनात अडथळे येतात. परिणामी, पाण्याच्या वहनाचा वेग कमी होतो व पाणी जागच्या जागी अडते व मृदेचे संवर्धन होते.

४) **पूर नियंत्रण :** नद्यांना विशिष्ट कालखंडात मोठ्या प्रमाणात पूर येतो त्यामुळे

नद्यांच्या काठावरील क्षेत्रातील मृदेची मोठ्या प्रमाणात धूप होत असते. मृदा संवर्धनासाठी नद्यांच्या परिसरात झाडांची लागवड केली पाहिजे. त्याचप्रमाणे पुराची तीव्रता कमी होण्यासाठी काही ठिकाणी गरजेनुसार बांध घातले पाहिजेत, तर काही भागात धरणे बांधल्याने काही प्रमाणात पूर नियंत्रण होते. त्यामुळे मृदेचे संवर्धन मोठ्या प्रमाणात होते.

५) डोगर उतारावर मोठ्या प्रमाणात गवतांची लागवड केल्यावर मृदेस आच्छादन निर्माण झाल्याने मृदेचे संवर्धन होण्यास मदत होते.

६) शेतीस योग्य प्रमाणापेक्षा जास्त पाणी पुरवठा केल्यास मृदा क्षारयुक्त होते. त्यामुळे मृदेचा नाश होतो. हे थांबविण्यासाठी योग्य प्रमाणात पाणी पुरवठा केल्यास मृदेचे संवर्धन होण्यास मदत होते.

७) वृक्षतोड थांबून नवीन वृक्षांची लागवड केल्यास मृदेचे संवर्धन होण्यास मदत होईल.

८) काही पिकांच्या लागवडीमुळे मृदेची धूप थांबण्यास मदत होते. अशा पिकांची लागवड करणे वाटाणा, हरबरा, वरई, ज्वारी, बाजरी, विविध कडधान्ये यांची लागवड केल्यास मृदेचे चांगल्या प्रकारे संवर्धन होण्यास मदत होते

९) पर्वतीय भागात पायऱ्या-पायऱ्यांची शेती केल्यास मृदा धूप कमी होते.

४.४) नैसर्गिक वनस्पती (Natural Vegetation)

निसर्गत: मानवी हस्तक्षेप न होता किंवा मानवी प्रयत्नांशिवाय ज्या वनस्पती वाढतात, त्यांना 'नैसर्गिक वनस्पती' असे म्हणतात. नैसर्गिक वनस्पतीत अरण्ये खूपच महत्त्वाची असतात. अनेक प्रकारचे वृक्ष अगदी दाटीने विस्तृत प्रदेशात वाढतात, तेव्हा त्यास वने, अरण्ये किंवा जंगले असे म्हणतात. वेली, झाडे, झुडपे वनात एकत्र वाढतात. प्रदेशातील प्राकृतिक रचना, हवामान, जमिनीचा पोत, पर्जन्यमान इत्यादी घटकांचा परिणाम नैसर्गिक वनस्पती व जंगलांच्या विविधतेवर होत असतो.

कोणत्याही प्रदेशातील पर्यावरणशास्त्रदृष्ट्या समतोल राखण्यासाठी एकूण प्रदेशाच्या ३३ टक्के क्षेत्र जंगल व्याप्त असावे. वनविभागाच्या मतानुसार भारतातील एकूण क्षेत्रफळाचे सुमारे २२ टक्के इतके क्षेत्र जंगलव्याप्त आहे. भौगोलिक माहितीप्रणालीच्या (GIS) आधारे सर्वेक्षण केल्यास हेच प्रमाण निम्म्याने कमी होऊन खऱ्या अर्थाने १० ते ११ टक्के पर्यंत दिसून येईल. भारताच्या तुलनेत महाराष्ट्रातील जंगलव्याप्त क्षेत्र तुलनेने थोडे जास्त म्हणजे सुमारे १७ टक्के असलेले दिसून येते.

तक्ता क्र. ४.२ : भारतातील जंगले

अ.क्र.	क्षेत्र	भारत	महाराष्ट्र
१	प्रत्यक्षात जंगल असलेले क्षेत्र	६३३.४ (२०.२८)	४६.१ (१४.९८)
२.	चांगल्या प्रतीचे जंगल असलेले क्षेत्र	३६७.३ (१२.५)	२३.६ (७.६७)
३.	विरळ जंगल असलेले क्षेत्र	२४९.३ (८.१७)	२२.४ (७.२५)

(सर्व आकडे लाख हेक्टरमध्ये (कंसातील आकडेवारी भौगोलिक क्षेत्राच्या टक्क्यांमध्ये)
*(योजना, जंगलतोड पर्यावरणास धोकादायक, लेखक प्रा. व्यंकटेश कटके एप्रिल २००२ पान नं १६)

काही पर्यावरण तज्ज्ञांनी जंगल क्षेत्रांना पर्यावरण व्यवस्थेची फुप्फुसे संबोधले आहे. ज्याप्रमाणे फुप्फुसांना स्वत:च्या शुद्धीकरणात महत्त्वाचे स्थान असते, तसेच स्थान जंगलांना, पर्यावरण व्यवस्थेत असते. कोणत्याही विस्तृत प्रदेशात सर्वसाधरणपणे एक तृतीयांश जमीन ही वनाखाली असणे आवश्यक आहे. महाराष्ट्रातील जंगल जमिनीचे प्रमाण जेमतेम १७ टक्के म्हणजेच आवश्यक त्या प्रमाणापेक्षा कमी आहे. राष्ट्रीय पातळीवर हे प्रमाण २३ टक्के आहे. त्यातच महाराष्ट्राची अवस्था एक फुप्फुस अजिबात नसलेल्या व जे काही एक फुप्फुस आहे, त्याचा अर्धा भागही निकामी आहे अशा माणसासारखी झाली आहे. पर्यावरण शास्त्रज्ञांच्या मते वनांचे क्षेत्र एकूण भूभागाच्या किमान १/३ किंवा ३३ टक्के असणे गरजेचे आहे. परंतु वरील आकडेवारीचा विचार केला तर किमान क्षेत्रापेक्षाही वनाखालील क्षेत्र कमी आहे. भारतातील २८ घटक राज्ये व ०८ केंद्रशासित प्रदेशांमधील जंगलांचे चार विभागांमध्ये विभागणी केली गेली आहे. (अ) पूर्व विभाग, (आ) उत्तर विभाग, (इ) दक्षिण विभाग, (ई) पश्चिम विभाग.

भारतातील एकूण जंगलाखालील क्षेत्र वरील आकडेवारीनुसार ६३३.४ दशलक्ष हेक्टर्स एवढे आहे. एकूण क्षेत्राशी त्यांचे प्रमाण २०.२८ टक्के आहे. या वनसंपत्तीचा वापर मानव आपल्या स्वार्थासाठी विविध प्रकारे करीत आहे. आजच्या आधुनिक काळामध्ये मानव विविध प्रकारचे व्यवसाय बदलत्या गरजेनुसार करीत आहे. वनांचा वापर मानवाच्या उदयापासून आजपर्यंत होत आहे. वनापासून अनेक प्रकारचे प्रत्यक्ष व अप्रत्यक्ष फायदे पर्यावरणातील विविध घटकांना सातत्याने मिळत आहेत. आजच्या आधुनिक काळात प्रत्यक्ष फायद्यांपेक्षा अप्रत्यक्ष फायदे मनुष्यास जास्त मिळत आहेत.

अ) वनांचे प्रशासकीय वर्गीकरण

भारत सरकारने वनांच्या संवर्धनासाठी शासन मालकी, व वनसंरक्षण मालकी अशा स्वरूपात वर्गीकरण करून कामात सुलभता आणण्याचा प्रयत्न केला आहे.

१. **राखीव वने (Reserved Forest) :** राखीव वने ही पूर्णपणे शासकीय मालकीची असतात. अशा वनांवर पूर्णपणे शासकीय नियंत्रण असते. या वनांमध्ये लाकूड किंवा इतर वस्तू खरेदी–विक्री करण्यासाठी शासनाची परवानगी नसते. तसेच गुरे चारणे, फळे, पालापाचोळा व वनसंकलन यांस सुद्धा बंदी घातलेली असते. असे शासकीय क्षेत्र भारतात सुमारे ३.९० कोटी हेक्टर्स क्षेत्र राखीव वनाखाली आहे.

२. **रक्षित वने किंवा संरक्षित वने (Protected Forest) :** संरक्षित वनांवर सरकारचे नियंत्रण कमी असते. या जंगलांकडे काळजीपूर्वक लक्ष दिलेले असते. या वनांची काळजी शासन घेते. या वनांतील लाकूड व इतर वस्तू करारानुसार वापरता येतात. वन संपत्तीची विक्री वनअधिकारी करीत असतात. असे संरक्षित वनांचे क्षेत्र भारतात सुमारे २.१५ कोटी हेक्टर्स आहे.

३. **अवर्गीकृत वने (Unclassified Forest) :** अवर्गीकृत वने आर्थिकदृष्ट्या महत्त्वाची नसतात. अशा जंगलांवर शासनाचे फारसे लक्ष व नियंत्रण नसते. अशा जंगलांचा उपयोग लोक लाकूड, गुरे चराईसाठी, वन संकलनासाठी करतात. असे अवर्गीकृत वनक्षेत्र भारतात सुमारे १.३१ कोटी हेक्टर्स आहे.

ब) हवामान विभागानुसार भारतातील वेगवेगळी वने

भारतीय हवामानातील विविधता, प्राकृतिक भिन्नता, पर्जन्याचे असमान वितरण, भारताचा विस्तार अशा विविध घटकांचा वनांवर प्रभाव पडलेला दिसून येतो. जगात अस्तित्वात असलेल्या सर्व प्रकारचे वृक्ष भारताच्या विविध क्षेत्रांवर कोठे ना कोठे आढळून येतात. त्यामुळे वेगवेगळ्या तज्ज्ञांनी वनांचे अनेक प्रकारांत वर्गीकरण केलेले दिसून येते.

१) उष्ण कटिबंधीय सदाहरित आर्द्र वने किंवा जंगले (Tropical Wet Evergreen Forest)

२) उष्ण कटिबंधीय निमसदाहरित वने किंवा जंगले (Tropical Semi-Evergreen Forest)

३) उष्ण कटिबंधीय आर्द्र पानझडी वने किंवा जंगले (Tropical Moist Deciduours Forest)

४) मॅग्रुव्ह किंवा सुंदरी वने (Littoral and Swamp Forest)
५) उष्ण कटिबंधीय कोरड्या हवामानातील पानझडी वने (Tropical Dry Deciduous Forest)
६) उष्ण कटिबंधीय काटेरी वने (Tropical Thorn Forest)
७) उष्ण कटिबंधीय शुष्क सदाहरित वने किंवा जंगले (Tropical Dry Evergreen Forest)
८) उष्ण कटिबंधीय रुंदपर्णी वने किंवा जंगले (Sub-Tropical Broad Leaved Hill Forest)
९) उष्ण कटिबंधीय पाईन वने किंवा जंगले (Sub-Tropical Pine)
१०) पर्वतीय समशीतोष्ण कटिबंधीय वने किंवा जंगले (Mountain Wet Temperate Forest)
११) हिमालयीन दमट समशीतोष्ण जंगले (Himalayan Moist Temperate Forest)
१२) हिमालयीन शुष्क समशीतोष्ण वने किंवा जंगले (Himalayan Dry Temperate Forest)
१३) अल्पाइन जंगले (Sub-Alpine and Alpine Forest)

१) उष्ण कटिबंधीय सदाहरित आर्द्र वने (Tropical Wet Evergreen Forest) : उष्ण कटिबंधीय सदाहरित जंगलात सरासरी ३०० सें.मी. पेक्षा जास्त पर्जन्य पडतो. भारतात एकूण क्षेत्रापैकी सुमारे ५१,२९० किलोमीटर्स वनक्षेत्र या वनाखाली असून त्यामध्ये पुढील राज्यांचा समावेश होतो. अरुणाचल प्रदेश, आसाम, मणिपूर, त्रिपुरा, नागालँड, अंदमान-निकोबार बेटे, गोवा, कर्नाटक, तमिळनाडू इत्यादी राज्यांचा समावेश होतो. या राज्यांमध्ये मोठ्या प्रमाणात घनदाट स्वरूपाची सदाहरित अरण्ये दिसून येतात. भारतातील सर्वांत जास्त पर्जन्याचा प्रदेश असला तरी हा प्रदेश उंच पर्वतीय प्रदेश असून या भागात सरासरी वृक्षाची उंची ४५ मीटरपेक्षा अधिक आढळते. उष्ण कटिबंधीय जंगले भारताच्या पूर्व, पश्चिम भागात व ईशान्येकडील राज्यांत दिसून येतात. या भागातील वने ही आर्द्र व सदाहरित असून दमट हवामानातील वनामध्ये नहार, गुर्जन, टून शिदार, चापलाश, लॉरेलवूड, आंबा, बांबू, सोनचाफा, बिशपवूड, पाम, रबर, शीसम, एबनी, आर्यनवूड, रोझवूड, महोगनी अशा स्वरूपाचे मोठे वृक्ष आढळतात. याशिवाय या वनांमध्ये विविध जातीची झुडपे, गवत, बांबू, वेली व विविध प्रकारच्या वनस्पती मोठ्या प्रमाणात आढळतात.

एकाच क्षेत्रावर मोठ्या प्रमाणात झाडांची दाटी झालेली दिसून येते. वने अत्यंत दुर्गम भागांत घनदाट असल्यामुळे येथील वनस्पती विशेष महत्त्वाची असून त्यापासून आर्थिक फायदा मोठ्या प्रमाणात प्राप्त होण्याची शक्यता असूनसुद्धा वाहतूक व दळणवळणाच्या सुविधांचा अभाव अशा वनांमध्ये दिसून येतो.

२) **उष्ण कटिबंधीय निमसदाहरित वने (Tropical Semi-Evergreen Forest) :** उष्ण कटिबंधीय निमसदाहरित वनांमध्ये सरासरी२०० सें.मी. च्या जवळपास पर्जन्य पडतो. कमी पर्जन्य व ८० टक्के सापेक्ष आर्द्रता या भागात दिसून येते. एकूण क्षेत्रापैकी सुमारे २६,४२४ किलोमीटर्स वर्ग क्षेत्र या वनाखाली असून त्यामध्ये आसाम, नागालँड, अंदमान-निकोबार बेटे, गुजरात, महाराष्ट्र, गोवा, कर्नाटक, तमिळनाडू, केरळ इत्यादी राज्यांचा समावेश होतो. या भागांतील सदाहरित अरण्यात विपुलता दिसून येत नाही, तसेच वृक्षांची संख्या व उंचीही कमी आढळून येते. या भागात प्रामुख्याने फणस, धूप, बीजसाल, हिरडा, अंजनी, बेहडा, आंबा, जांभुळे, हळद, सादडा, सावर, गारुगा, कुंकू जांभूळ, सिकोना अशा स्वरूपाची वने आढळतात.

भारतातील हिमालयांचा पूर्व उताराकडील प्रदेश, आसामचा उत्तरेकडील प्रदेश, ओडिशा आणि अंदमान-निकोबार बेटे, पश्चिम भागातील घाटमाथ्यावरच्या प्रदेशांत अशा स्वरूपाची वने दिसून येतात.

३) **उष्ण कटिबंधीय आर्द्र पानझडी वने (Tropical Moist Deciduours Forest) :** उष्ण कटिबंधीय आर्द्र पानझडी वनांच्या प्रदेशात १०० ते १५० सें.मी.च्या जवळपास पाऊस पडतो. या भागात एकूण क्षेत्रापैकी सुमारे २,३६,७९४ किलोमीटर्स वनक्षेत्र अशा वनाखाली आहेत. अरुणाचल प्रदेश, आसाम, बिहार, गुजरात, कर्नाटक, केरळ, मध्य प्रदेश, मिझोरम, त्रिपुरा, नागालँड, मेघालय, ओडिशा, तमिळनाडू, उत्तर प्रदेश, पश्चिम बंगाल, अंदमान-निकोबार बेटे, गोवा, दादरा व नगर हवेली इत्यादी भागांत उष्ण कटिबंधीय आर्द्र पानझडी वृक्ष आढळतात. अशी वने प्रामुख्याने आर्थिकदृष्ट्या महत्त्वाची आहेत. या अरण्यांमध्ये साग हा महत्त्वाचा वृक्ष आढळतो. या भागातील वृक्षाची उंची ४० ते ४५ मीटर्सच्या जवळपास आढळते. साग, साल, चंदन, शिसव, आंबा, चिंच, वड, पिंपळ, अर्जुन, कुंभी, बांबू, धावडा, एबनी, बिजासाल, हिरडा, हळद, सिरस, पळस, मोहर धूप, बोर, खैर, तुती अशा स्वरूपाचे वृक्ष आढळून येतात. त्यांची वैशिष्ट्ये म्हणजे उन्हाळ्याच्या सुरुवातीस वृक्षांची पाने गळतात. त्यामुळे जास्त कडक उन्हाळ्यात अशी झाडे तग धरून

उभी राहू शकतात. अशा वनांमधील सागाची अरण्ये आर्थिकदृष्ट्या फार महत्त्वाची असून सागाचे लाकूड, टिकाऊ. चिवट, मऊ असते. त्यामुळे सागाचा उपयोग इमारती उभारण्यासाठी, फर्निचर तयार करण्यासाठी, रेल्वेचे डबे, बसगाड्या, शेती अवजारे, जहाजबांधणी इत्यादींसाठी मोठ्या प्रमाणावर केला जातो. म्हणूनच महाराष्ट्र व मध्य प्रदेशात डोंगरी भागात सागाची अरण्ये महत्त्वाची आहेत. कर्नाटक राज्यात चंदन हा महत्त्वाचा वृक्ष आढळतो. त्यापासून विविध प्रकारची औषधे व सुंगधी तेल प्राप्त केले जाते. चंदनाचा उपयोग विविध वस्तू तयार करण्यासाठीसुद्धा केला जातो.

४) **मॅग्रुव्ह किंवा सुंदरीवने (Littoral and Swamp Forest) :** मॅग्रुव्ह किंवा सुंदरीच्या वनांच्या क्षेत्रांमध्ये समुद्र किनाऱ्याच्या प्रदेशांच्या भागात नद्यांच्या त्रिभुज प्रदेशात भरतीची अरण्ये दिसून येतात. अशा अरण्याच्या क्षेत्रास 'सुंदरीची जंगले किंवा मॅग्रुव्ह जंगले' म्हणतात. अशा वनांचे एकूण क्षेत्रापैकी सुमारे ४,०४६ किलोमीटर वर्गक्षेत्र हे अशा वनांखाली आहे. अरुणाचल प्रदेश, गुजरात, महाराष्ट्र, ओडिशा, तमिळनाडू, पश्चिम बंग, अंदमान-निकोबार बेटे, इत्यादी भागांत सुंदरी किंवा मॅग्रुव्ह प्रकारचे वृक्ष आढळतात. भरतीच्या पाण्यामुळे जमिनीत ओलावा मोठ्या प्रमाणात टिकून राहतो. भरतीच्या पाण्यावर वाढतात त्यामुळे 'दलदलीची अरण्ये' असे यांना संबोधले जाते. अशा वनांमध्ये प्रामुख्याने अमुर, भारा, निपा, अगार, शोला, पाम इत्यादी प्रकारची वृक्षे आढळतात. पुसार या प्रकारच्या वृक्षाचा उपयोग जहाजबांधणी व इमारतीसाठी केला जातो. कारण या वृक्षाचे लाकूड टिकाऊ स्वरूपाचे आहे.

५) **उष्ण कटिबंधीय कोरड्या हवामानातील पानझडी वने (Tropical Dry Deciduous Forest) :** उष्ण कटिबंधातील कोरड्या हवामानातील पानझडी वने प्रामुख्याने ७५ ते १२५ सें.मी. दरम्यान पर्जन्य असलेल्या प्रदेशात आढळतात. या अरण्याचे क्षेत्र भारतातील १,८६,६२० चौ.किलोमीटर्स आहे. या स्वरूपाची वने प्रामुख्याने अरुणाचल प्रदेश, बिहार, गुजरात, हरियाणा, हिमाचल प्रदेश, केरळ, मध्य प्रदेश, महाराष्ट्र, जम्मू-काश्मीर, ओडिशा, पंजाब, राजस्थान, तमिळनाडू, उत्तर प्रदेश व पश्चिम बंग या राज्यांत आढळतात. कोरड्या ऋतूच्या कालखंडात मोठ्या प्रमाणात वृक्षांची पाने गळतात. पावसाळ्यात पुन्हा झाडांना नवी पाने फूटतात. अशा स्वरूपाची अरण्ये विरळ आहेत. अशा अरण्याच्या प्रदेशातील झाडांची उंची २० मीटरपर्यंत दिसून येते. उष्ण कटिबंधातील प्रामुख्याने जांभूळ, साग, बाभुळ, आंबा, अंजन, चंदन, मोह, पळस, टेंभुर्णी,

आपटा, खैर, सावर, बिजसाल इत्यादी स्वरूपाचे वृक्षे आढळतात. अशी वने प्रामुख्याने भारताच्या पश्चिम घाट, हिमालय पर्वतीय प्रदेश व वाळवंटी प्रदेश सोडून सर्वत्र दिसून येतात.

६) **उष्ण कटिबंधीय काटेरी वने (Tropical Thorn Forest) :** उष्ण कटिबंधीय काटेरी वनांच्या प्रदेशात सरासरी ७५ सें.मी. पेक्षा कमी पाऊस पडतो. तापमानकक्षा जवळजवळ २५° ते २८° सें.च्या दरम्यान असते. अशा अरण्याचे क्षेत्र भारतामध्ये १६,४९१ चौ. किलोमीटर आहे. अशी वने प्रामुख्याने अरुणाचल प्रदेश, गुजरात, हरियाणा, हिमाचल प्रदेश, कर्नाटक, मध्य प्रदेश, महाराष्ट्र, पंजाब, राजस्थान, तमिळनाडू व उत्तर प्रदेश या राज्यांत आढळतात. कमी पर्जन्य जास्त तापमानाच्या प्रदेशात कमी उंचीची काटेरी झाडे – झुडपे, खुरट्या वनस्पती विखुरलेल्या स्वरूपात दिसून येतात. या प्रदेशात घायपात, कोरफड, निवडुंग, पळस, बाभूळ, बोर, हिवर, शिंदी, लिंब, चिंच, गरुडी, शेर, सालई, नागफणी या वनस्पती दिसून येतात. तसेच पावसाळ्यात थोड्याफार प्रमाणात गवत उगवते.

७) **उपोष्ण कटिबंधीय शुष्क सदाहरित (Tropical Dry Evergreen Forest) :** उपोष्ण कटिबंधीय शुष्क सदाहरित जंगलामध्ये सरासरी पर्जन्यमान १०० सें.मी.च्या जवळपास आढळते. या वनांनी भारतामध्ये सुमारे १,४०४ चौ. किलोमीटर्स क्षेत्रफळ व्यापले आहे. आंध्र प्रदेश व तमिळनाडू राज्यांतील प्रदेश या जंगलांनी व्यापलेला आहे. या प्रदेशात ईशान्य मौसमी वाऱ्यांपासून पाऊस पडतो. या भागातील वनांतील वृक्षाची उंची १० ते १२ मीटर्सच्या दरम्यान आढळते. या वनांतील वृक्ष वर्षभर हिरवेगार असतात. या भागात प्रामुख्याने हिरवी, जांभूळ, लिंब, तोडीपात्र, गायरी, बांबू, ऑलिव्ह अशा स्वरूपाच्या वनस्पती दिसून येतात.

८) **उपोष्ण कटिबंधीय रुंदपर्णी वने (Sub-Tropical Broad Leaved Hill Forest) :** उपोष्ण कटिबंधीय रुंदपर्णी वने ही आसाम, महाराष्ट्र, पश्चिम बंग, तमिळनाडू, आणि केरळ राज्यांत आहेत. या वनांनी भारताचे सुमारे २,७८१ चौरस किलोमीटर्स क्षेत्रफळ व्यापले आहे. या भागात वार्षिक सरासरी १०० ते १३० सें.मी.च्या दरम्यान पर्जन्य पडत असतो. या भागातील तपमान साधरणत: १८° ते २२° च्या दरम्यान असून सापेक्ष आर्द्रता ८० टक्क्यांच्या जवळपास आढळते. अशी वने समुद्रसपाटीपासून ८५० ते १८५० मीटर्स उंचीवर आढळतात. या वनांतील वनस्पतीची पाने रुंद असून ही वने प्रामुख्याने विविध ठिकाणच्या

उंच टेकड्यांच्या भागात आढळतात. या भागात प्रामुख्याने सेल्टीस, मेलिसोया, हेंदकळ, जांभूळ, कुंभख-ऐन अशा स्वरूपाचे वृक्ष आढळतात.

९) **उपोष्ण कटिबंधीय पाईन वने (Sub-Tropical Pine) :** उपोष्ण कटिबंधीय पाईन वने भारताच्या उत्तर भागात दिसून येतात. या वनांनी भारताचे सुमारे ४,२३७ चौरस किलोमीटर्स इतके क्षेत्रफळ व्यापले आहे. भारताच्या जम्मू-काश्मीर, हिमाचल प्रदेश, मणिपूर, नागालँड, सिक्कीम, उत्तर प्रदेश, आंध्र प्रदेश राज्यांत ही वने दिसून येतात. या क्षेत्रात सरासरी पर्जन्यमान २०० ते ३०० सें.मी.च्या जवळपास आढळते. या भागात ओक व चिर या प्रमुख वनस्पती दिसून येतात. चिर या प्रकारच्या वनस्पतीचे लाकूड फार टिकाऊ असल्याने त्यांचा उपयोग विविध प्रकारचे फर्निचर, इमारत, रेल्वे स्लीपर्ससाठी केला जातो.

१०) **पर्वतीय समशितोष्ण कटिबंधीय वने (Mountain Wet Temperate Forest) :** पर्वतीय समशितोष्ण कटिबंधीय वने सदाहरित आहेत. या जंगलांचे क्षेत्रफळ सुमारे २३,३६५ चौरस किलोमीटर्स वर्ग इतके आहे. हिमाचल प्रदेश, मणिपूर, नागालँड, सिक्कीम, तमिळनाडू, कर्नाटक राज्यांत अशा स्वरूपाची वने दिसून येतात. या भागात प्रामुख्याने स्फूस, सिलव्हर फर, देवदार, साल, ओक, कॉक, इल लॉरेज, बर्च, फर हे सूचिपर्णी वृक्षांच्या जातीचे वृक्ष दिसून येतात. त्याचबरोबर कर्नाटक व तमिळनाडू राज्यांत साग हा प्रमुख वृक्ष आढळतो. हिमालयाच्या उंच टेकड्यांवर निलगिरी, अन्नमलाई, लिरुगनेर अशा स्वरूपाचे वृक्ष आढळतात. तर दक्षिण भारतातील या वनांना सीलास म्हटले जाते. हिमालयात अशा वनांना तराई म्हणून संबोधले जाते.

११) **हिमालयीन दमट समशीतोष्ण (Himalayan Moist Temperate Forest) :** हिमालय पर्वताच्या उत्तरेकडील समशितोष्ण पट्ट्यामध्ये अशा स्वरूपाची जंगले दिसून येतात. या जगलांचे क्षेत्र सुमारे २२,०१२ चौरस किलोमीटर्स इतके असून या वनांखालील जम्मू-काश्मीर, हिमाचल प्रदेश, उत्तर प्रदेश या राज्यांचा समावेश होतो अशा स्वरूपांची वने प्रामुख्याने १५०० मीटर्स ते ३००० मीटरच्या दरम्यान आढळतात. पर्जन्यमान १५० सें.मी. या दरम्यान आढळते. या भागात पाईन, सिडार, बीच अशा स्वरूपाचे वृक्ष आढळतात.

१२) **हिमालयीन शुष्क समशीतोष्ण वने (Himalayan Dry Temperate Forest) :** हिमालयीन शुष्क समशीतोष्ण वने २५०० मीटर ते ३५०० मीटर

उंचीच्या दरम्यान आढळतात. या जंगलांचे क्षेत्रफळ सुमारे ३१२ चौरस किलोमीटर्स इतके असून अशी जंगले प्रामुख्याने जम्मू-काश्मीर, उत्तर प्रदेश या राज्यांत दिसून येतात. या भागातील पर्जन्यमान १२५ ते १५० सें.मी. च्या जवळपास आढळते. या भागात प्रामुख्याने देवदार, चीड, पाईन, युनीफर, ओक, ऑक, स्प्रूस, सिलव्हरफर या प्रकारचे वृक्ष आढळतात.

१३) **अल्पाईन वने** **(Sub-Alpine and Alpine Forest)** : अल्पाईन वने अधिंक उंचीच्या भागात म्हणजे २८०० मीटर्स उंचीच्या पलीकडे ५००० मीटर उंचीपर्यंत दिसून येतात. भारतात या वनांखालील क्षेत्र सुमारे १८,६२८ चौरस किलोमीटर्स आहे. ही वने जम्मू-काश्मीर, नागालँड, सिक्कीम आणि उत्तर प्रदेश या राज्यातही दिसून येतात. या वनांमध्ये अल्पाईन प्रकारचे गवत, तसेच सिलव्हर फर, निळा पाईन, लार्च पाईन, चीर पाईन, बर्च, फर, बौना यांसारखे वृक्ष आढळतात. या शिवाय बेरंगी फुलांची झाडे आढळतात. अशी वने फारशी उपयुक्त नसली तरी रंगी-बेरंगी लष्करी डावपेच व वनांच्या परिसंस्थेच्या दृष्टिकोनातून फार महत्त्वाची आहे.

क) वनांचे उपयोग

वनसंपत्ती ही सर्वांत महत्त्वाची साधनसंपत्ती आहे. मानवाच्या मूलभूत गरजा पूर्वी वनांतून पूर्ण केल्या जात असत. आजच्या आधुनिक कालखंडामध्ये जंगलावर आधारित विविध प्रकारे उत्पादन घेतले जाते. वनांपासून मानवाला प्रत्यक्ष व अप्रत्यक्ष फायदा मिळत असतो. घरगुती जळणासाठी लाकूड औद्योगिक क्षेत्रांमध्ये इंधन म्हणून उपयोग, याशिवाय इमारतीसाठी लाकूड, फर्निचर, शेती अवजारे, बैलगाड्या, मोटर, रेल्वे, जहाजबांधणी अशा विविध घटकांसाठी फार उपयुक्त आहे. विविध प्रकारची खेळणी, साहित्य तयार करणे, पूल तयार करण्यासाठी, या शिवाय वनापासून अनेक उत्पादने प्राप्त होतात. त्यामध्ये मध, वनऔषधे, लाकूड, विविध टॉनिक, रेन्झीन, कात, गवत, पाने, औषधी द्रव्य, अत्तर किंवा सुंगधी द्रव्य, अखाद्य तेल इतर रासायनिक उत्पादने प्राप्त होतात. लाकूड व लाकडावर आधारित विविध उद्योग तयार होतात. सॉ मिल, फर्निचर, कारखाने, प्लायवूड तयार करणारे कारखाने, विविध पॅकिंगचे साहित्य किंवा खोकी, इत्यादी विविध फायदे प्रत्यक्ष व अप्रत्यक्ष होत असतात. त्यांचा फायदा परकीय चलनासाठीसुद्धा होतो.

अप्रत्यक्ष फायदे मानवाच्या लक्षात येण्यास बराच उशीर झाला आहे. मानवाने स्वार्थापोटी अनेक समस्या निर्माण केल्या. त्यामध्ये शुद्ध हवा नष्ट झाली. परिणामी, दूषित हवेचे प्रमाण वाढत गेले.

१) **जमिनीची धूप नियंत्रित होते :** वनांमुळे जमिनीची धूप व झीज थांबवली जाते. कारण वनस्पतींची मुळे भूपृष्ठातील माती धरून ठेवतात

२) **पर्जन्यात वाढ :** वनांमुळे पर्जन्याच्या प्रमाणात वाढ होते, तर वनांचा ऱ्हास झाल्यास पर्जन्याच्या प्रमाणात घट होते. ज्या भागात वनांचे प्रमाण जास्त आहे अशा भागात पर्जन्याचे प्रमाण वाढलेले दिसून येते.

३) **भूजल पातळीत वाढ :** वनांमुळे पर्जन्याचे पाणी अडविले जाते व ते जमिनीत मुरते. त्यामुळे भूजल पातळीत वाढ झालेली दिसून येते.

४) **निसर्ग सौंदर्यामुळे स्थानिकांना रोजगार संधी :** निसर्ग सौदर्य चांगले असेल तर त्या भागात पर्यटनांची स्थळे विकसित होतात. परिणामी, बाहेरचे चलन स्थानिक लोकांना प्राप्त होते. विविध उद्योगांच्या माध्यमातून रोजगारांच्या संधी प्राप्त होतात. त्यामुळे करमणुकीची स्थळे विकसित होतात.

५) **वन संरक्षण :** वन संरक्षित झाल्याने विविध पशुपक्षांच्या संख्येत वाढ होत जाते. त्यामुळे परिसंस्थेचे संतुलन राखण्यास मदत होत असते.

६) **पूरनियंत्रण :** वनस्पतीच्या आच्छादनामुळे पुराचे पाणी नियंत्रित करता येते. पूरग्रस्त प्रदेशांतील नदीच्या काठावरील प्रदेशात मोठ्या प्रमाणात गवताची व विशिष्ट वृक्षाची लागवड केल्यास पुराच्या पाण्याचे प्रसरण कमी होण्यास मदत होऊन प्राणहानी व वित्तहानी कमी करता येऊ शकते.

७) **पर्यावरण संतुलन :** ३३ टक्के क्षेत्र वनाखाली असेल तर पर्यावरण समतोल राखला जाऊ शकते, त्यामुळे हवेत सम प्रमाणात उष्ण तापमान व पर्जन्याचे प्रमाण राहते. वनांची मोठ्या प्रमाणात तोड झाल्याने अनेक समस्या निर्माण झाल्या आहेत.

८) **वाळवंटी प्रदेश :** वाळवंटी प्रदेशांत वाळवंटीकरण थांबविण्यासाठी विविध प्रकारचे प्रकल्प हाती घेतले जात आहेत. वाळवंटी प्रदेशांत विविध प्रकारची झाडे लावली जात आहेत. त्यामध्ये मोठ्या वृक्षांपासून ते गवताळ घटकांचा समावेश आहे. हरित पट्ट्याची योजना पुढे येत आहेत. त्यामुळे जमिनीची सुपीकता वाढविण्यास मदत होतेच त्याच बरोबर जमिनीचे संरक्षणसुद्धा होण्यास मदत होते.

पर्यावरणवादी लोकांनी एक इशारा दिला आहे जर, वनांचा असाच ऱ्हास होत राहिला तर, पृथ्वीचे वाळवंटीकरण होण्यास वेळ लागणार नाही. हरित पट्ट्यांची निर्मिती करून वाळवंटीकरण थोड्या प्रमाणात थांबविता येईल. अशा घटकांचा विचार केला तर वनांमुळे जमिनीची सुपीकता वाढेल, वादळी वाऱ्यांपासून प्रदेशांचे संरक्षण होईल.

प्रकरण ५ भारताची सांस्कृतिक स्थिती /ठेवण
Cultural Setting

५.१) **भारतातील धर्म (Religion of India)**
५.२) **भारतातील भाषा (Languages of India)**
५.३) **भारतातील आदिवासी जमातीचे प्रदेश, आणि त्यांच्या समस्या (Major Tribes, Tribal Areas and their Problems)**

प्रस्तावना (Introduction)

मानवाची जीवन जगण्याची विशिष्ट पद्धती म्हणजे संस्कृती होय. भारताला प्राचीन वैभवशाली संस्कृतीक वारसा लाभलेला आहे. अश्मयुगापासून भारत भूमीवर लोकांचे वास्तव्य आहे. जगातील वेगवेगळ्या प्रदेशातून लोक भारतात आले व येथील संस्कृतीशी एकरूप झाले. यातून भारतात संमिश्र भारतीय संस्कृती निर्माण झाली आहे. भाषा, धर्म, रूढी व परंपरा हे मानवी संस्कृतीचे महत्त्वाचे अंग आहे. भारतात मोठया प्रमाणात सांस्कृतिक विविधता आहे, ही विविधताच भारतीयांमध्ये ऐक्यभावना निर्माण करण्यास पोषक ठरली आहे.

५.१) भारतातील धर्म (Religion of India)

धर्म ही मानवनिर्मित संकल्पना आहे. मानवी संस्कृतीचे प्रमुख निर्धारक अंग म्हणून धर्म ओळखला जातो. विशिष्ठ मूल्याधारित आचार व विचारसरणी अंगीकारणे म्हणजे धर्म होय. धर्मामुळेच मानवी समूहातील भिन्नता ओळखली जाते. मानवी जीवनाचे आचार-विचार, श्रद्धा, जीवनपद्धती, कुटुंबव्यवस्था, जातीसंस्था, न्यायव्यवस्था, कला इत्यादी अनेक घटकांवर धर्माचा प्रभाव असतो. वेगवेगळ्या अभ्यासकांनी धर्माच्या निरनिराळ्या व्याख्या केल्या आहेत.

१) आगबर्न यांच्या मते, अलौकिक शक्ती बाबतची मानवी अभिवृत्ती म्हणजे धर्म होय.
२) जेम्स मार्टिन यांच्या मते, धर्म म्हणजे एखादया चिरंतन ईश्वरावर विश्वास धर्म.
३) ओटो यांच्या मते, भय व संमोहन यांचे अद्वितीय मिलन म्हणजे धर्म.
४) विल्यम जेन्स मते, अभिव्यक्तीचा उत्साही मनोविष्कार म्हणजे धर्म होय.

धर्म संकल्पना ही समाज व सांस्कृतिक एकतेचे प्रतिक समजली जाते. सर्व समुदायांमध्ये नैतिक मूल्य प्रणाली, विश्वास, उपासना आणि तत्त्वज्ञान आहे, जे लोकांना एकत्र ठेवते. लोकांच्या सामाजिक व आर्थिक जीवनात धर्म महत्त्वपूर्ण भूमिका बजावतो. निसर्गातील विविध संसाधनांचा वापरदेखील धर्माच्या पालन तत्त्वानुसार नियंत्रित केला जातो. प्रदेशातील सांस्कृतिक क्षेत्रांच्या सीमांकनासाठी धर्म हा एक महत्त्वाचा निर्धारक मानला जातो.

भारतात जगातील विविध धर्मांचा मोठा समुदाय आढळतो. भारतात प्रचंड धार्मिक विविधता असल्याने भारत एक धर्मनिरपेक्ष राष्ट्र म्हणून ओळखले जाते. भारत हे हिंदू, बौद्ध, जैन आणि शीख या धर्मांचे जन्मस्थान आहे. काही धर्म भारतात आलेल्या व्यापारी, प्रवासी, आक्रमणकर्ते व राज्यकर्ते यांच्याकडून भारतात आले व त्यांनी आपली ओळख कायम ठेवली. त्यामध्ये, पहिल्या शतकात सीरियन ख्रिश्चन भारताच्या पश्चिम किनाऱ्यावर आले व दक्षिण भारतात केरळ राज्यात स्थापित झाले. मध्य आशिया व दक्षिण-पश्चिम आशियातून मुस्लीम भारतात आले आणि त्यांनी त्यांची धार्मिक ओळख कायम ठेवली. याव्यतिरिक्त पारशी व यहुदी हे विदेशातील धर्म भारतात आढळतात. सन २०११ च्या जनगणना अहवालानुसार भारतात सर्वाधिक लोकसंख्या हिंदू धर्मीयांची (७९.८%) आहे, त्याखालोखाल मुस्लीम (१४.२%), ख्रिश्चन (२.३%), शीख (१.९%), बौद्ध (०.७%) व जैन (०.४%) धर्मियांची आहे. याशिवाय पारशी, यहुदी व इतर धर्मीयांची (०.६%) लोकसंख्या आहे. भारतातील प्रत्येक धर्मियांच्या जीवनपद्धती, धर्म परंपरा, धार्मिक प्रतीक, धार्मिक विधी, मोक्ष संकल्पना, पवित्र स्थळे, पवित्र वास्तू, पवित्र ग्रंथ, संप्रदाय इत्यादींची विविधता दिसून येते.

१) हिंदू धर्म

हिंदू धर्माचा लोकसंख्येच्या बाबतीत जगात तिसरा क्रमांक लागतो. हा भारतातील सर्वात प्राचीनधर्म म्हणून ओळखला जातो. या धर्माचा उदय इ.स. पूर्व १५०० च्या सुमारास आशिया खंडात होऊन नंतर जगातील इतर देशात त्याचा प्रसार झाला. हा

धर्म अनेकेश्वरवादी असल्याने विविध देवदेवतांना सन्मानित केले जाते व त्यांना एकाच दैवी शक्तीचे अविष्कार मानले आहे.

हिंदू धर्मात एकच ग्रंथ प्रमाणभूत मानलेला नाही. भगवद्गीता, वेद, उपनिषद, यासारखे ग्रंथ हिंदूंचे प्रमुख धर्मग्रंथ मानण्यात येतात. 'ओम' (ॐ) हे चिन्ह हिंदू धर्माचे प्रतिक मानले जाते. हिंदू धर्माचे प्रमुख प्रार्थनास्थळ 'मंदिर' असून त्यामध्ये मूर्ती किवा इतर प्रतीकाच्या स्वरूपात देवाचे अस्तित्त्व मानण्यात येते. या धर्मात देव-देवतांबरोबरच निसर्गातील चर, अचर गोष्टींना देवता मानले जाते, त्यामुळे पर्यावरण संवर्धनाला प्रत्यक्ष-अप्रत्यक्ष मदत होते.

उत्तरेस हिमालयापासून ते दक्षिणेस कन्याकुमारीपर्यंत व पूर्वेस ब्रम्हपुत्रेच्या मुखापासून ते पश्चिमेस सिंधू नदीपर्यंत हिंदू देवतांची व तीर्थांची पवित्र स्थाने पसरली आहेत. हरिद्वार, बद्रीनाथ, द्वारका, अमरनाथ, पुरी, काशी (बनारस), तिरुपती, पंढरपूर, शिर्डी इत्यादी हिंदू धर्माची पवित्र स्थळे आहेत.

हिंदू धर्मीय ईश्वराचे अस्तित्त्व मानतात. या धर्मात पृथ्वीवरील जीव उत्पत्ती, संचलन व विनाश यामागील सर्वशक्तिमान संकल्पनेस पुरुषोत्तम किंवा परमात्मा मानले जाते. या धर्मात मूर्तीपूजा केली जाते. पाप, पुण्य, स्वर्ग, नरक, पुनर्जन्म, पूजा, व्रतवैकल्य, यज्ञ, दान, तप व मोक्ष यावर हिंदू धर्मीयांची श्रद्धा आहे. हिंदू धर्मात सर्वव्यापी ब्राम्हतत्त्व, परोपकारिता, सेवाधर्म, स्त्रियांचा आदर, पर्यावरणाचे संरक्षण, समतावादी, ध्यानयोगविधी, समन्वयवादी व सहिष्णुता ही तत्त्वे मानली जातात. या धर्मात मृतांचे अंत्यसंस्कार दहन पद्धतीने केले जाते. हिंदू धर्मामध्ये वर्णव्यवस्था प्रचलीत आहे. आर्यांनी हिंदूंचे विभाजन चार वर्णात केले होते, ब्राम्हण, क्षत्रिय, वैश्य व शूद्र. ब्राम्हणांकडे पौरात्याचे काम सोपविले गेले, क्षत्रिय हे योद्धे होते, वैश्य व्यापारी व शूद्र वर्णाला दासोचित कार्य करावे लागत होते. धर्म या दृष्टीने इतर धर्माकडे सहिष्णुतेने बघण्याची प्रवृत्ती या धर्मात आहे. सर्वच धर्म वेगवेगळ्या पद्धतीने एकाच परमात्म्याची उपासना करतात असे हा धर्म मानतो. जगातील धार्मिक समूहांच्या विरोधाला तीव्र धार येऊ नये व विश्वशांती वाढावी यासाठी या धर्मातील सर्वधर्मसमन्वय व सर्वधर्मसमभाव ही तत्त्वे उपकारक ठरत आहे.

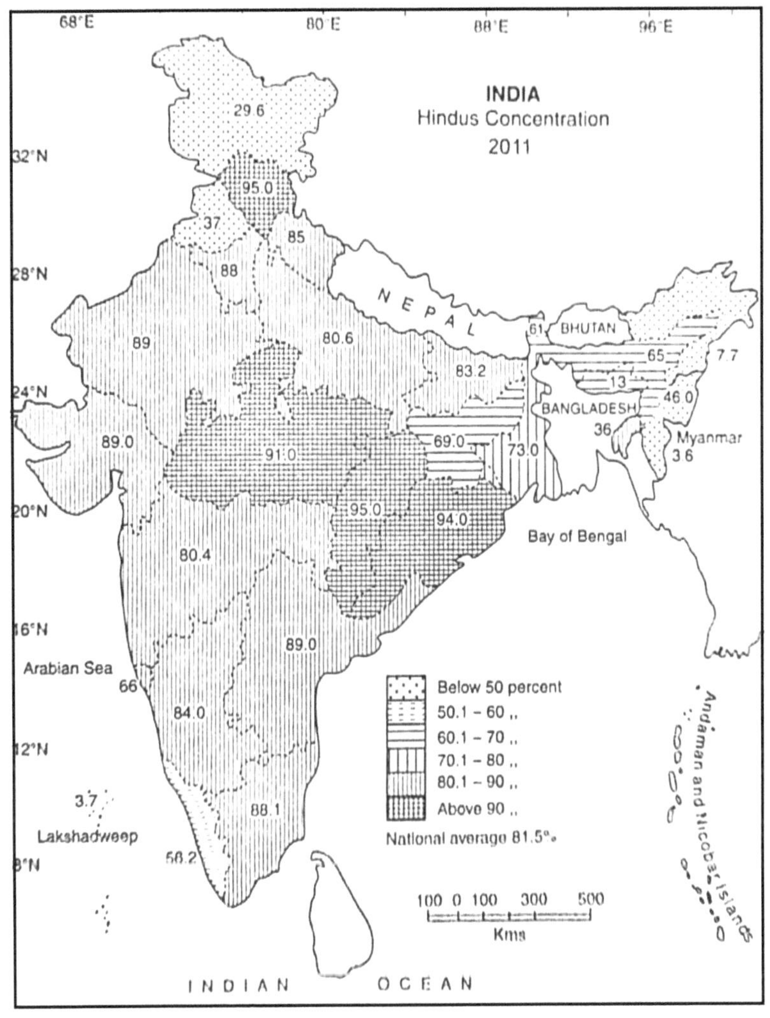

नकाशा क्र. ५.१ : भारतातील हिंदू धर्माचे वितरण (२०११)

सन २०११ च्या जनगणना अहवालानुसार भारतात हिंदू धर्मीयांची संख्या ७९.८० टक्के (९६.६२ कोटी) होती. हिंदू धर्म संपूर्ण भारतभर पसरला आहे, परंतु काश्मीर खोरे, पंजाब, मिझोराम, मेघालय, नागालँड आणि केरळच्या काही भागांमध्ये तो अल्पसंख्याक आहे. भारतातील हिमाचल प्रदेश राज्यात एकूण लोकसंखेच्या सर्वाधिक (९५.१७%) हिंदू धर्मीय लोकसंख्या आहे, तर सर्वात कमी हिंदू धर्मीय मिझोराम राज्यात (२.७५%) निवास करतात. भारतातील हिमाचल प्रदेश, ओडिशा, छत्तीसगड, मध्यप्रदेश, गुजरात, राजस्थान, आंध्रप्रदेश, तामिळनाडू, हरयाणा, कर्नाटक, त्रिपुरा, उत्तराखंड, बिहार व महाराष्ट्र या राज्यामध्ये हिंदू धर्मीयांची संख्या राष्ट्रीय सरासरीपेक्षा (७९.८०%) जास्त आहे. तर मिझोराम, नागालँड, मेघालय, जम्मू काश्मीर, अरुणाचलप्रदेश, पंजाब, मणिपूर, केरळ, सिक्कीम, आसाम, गोवा, झारखंड, पश्चिम बंगाल व उत्तर प्रदेश या राज्यामध्ये ही संख्या राष्ट्रीय सरासरीपेक्षा कमी आहे.

२) इस्लाम धर्म

इस्लाम हा सार्वभौमिक धर्म आहे. भारतात हिंदू धर्मियांखालोखाल या धर्माची लोकसंख्या आहे. इस्लाम या शब्दाचा अर्थ आत्मसमर्पण किंवा ईश्वरात पूर्णपणे एकरूप होणे असा आहे. या धर्माची स्थापना हजरत मोहंमद पैगंबर यांनी इसवी सनाच्या सातव्या शतकात सौदी अरेबियाच्या मक्का या शहरात केली. एकेश्वरवाद व धार्मिक नियमांचे कठोर पालन यावर इस्लाम धर्माचा भर आहे. इस्लाम धर्मीय एका समान श्रद्धेने एकमेकांशी बांधलेले असून सर्वजण एकाच समाजातील असल्याची जाणीव असते. इस्लाम धर्मानुसार ईश्वर पूर्णतया अद्वितीय, सर्वशक्तिमान, सर्वज्ञ व दयाळू आहे. भारत व अरबस्तान यांच्यातील व्यापारी संबंधांमुळे इस्लाम धर्म भारतात आला.

इस्लाम धर्माचा 'कुराण' हा पवित्र धर्मग्रंथ आहे. या धर्माचे प्रार्थनास्थळ मशीद आहे. एका चौसोपी जागी मशीद बांधली जाते, या वास्तूच्या सीमेलगत मक्केकडे तोंड करून प्रवचन मंच असतो त्या दिशेने तोंड करून सर्व मुस्लीम प्रार्थना करतात. हजरत मोहंमद पैगंबरांचे जन्मठिकाण 'मक्का' हे या धर्माचे पवित्र स्थळ आहे. इस्लाम संस्कृतीची पवित्र वास्तू 'काबा-अल-हरमल-शरीफ' मक्केत आहे. मोहंमद पैगंबरांची कबर असलेले मदीना हे स्थळही पवित्र मानले जाते. भारतातील जामा मशीद, कुतुब साहिब यांचा दर्गा, शेख सलीम चिस्ती दर्गा, फतेपूर शिक्री, चार मिनार, हाजी अली, हजरत निझामुद्दीन दर्गा, ताज-उल-मशीद ही पवित्र स्थळे आहेत.

इस्लाम धर्मामध्ये श्रद्धेबाबद पाच नियम आहे, त्यामध्ये देवावर, देवदुतावर,

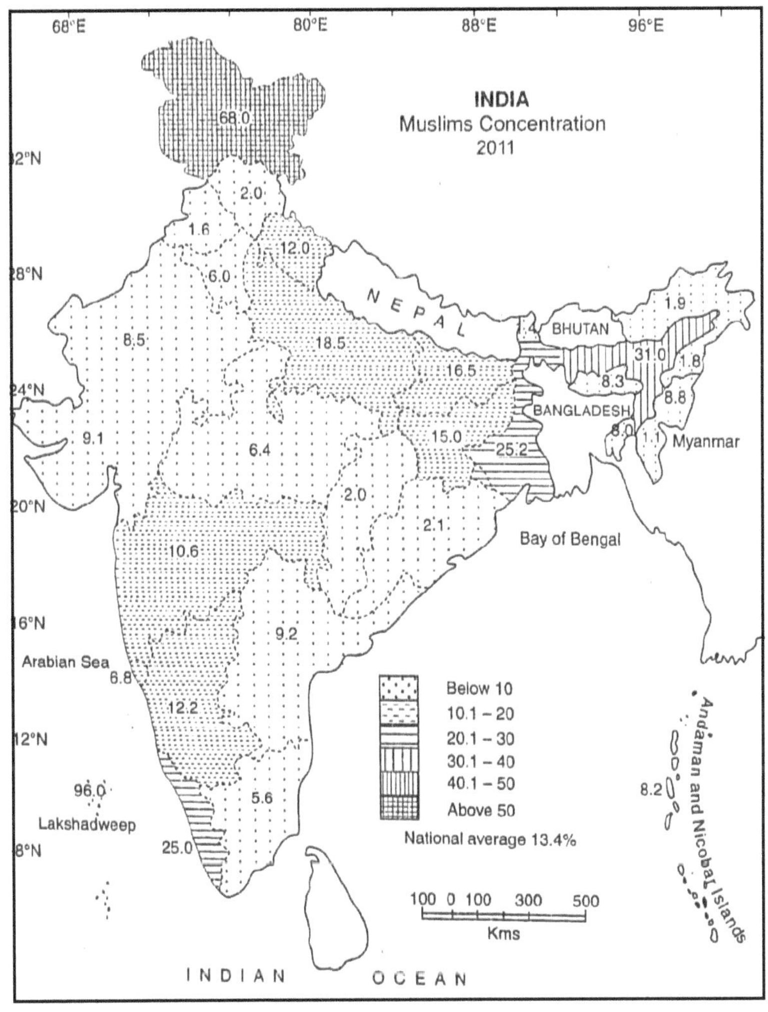

नकाशा क्र. ५.२ : भारतातील मुस्लीम धर्माचे वितरण (२०११)

कुराणावर, पैगंबरावर व देव- ईश्वरी निवाड्यावर विश्वास यांचा समावेश होतो. इस्लाम धर्माची पाच तत्त्वे आहेत, त्यामध्ये ईश्वरी आस्थेबद्दल व्रतपालन, दिवसातून पाच वेळा नमाज पढणे, निर्धन व गरीबांसाठी जकात देणे, रमजानच्या महिन्यात उपवास करणे व शारीरिक व आर्थिकदृष्ट्या शक्य असल्यास 'हज' यात्रेला जाणे. या धर्मात मृतांचे दफन करतात. इस्लाम धर्मात शिया व सुन्नी हे दोन संप्रदाय आहे. इस्लाम धर्माच्या एकूण लोकसंखेपैकी ९० टक्के लोक सुन्नी आहेत. शिया पंथीय प्रामुख्याने इराणमध्ये आढळतात.

इंडोनेशिया आणि पाकिस्तान नंतर भारतात जगातील तिसऱ्या क्रमांकाची इस्लाम धर्मीयांची लोकसंख्या आहे. सन २०११च्या जनगणना अहवालानुसार भारतात इस्लाम धर्मीयांची संख्या १४.२३ टक्के (१७.२२ कोटी) होती. भारताच्या सर्वच राज्यात इस्लाम धर्मीय लोक कमीअधिक प्रमाणात आढळतात. या धर्मियांची सर्वाधिक लोकसंख्या (४७%) उत्तर प्रदेश, पश्चिम बंगाल आणि बिहार या तीन राज्यांमध्ये आहे. भारतातील जम्मू आणि काश्मीर राज्यात एकूण लोकसंखेच्या सर्वाधिक (६८.३१%) इस्लाम धर्मीय लोकसंख्या आहे, तर सर्वात कमी इस्लाम धर्मीय मिझोराम राज्यात (१.३५%) निवास करतात. भारतातील जम्मू आणि काश्मीर, आसाम, पश्चिम बंगाल, केरळ, उत्तरप्रदेश, बिहार व झारखंड या राज्यामध्ये इस्लाम धर्मीयांची संख्या राष्ट्रीय सरासरीपेक्षा (१४.२३%) जास्त आहे. तर मिझोराम, सिक्कीम, पंजाब, अरुणाचलप्रदेश, छत्तीसगड, ओडिशा, हिमाचल प्रदेश, नागालँड, मेघालय, तामिळनाडू, मध्यप्रदेश, हरीयाणा, गोवा, मणिपूर, त्रिपुरा, राजस्थान, आंध्रप्रदेश, गुजरात व महाराष्ट्र या राज्यामध्ये इस्लाम धर्मीय अल्पसंख्यांक आहे.

३) ख्रिश्चन धर्म

जगात सर्वाधिक अनुयायी असलेला व सेवाभावी वृत्तीने लोकांची सेवा करणारा धर्म म्हणून ख्रिश्चन धर्म ओळखला जातो. ख्रिश्चन धर्म हा हिंदू आणि इस्लामनंतर भारतातील तिसरा सर्वात मोठा धर्म आहे. या धर्माची स्थापना इसवीसनाच्या पहिल्या शतकात प्रभू येशू ख्रिस्त यांनी पॅलेस्टाईन येथे म्हणजे सध्याच्या इस्राइल देशात केली व त्यानंतर हा धर्म संपूर्ण जगात पसरला. 'क्रूस'(✝) हे या धर्माचे श्रद्धेचे प्रतीक आहे. हा धर्म एकेश्वरवादी असून देव हा सर्वशक्तिमान व सर्वांचा पिता आहे असे मानले जाते. केरळमधील सेंट थॉमस सीरियन ख्रिश्चनांच्या परंपरेनुसार, भारतात ख्रिश्चन धर्माची ओळख थॉमस द अपॉस्टलने केली व इसवी सनाच्या सहाव्या शतकात ख्रिश्चन धर्माची भारतात स्थापना झाली.

ख्रिश्चन धर्मियांचा 'बायबल' हा पवित्र धर्मग्रंथ आहे. ख्रिचन धर्माच्या

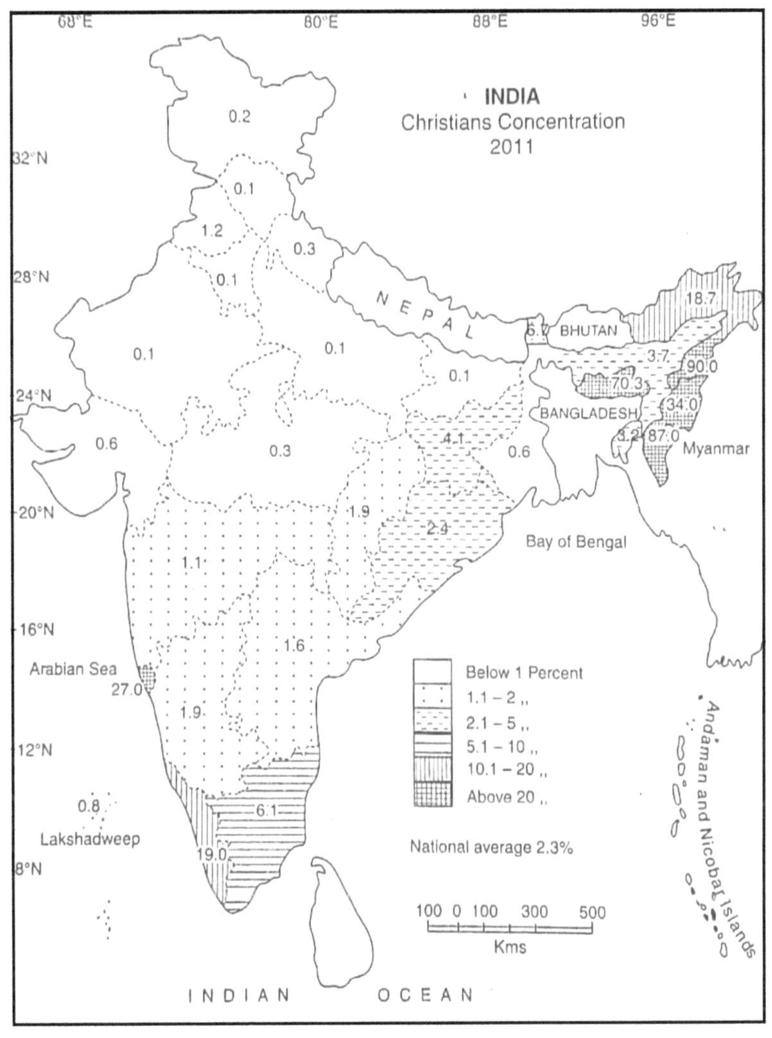

नकाशा क्र. ५.३ : भारतातील ख्रिश्चन धर्माचे वितरण (२०११)

प्रार्थनास्थळाला ‘चर्च’ असे म्हणतात. या धर्माची उपासना व धार्मिक कार्य चर्चमध्ये पार पाडले जाते. जेरुसलेम हे ख्रिचन धर्माचे पवित्र ठीकाण आहे. भारतात ख्रिश्चन धर्माचे पवित्र स्थळ म्हणून गोवा जगभरात प्रसिद्ध आहे. येथील सर्वात लोकप्रिय चर्च म्हणजे बॅसिलिका ऑफ बॉम जीझस ज्यामध्ये सेंट फ्रान्सिस झेवियरची कबर आहे. याबरोबरच कॅथेड्रल चर्च आहे ज्याला युनेस्कोने जागतिक वारसा स्थळ म्हणून घोषित केले आहे. इतर चर्चमध्ये सेंट फ्रान्सिस ऑफ असिसी आणि सेंट कॅजेटन चर्च यांचा समावेश होतो. केरळमध्ये ख्रिश्चन अनेक पवित्र स्थळे आहेत, मुन्नारमधील परुमाला चर्च, मलायत्तूर कुरीसुमुदी चर्च, बॅसिलिका, कॅथेड्रल चर्च प्रसिद्ध आहेत. तामिळनाडूमध्ये देशातील काही सर्वात उत्कृष्ट चर्च आहेत. त्यामध्ये चेन्नईतील सॅन थॉमस कॅथेड्रल, सेंट मेरी कॅथेड्रल (मदुराई), ला सालेथ चर्च (कोडाईकनाल) आणि होली ट्रिनिटी चर्च (उटी) ही इतर प्रसिद्ध चर्च आहेत. याशिवाय मेघालय व सिक्कीम राज्यातही या धर्माची प्रार्थनास्थळे आहेत.

ख्रिश्चन धर्माच्या तत्त्वानुसार देव हा एकच आहे. तो सर्वशक्तिमान व सर्वांचा पिता आहे. प्रभू येशू ख्रिस्त हे देवाचे पुत्र आहेत आणि मानवाच्या मदतीसाठी आणि उद्धारासाठी त्यांना पृथ्वीवर पाठविले होते असे या धर्मात मानले जाते. या धर्माच्या प्रमुख शिकवणीत बंधुभाव तत्त्व दिसून येते, पृथ्वीवरील सर्व मानव एकमेकांचे बंधू, भगिनी आहेत व आपण सर्वांवर प्रेम केले पाहिजे ही शिकवण ख्रिश्चन धर्मात दिली जाते. या धर्मात सामाजिक भेदभावाला कोणताही थारा नाही. याबरोबरच क्षमाशीलता म्हणजे चुकलेल्यांना माफ करणे ही शिकवण ख्रिस्त धर्माने दिली. ख्रिश्चन धर्मात मृतांचे दफन करतात. ख्रिश्चन धर्मात कॅथोलिक आणि प्रोटेस्टंट हे दोन प्रमुख पंथ आहेत, याव्यतिरिक्त या पंथाचे आणखी उपपंथ आहे. कॅथोलिक पंथात चर्चला मोठया प्रमाणात महत्त्व असते, तर प्रोटेस्टंट पंथ चर्चला महत्त्व देत नाही.

ख्रिश्चन हा एक सार्वभौमिक धर्म आहे ज्याचे जगात सर्वाधिक अनुयायी आहेत. सन २०११ च्या जनगणना अहवालानुसार भारतात ख्रिश्चन धर्मीय लोकसंख्या २.३० टक्के (२.७८ कोटी) इतकी आहे. सर्वाधिक ख्रिश्चन धर्मिय लोकसंख्या केरळ (एकूण ख्रिश्चन लोकसंखेच्या २९%) राज्यात आहे. भारतातील राज्यांमध्ये एकूण लोकसंखेच्या तुलनेत सर्वाधिक ख्रिश्चन धर्मीयांची संख्या नागालँड (८७.९३ %) व सर्वात कमी बिहार (०.१२ %) राज्यामध्ये आहे. नागालँड नंतर मिझोराम, मेघालय, मणिपूर, अरुणाचल प्रदेश व गोवा राज्यात ख्रिश्चन धर्मीयांची संख्या आढळते. याशिवाय तामिळनाडू, झारखंड, आसाम, ओडिशा, कर्नाटक, आंध्रप्रदेश व महाराष्ट्र राज्यांत ख्रिश्चन धर्मीयांची संख्या दहा लाखांपेक्षा जास्त आढळते.

४) शीख धर्म

शीख धर्म हा भारतातील लोकसंखेच्या दृष्टीने चौथा महत्त्वाचा धर्म आहे. 'शीख' या शब्दाचा अर्थ 'शिष्य' असा आहे. या धर्माची स्थापना गुरु नानक साहिब यांनी पंधराव्या शतकात केली. शीख धर्म एकेश्वरवादी असून ईश्वर हा स्वयंभू, सर्वव्यापी, सर्वोच्च, एकमेवाद्वितीय आहे, अशी शीख धर्मीयांची श्रद्धा आहे. या धर्माचा मूर्तिपूजेवर विश्वास नाही. मानवतेची सेवा, सहिष्णुता व बंधुता या तत्त्वांना शीख धर्मात महत्त्वाचे स्थान आहे. शीख धर्माने हिंदू धर्मातील जातिव्यवस्था काढून टाकून आणि विधवा पुनर्विवाहाला परवानगी देऊन सामाजिक सौहार्द निर्माण करण्याचा प्रयत्न केला. शीख धर्माची दीक्षा घेतलेल्या स्त्री-पुरुषांना स्वतःकडे पाच वस्तू अहोरात्र बाळगण्याची प्रथा आहे, त्यामध्ये लांब आणि न कापलेले केस, कंगवा, कडा, कच्छा व किरपान यांचा समावेश आहे. शीख धर्म गुरूंच्या उपदेशानुसार मानवाला जीवनात मोक्षप्राप्तीसाठी निवृत्तीमार्गाची आवश्यकता नसून जी व्यक्ती प्रामाणिकपणे कष्ट करून उदरनिर्वाह करते आणि सर्वसामान्य पद्धतीने जीवन जगते, तिला मोक्ष मिळू शकतो.

शीख धर्मात 'गुरुग्रंथसाहिब' हा पवित्र ग्रंथ आहे. शीख धर्मात एकूण दहा गुरू आहेत. गुरू नानकदेव हे शिखांचे पहिले गुरू होते. शीख धर्माचे प्रार्थनास्थळाला 'गुरुद्वारा' असे म्हणतात, त्यास तख्त या नावानेही ओळखले जाते. या धर्मात आध्यात्मिक, सामाजिक व शीख धर्मश्रद्धेशी निगडीत अधिकार तख्त व त्यांचे जथेदार (तख्त प्रमुख) असतात. शीख धर्मात पाच तख्ते (गुरुद्वारा) पवित्र मानले जातात. त्यामध्ये अकाल तख्त (अमृतसर), तख्त श्री हरिमंदिरसाहेब (पटणा साहेब), तख्त श्री केशगढसाहेब (आनंदपूर), तख्त श्री दमदमासाहेब (तळवंडी साबो) व तख्त सचखंड श्री हुजूरसाहेब (नांदेड). यांपैकी अमृतसरचे अकाल तख्त हे सर्वांत श्रेष्ठ मानले जाते. शीख धर्मियांसाठी कोणताही आदेश जारी करण्यापूर्वी वरील पाच तख्तांचे जथेदार एकत्र बसून विचार-विनिमय करतात, कोणत्याही स्वतंत्र जथेदाराला आदेश जारी करण्याचा अधिकार नाही.

शीख धर्मातील तत्त्वज्ञानानुसार सर्व चराचर सृष्टी ही परमेश्वराची निर्मिती आहे, स्वतःच्या निर्मितीचा त्याला आनंद आहे, असे हा धर्म मानतो. शीख उपदेशानुसार परमेश्वराने सत्त्व, रज व तम हे तीन गुण निर्माण केले व तो चांगल्या-वाईटाचे उगमस्थान आहे. या धर्माच्या श्रद्धेनुसार जगात राक्षसी किंवा माया यांसारखी मनुष्याचे अधःपतन करणारी कोणतीही शक्ती अस्तित्त्वात नाही. परमेश्वरानेच ब्रम्हा, विष्णू, शिव यांसारखे देव निर्माण केले आहेत यावर शीख धर्माची श्रद्धा आहे. या धर्मात परमेश्वराच्या अवताराची संकल्पना मान्य नाही. या धर्मात मृतांना अग्नी दिला जातो.

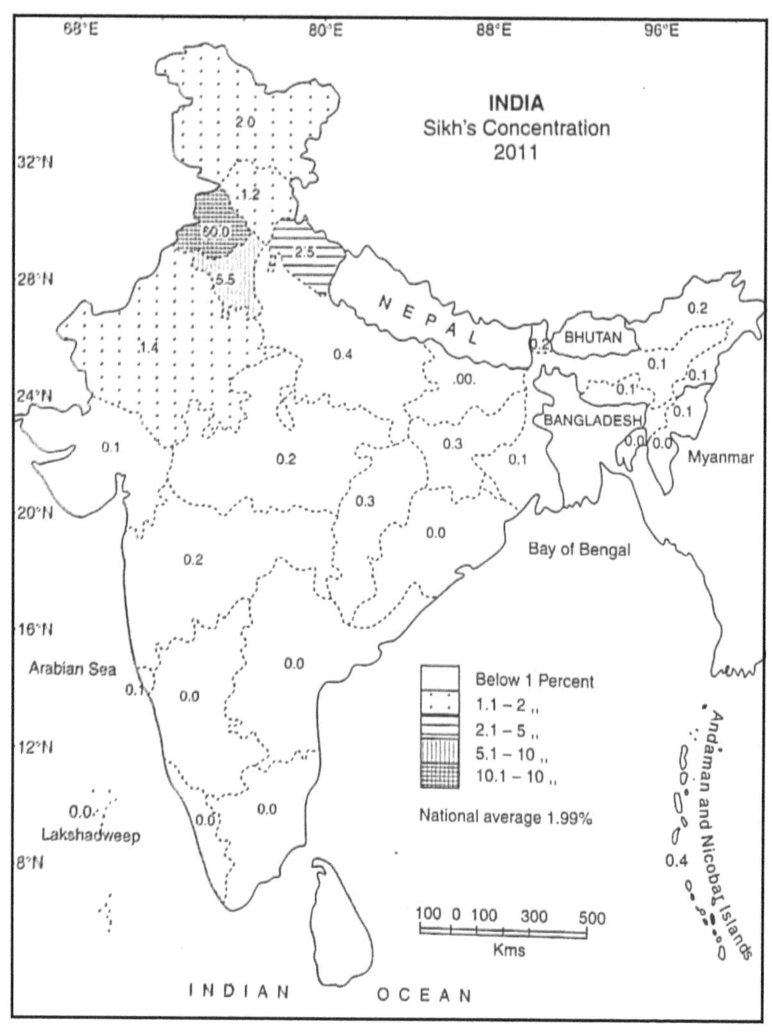

नकाशा क्र. ५.४ : भारतातील शीख धर्माचे वितरण (२०११)

या धर्मात जातीव्यवस्था व पंथ नाही. सर्वांवर प्रेम करणे आणि मानवजातीची सेवा करणे हे तत्त्व या धर्मात मानले जाते. या धर्मात स्त्रीला आदराचे स्थान असते. शीख धर्मानुसार चार गोष्टी निषिद्ध मानल्या जातात, त्यामध्ये अंमली पदार्थांचे सेवन करणे, केस कापणे, मांसहार व व्यभिचार करणे यांचा समावेश होतो.

भारतात शीख धर्माची स्थापना पंधराव्या शतकात झाली असली तरी, हा धर्म बराच काळ पंजाबपुरता मर्यादित होता. सन २०११ च्या जनगणना अहवालानुसार भारतात शीख धर्मीय लोकसंख्या १.७२ टक्के (२.७८ कोटी) इतकी आहे. सर्वाधिक जास्त शीख धर्मीय लोकसंख्या पंजाब राज्यात (एकूण लोकसंखेच्या ५७.६९%) व सर्वात कमी केरळ राज्यात (0.0१%) आहे. पंजाब व्यतिरिक्त, चंदीगड, हरियाणा, दिल्ली, उत्तराखंड, जम्मू आणि काश्मीर, हिमाचल प्रदेश व राजस्थानमध्ये शीख धर्मीय लोकसंख्या आढळते.

५) बौद्ध धर्म

बौद्ध धर्म भारतात निर्माण झालेल्या प्राचीन धर्मांपैकी एक आहे. वैदिक धर्म व तत्कालीन इतर धर्मांच्या प्रतिक्रियेतून या धर्माची निर्मिती झाली, त्यासाठी एकसारखी श्रद्धा, परंपरा, विचारधारा व तत्त्वज्ञान यांचा आधार मानला गेला. बौद्ध धर्माची स्थापना गौतम बुद्धांनी इसवी सन पूर्व सहाव्या शतकात भारतात केली. धर्म स्थापनेनंतर सम्राट अशोक यांच्या कालखंडात बौद्ध धर्माचा प्रसार भारताबरोबरच जगभर झाला. पुढील दोन हजार वर्षांमध्ये हा धर्म चीन, जपान, तैवान, कोरिया, म्यानमार व थायलंड या देशांमध्ये पसरला. आपल्या उगमस्थानापासून बाहेर पडून जगभर मोठ्या प्रमाणात पसरणारा हा जगताला पहिला धर्म आहे. गौतम बुद्धांना पिंपळाच्या वृक्षाखाली ज्ञानप्राप्ती झाली यालाच या धर्मात 'बोधिसत्त्व' असे म्हणतात. बौद्ध धर्म कठोर आचरण व आध्यात्मिक मापदंडावर आधारित आहे. या धर्मात 'निर्वाण' ही अवस्था महत्त्वाची मानली जाते.

बौद्ध धर्मात 'त्रिपीटक' हा ग्रंथ पूजनीय मानला जातो. यामध्ये बुद्धांच्या उपदेशाचे संकलन, बौद्ध भिक्षुंसाठी संघात आचरणाचे नियम व बौद्ध तत्त्वज्ञानाचा उल्लेख यांचा समावेश होतो. या धर्मातील प्रार्थनास्थळला 'पॅगोडा' असे म्हणतात. पॅगोडा अत्यंत आकर्षक, अलंकृत व नाजूक रचना असलेली वास्तू असते. या वास्तूत बहुकोनी स्तंभ एकावर एक याप्रमाणे टप्प्या टप्प्याने रचलेले असतात. पॅगोडात सामुदायिक पूजा पार पडतात. याशिवाय या धर्मात विहार, स्तूप, मठ, चैत्य व लेण्यांमध्येही बौद्ध संस्कृतीचा ठसा कलेच्या प्रतीकांच्या रूपाने स्पष्ट दिसतो. या धर्मात 'लुंबिनी' (नेपाळ) हे गौतम बुद्धांचे जन्मठिकाण पवित्र तीर्थक्षेत्र मानले जाते.

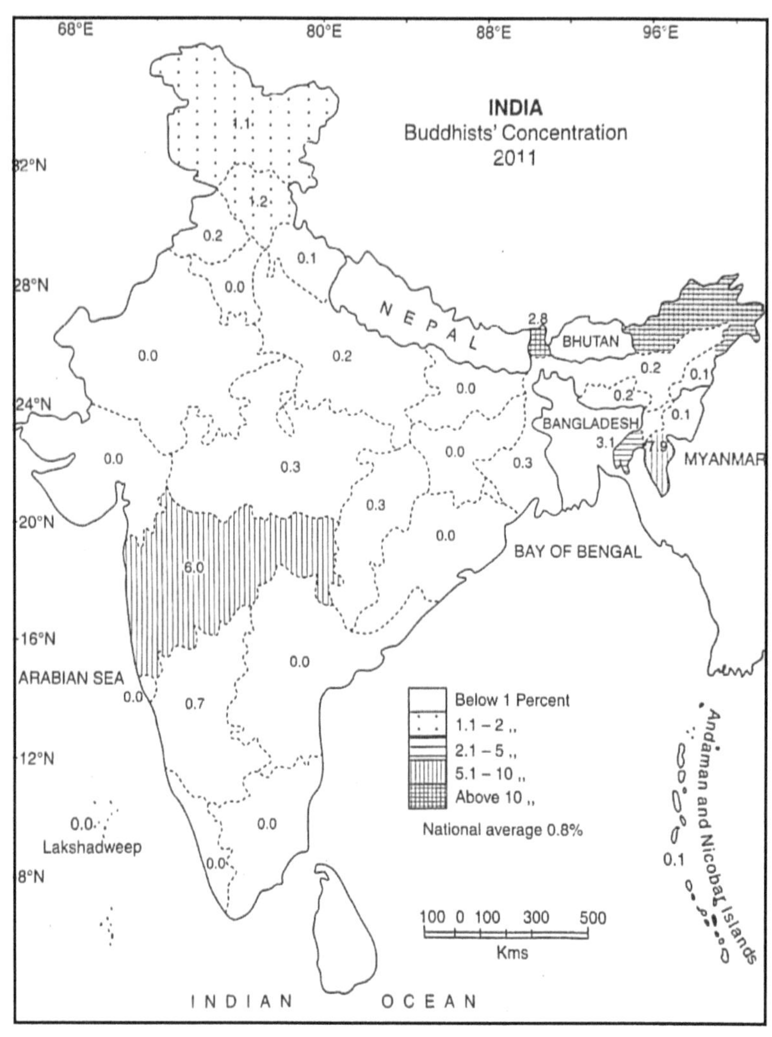

नकाशा क्र. ५.५ : भारतातील बौद्ध धर्माचे वितरण (२०११)

याशिवाय गौतम बुद्धांच्या ज्ञानप्राप्तीचे ठिकाण बौद्धगया (बिहार), गौतम बुद्धांच्या धाम्मचक्रप्रवर्तनाचे ठिकाण सारनाथ (उत्तरप्रदेश) व गौतम बुद्धांच्या महापरीनिर्वाणाचे ठिकाण – कुशीनगर (उत्तरप्रदेश) ही पवित्र ठिकाणे आहेत.

बौद्ध धर्म निरीश्वरवादी, समतावादी, अनात्मातावादी, विज्ञानवादी व मानवतावादी धर्म म्हणून जगात ओळखला जातो. प्रज्ञा, शील व करुणा या तत्त्वांची संपूर्ण मानवजातीला शिकवण या धर्माने दिली, तसेच हा धर्म स्वातंत्र्य, समता, बंधुता, करुणा, मैत्री, विज्ञानवाद व मानवी मूल्य या तत्त्वांचा पुरस्कर्ता आहे. आधुनिक विज्ञान व मानवी मूल्यांचे समर्थन करणारा सर्वव्यापी धर्म म्हणून या धर्माला वेगळी ओळख प्राप्त झाली आहे. या धर्मात काही ठिकाणी मृतांचे दफन केले जाते तर काही ठिकाणी अग्निसंस्कार केले जातात. या धर्मात गौतम बुद्धांनी मानवी जीवनाशी निगडीत चार सत्य सागितली आहेत. त्यानुसार मानवी जीवन हे दु:खमय आहे, मनुष्याच्या न संपणाऱ्या इच्छा हे दु:खाचे कारण आहे, दु:खाचे निराकरण वा अंत सर्व प्रकारची आसक्ती सोडण्याने होते व दु:ख निवारण्यासाठी सदाचाराचा मार्ग आहे. मानवाचे जीवन सुखकर होण्यासाठी गौतम बुद्धांनी अष्टांग मार्ग सांगितले आहे त्यास अष्टसूत्री असे म्हणतात. त्यानुसार योग्य दृष्टीकोन, योग्य इच्छा, योग्य संभाषण, योग्य वर्तवणूक, योग्य जीवनपद्धती, योग्य उद्दिष्ट, योग्यमनोवृत्ती व योग्य ध्यानधारणा यामुळे मानवास निर्वाणाच्या समीप पोहचता येते. बौद्ध धर्मात महायान, थेरवाद, वज्रयान व नवयान हे चार संप्रदाय आढळतात.

२०११ च्या जनगणनेनुसार, भारताच्या लोकसंख्येमध्ये ०.७० टक्के (८४.४३ लाख) बौद्ध धर्मीय लोकसंख्या आहे. भारतातील एकूण बौद्ध लोकासंखेपैकी जवळजवळ ८० टक्के लोकसंख्या (६५.३१ लाख) महाराष्ट्र राज्यात आहे. एकूण लोकसंखेच्या तुलनेत सर्वाधिक बौद्ध धर्मीय लोकसंख्या असणारे राज्य सिक्कीम आहे तर सर्वात कमी बौद्ध धर्मीय केरळ राज्यात आढळतात. याशिवाय अरुणाचल प्रदेश, मिझोराम व महाराष्ट्रात या धर्माची लक्षणीय संख्या आहे तर त्रिपुरा राज्यात सर्वात कमी बौद्ध धर्मीय आहेत.

६) जैन धर्म

जैन धर्म हा प्राचीन भारतीय धर्मांपैकी एक धर्म आहे. 'जीन' या संस्कृत शब्दापासून जैन शब्दाची उत्पत्ती झाली आहे. जीन या शब्दाचा अर्थ जिंकणे किंवा विजय मिळवणारा असा होतो. लोकसंख्येच्या दृष्टीने हा धर्म भारतातील सहाव्या क्रमांकाचा धर्म आहे. हा धर्म वैदिक परंपरेनरूप व वैदिक परंपरेसारखाच प्राचीन आहे. जैन धर्म स्वतंत्र धर्म असून लोकशाही विचारमूल्य असलेला भारतातील

अतिप्राचीन धर्म आहे. या धर्माने समता, स्वातंत्र्य आणि न्याय या मूल्यांचा पुरस्कार केलेला आहे. जैन धर्माचे तत्त्वज्ञान 'जगा आणि जगू द्या' या विचारांवर आधारलेले आहे. या धर्माचे अहिंसा, अनेकांतवाद (निरपेक्षता) आणि अपरिग्रह (असंलग्नता) हे प्रमुख तीन मुख्य स्तंभ आहे. अनेकांतवाद हा जैन धर्मातील महत्त्वाचा विचार आहे, की जो मानवी कल्याणाचा पुरस्कार करतो.

जैन साहित्याला आगम असे म्हणतात. कल्पसूत्र, भगवती सूत्र, पराशिष्ट वर्णन, न्यायावतार, मंजिरी व महा पुराण हे जैन धर्मातील महत्त्वपूर्ण ग्रंथ आहेत. या धर्मात स्वस्तिक, ओम व अष्टमंगला ही प्रतीके मानली जातात व जैन मंदिरे प्रार्थनास्थळ ओळखले जाते. मध्यप्रदेशातील भेलसा, महाराष्ट्रातील एलोरा, गुजरातमधील पालिताना मंदिरे आणि राजस्थानच्या माउंट अबूजवळील दिलवारा मंदिर ही जैन मंदिरे प्रसिद्ध आहेत. याशिवाय, रणकपूरमधील चौमुखा मंदिर, ईशान्य झारखंडमधील शिखरजी स्थळ, जैन संकुल, खजुराहो आणि जैन नारायण मंदिर, एलिफंट गुहा इत्यादींमधून जैन धर्माची सांस्कृतिक वैशिष्ट्ये लक्षात येतात.

जैन धर्मात धर्मोपदेशकास 'तीर्थकर' म्हणून ओळखले जाते. जैन धर्माच्या मान्यतेप्रमाणे एकूण चोवीस तीर्थंकर यांची परंपरा या धर्मास लाभलेली आहे. वृषभनाथ हे जैन धर्माचे पहिले तीर्थंकर होते. जैन धर्माचे अधिक सोप्या भाषेमध्ये विश्लेषण करणारे वर्धमान महावीर हे या धर्माचे शेवटचे चोविसावे तीर्थंकर होते. वर्धमान महावीरांनी जैन धर्मियांना दिलेल्या उपदेशात पंचमहाव्रते सांगितले आहे. त्यामध्ये कोणत्याही जिवाची हिंसा होईल असे वागू नये (अहिंसा), सत्य बोलणे (सत्य), चोरी न करणे (अस्तेय), लोभीपणा ठेवून संपत्तीचा साठा न करणे (अपरिग्रह) व शरीराला सुखकारक व आनंद देणाऱ्या गोष्टींचा त्याग (ब्रम्हचर्य) या व्रतांचा समावेश होतो.

भारतात जैन धर्मीय समाज अल्पसंख्यांक आहे. २०११ च्या जनगणनेनुसार, भारताच्या लोकसंख्येमध्ये ०.३७% (४४.५२ लाख) जैन धर्मीय लोकसंख्या आहे. भारतातील एकूण जैन धर्मिय लोकासंखेपैकी जवळजवळ ३१ टक्के लोकसंख्या (१४ लाख) महाराष्ट्र राज्यात आहे. याशिवाय दिल्ली, गुजरात, राजस्थान, मध्यप्रदेश व कर्नाटक राज्यात विशेषतः शहरी भागात अल्पसंख्यांक जैन धर्मिय आढळतात.

७) पारशी धर्म

पारशी धर्माची स्थापना इ.स. पूर्व सहाव्या शतकात पर्शियामध्ये झरथ्रूष्ट या संताने केली. पारशी धर्माच्या स्थापनेनंतर जवळपास १० शतके पारशी हा इराणी लोकांचा राष्ट्रीय धर्म होता. पण त्यानंतर झालेल्या युद्धांमुळे आणि इ.स. सातव्या

शतकात इस्लाम धर्माच्या निर्मितीनंतर पारशी धर्माचा ऱ्हास सुरू झाला. ‘अवेस्ता’ हा पारशी धर्माचा पवित्र धर्मग्रंथ आहे. या धर्मात ‘अहुर’ या नावाने देवांचा उल्लेख केला जातो व मंदिराला ‘अग्यारी’ असे म्हणतात. पाणी आणि अग्नी या दोन गोष्टींना पारशी या धर्मामध्ये फार महत्त्व दिले जाते, त्यामुळे पारशी लोकांच्या देवळामध्ये पवित्र अशी अग्नी प्रज्वलित केलेली असते. महाराष्ट्रातील डहाणूजवळ ‘बहरोत लेणी’ हे भारतातील एकमेव पारशी/झोरोस्ट्रियन गुहा मंदिर आहेत. याशिवाय मुंबईमधील मानेकजीसेठ अग्यारी, गुजरातमधील बनाजी लिमजी अग्यारी, उदवाडा आतश बेहराम, तेलांगाना मधील पारसी फायर टेंपल व चेन्नई मधील दार- ई- मेहेर ही भारतातील पारसी धर्मियांची पवित्र मंदिरे आहेत. पारशी धर्म हा पूर्णपणे उत्तम विचार, उत्तम वाणी व उत्तम कृती या मुख्य आचरण तत्त्वांवर आधारित आहे. पारशी व इराणी हे दोन या धर्माचे प्रमुख संप्रदाय आहेत.

जगातील पारशी धर्मियांपैकी सर्वाधिक पारशी धर्मिय भारतात राहतात. इसवी सनाच्या आठव्या शतकात इराणच्या पार्स नावाच्या प्रांतातून हे लोक गुजरात येथील संजान या बंदरात आले म्हणून त्यांना पारशी या नावाने ओळखले जाते. भारतात दक्षिण गुजरात आणि मुंबई या ठिकाणी या धर्माचे केंद्रीकरण झाले आहे. पारशी धर्मिय व्यापारउदिमात अत्यंत पुढारलेला छोटासा समाज आहे. भारतातील उद्योगधंदे, अर्थोत्पादन, सुधारणा चळवळ, शिक्षण व सामाजिक संस्थाला चालना देण्याचे काम या धर्मातील उद्योजक व समाज सुधारकांनी केले. सर दिनशा पेटीट, जमशेटजी टाटा, फिरोजशाह मेहता व दादाभाई नवरोजी यांसारख्या थोर नेत्यांनी समाज उभारणीमध्ये मोठे योगदान दिलेले आहे.

भारत हे जगातील सर्वात मोठे पारशी (झोरोस्ट्रियन) धर्मियांचे घर मानले जाते. सन २००१ च्या जनगणना अहवालानुसार भारतात एकूण लोकसंख्येच्या ०.००६ टक्के (६९,६०१) पारशी धर्मीय होते. कमी जन्मदर व स्थलांतराचे उच्च प्रमाण यामुळे या धर्मियांची लोकसंख्या कमी होऊन सन २०११ मध्ये ५७,२६४ इतकी झाली आहे.

५.२) भारतातील भाषा (Languages of India)

भाषा, धर्म, चालीरीती आणि परंपरा हे संस्कृतीचे महत्त्वाचे घटक आहेत. सांस्कृतिक प्रदेशाचा निर्धारक म्हणून भाषा घटकास महत्त्व आहे. सांस्कृतिक संमीलन व ऐतिहासिक परंपरा प्रेषित करण्यासाठी भाषा आवश्यक असते. भाषा लिखित स्वरूपात असो किंवा बोली, ती संपर्क साधण्याचे सर्वमान्य साधन आहे. मानवी संस्कृतीचे एका पिढीकडून दुसऱ्या पिढीकडे हस्तांतर करण्याचे भाषा हे महत्त्वाचे

साधन आहे. भारत बहु-जातीय, बहु-भाषिक आणि बहु-धार्मिक देश आहे. मानववंशशास्त्रज्ञ आणि इतिहासकारांच्या मते, भारतीय लोकसंख्येमध्ये भूमध्यसागरीय प्रदेश, मध्य आशिया, दक्षिण-पश्चिम आशिया, दक्षिण-पूर्व आशिया, मंगोलिया, तिबेट आणि चीनमधून आलेल्या लोकांचा समावेश आहे. जगातील प्रत्येक वांशिक गटात स्वतःची एक भाषा आहे. भारतातील विविध सांस्कृतिक मिश्रणामुळे त्यांच्या भाषांचेही मिश्रण झाले आहे. या प्रत्येक भाषेच्या केंद्रीय क्षेत्राबरोबरच परिघीय क्षेत्रही निर्माण होते. सन १९५६ मध्ये भारतात भाषावार प्रांतरचना आली आहे.

सध्या भारतात बोलींची संख्या १२२२, तर २३४ भाषा या विविध समूहांच्या मातृभाषा आहेत. भारताच्या सर्वांत जुन्या भाषांमध्ये संस्कृत आणि तमिळ भाषांचा समावेश होतो. भारतीय भाषांच्या इतिहासात फारसी आणि इंग्रजी भाषांचा मोठा प्रभाव दिसून येतो. संस्कृत, तमिळ, तेलुगू, ओडिया, कन्नड, मल्याळम या भाषांना भारतात अभिजात भाषा म्हणून मान्यता मिळाली आहे.

भारतीय राज्यघटनेच्या कलम ३४५ नुसार प्रत्येक राज्याने व्यवहारासाठी अधिकृत मानलेली भाषा ही भारतीय राज्यघटनेनुसार राजभाषा मानली जाते. घटनेच्या कलम ३४३ नुसार इंग्रजी व देवनागरी लिपीत लिहिलेली हिंदी या भारतीय संघराज्याच्या व्यवहाराच्या भाषा आहेत. भारतीय राज्यघटनेच्या आठव्या परिशिष्टात सुरवातीला १४ अधिकृत भाषा होत्या. सन १९६७ मध्ये झालेल्या २१ व्या घटना दुरुस्तीनुसार सिंधी व सन १९९२ मध्ये झालेल्या ७१ व्या घटना दुरुस्तीनुसार कोकणी, मणिपुरी व नेपाळी या भाषांचा आठव्या परिशिष्टात समावेश करण्यात आला. त्यानुसार भारतातील अधिकृत भाषांची संख्या १८ झाली. सन २००३ मधील ९२ व्या घटना दुरुस्तीनुसार भारतातील अधिकृत भाषांमध्ये बोडो, डोगरी, संथाली व मैथिली या भाषांचा नव्याने समावेश होऊन घटनेची मान्यता असलेल्या भाषांची संख्या २२ झाली. सध्या भारतीय घटनेनुसार देशात बोलल्या जाणाऱ्या २२ प्रादेशिक भाषांना राजभाषेचा दर्जा दिला आहे. यांत हिंदी, आसामी, उर्दू, ओरिया, कन्नड, काश्मिरी, गुजराती, तमिळ, तेलुगू, पंजाबी, बंगाली, मराठी, मल्याळम, संस्कृत, सिंधी, कोंकणी, नेपाळी, मणिपुरी, बोडो, डोगरी, संथाली आणि मैथिली यांचा समावेश होतो. हिंदी ही संघराज्याची व्यवहाराची भाषा असण्याबरोबरच उत्तर प्रदेश, उत्तरांचल, छत्तीसगढ, झारखंड, दिल्ली, मध्य प्रदेश, बिहार, राजस्थान, हरियाणा आणि हिमाचल प्रदेश या राज्यांची राजभाषा आहे.

भारतीय भाषांची खालील चार गटांत विभागणी केली जाते:

१) इंडो-युरोपियन (आर्यन) भाषासमूह

२) द्रविडी भाषासमूह

३) ऑस्ट्रो-आशियाई भाषासमूह

४) सिनो-तिबेटी- भाषासमूह

१) इंडो-युरोपियन (आर्यन) भाषासमूह

उत्तर भारतात बोलल्या जाणाऱ्या भाषांचा हा सर्वात महत्त्वाचा समूह आहे. संस्कृत ही या कुटुंबातील पहिली भाषा आहे. या भाषासमूहातील इतर शाखांमध्ये हिंदी, उर्दू, बंगाली, पंजाबी, आसामी, गुजराती, ओडिया, मराठी, काश्मिरी, कोकणी व नेपाळी या प्रमुख भाषांचा समावेश होतो.

हिंदी ही इंडो-युरोपियन कुटुंबांची प्रमुख भाषा असून भारतातील एकूण लोकसंख्येच्या ४३.६३ टक्के पेक्षा अधिक लोक ही भाषा बोलतात. भारतात हिंदी भाषिक मुख्यत्वे उत्तर प्रदेश, उत्तराखंड, हरियाणा, हिमाचल प्रदेश, राजस्थान, मध्य प्रदेश, बिहार, झारखंड आणि छत्तीसगड या राज्यांमध्ये एकवटले आहेत. राजस्थानी, ब्रज, बुंदेली, माळवी, भोजपुरी आणि मेवाडी या हिंदीच्या उपभाषा म्हणून ओळखल्या जातात. उर्दू भाषा ही हिंदीशी जवळीक साधणारी असून बिहार, दिल्ली, हैदराबाद, जम्मू आणि काश्मीर, मध्यप्रदेश, उत्तर प्रदेशात लोकप्रिय आहे. बंगाली पश्चिम बंगाल राज्याची राजभाषा असून भारतात एकूण लोकसंखेच्या ८.०३ टक्के लोक बंगाली बोलतात. पंजाबी ही पंजाब राज्याची प्रमुख भाषा असून २.७४ टक्के कोटी लोक ही भाषा बोलतात. गुजराती ही गुजरात राज्याची प्रमुख भाषा असून भारतातील ४.५८ टक्के लोक ही भाषा बोलतात. ओडिया ही ओडिशा राज्याची प्रमुख भाषा असून ३.१० टक्के नागरिक ओडिया भाषिक आहेत. आसामी ही भाषा आसामसहित ईशान्य भारतामधील अनेक भागांमध्ये १.२६ टक्के लोकांकडून बोलली जाते. मराठी ही महाराष्ट्राची मुख्य भाषा असून गोव्यातही अनेक मराठी भाषिक आहेत. देशभरात सुमारे ६.८६ टक्के लोक मराठी भाषिक आहेत. काश्मिरी ही जम्मू व काश्मिरची मुख्य भाषा असून सुमारे ०.५६ टक्के नागरिक ही भाषा बोलतात. कोकणी ही गोव्याची मुख्य भाषा असली तरी कोकण, मंगळुरु तसेच केरळ भागातही ही भाषा बोलली जाते. देशात सुमारे ०.१९ टक्के नागरिक कोकणी भाषिक आहेत. नेपाळी देशभरात विखुरलेल्या नेपाळी कुटुंबांची ही प्रमुख भाषा असून भारतातील ०.२४ टक्के नागरिक नेपाळी भाषिक आहेत.

२) द्रविडी भाषासमूह

द्रविडी भाषासमूह हा भारतातील दुसऱ्या क्रमांकाचा भाषासमूह आहे. या भाषासमुहात सुमारे २३ भाषा असून, त्यातील तामिळ, तेलगु, कन्नड व मल्याळम या प्रमुख भाषा आहेत.

जगातील सर्वात प्राचीन भाषांमध्ये तामिळ भाषेचा समावेश होतो. ही तामिळनाडू राज्याची प्रमुख भाषा असून भारतात सुमारे ५.७० टक्के नागरिक तामिळ भाषिक आहेत. तेलगु ही आंध्र आणि तेलंगणा या दोन राज्याची प्रमुख भाषा असून भारतातील सुमारे ६.७० टक्के नागरिक तेलगु भाषिक आहेत. कन्नड ही भाषा तेलगु इतकीच जुनी आहे. भारतात सुमारे ३.६१ टक्के लोक कन्नड भाषिक असून ही कर्नाटक राज्याची मुख्य भाषा आहे. मल्याळम ही केरळ राज्याची प्रमुख भाषा असून भारतात २.८८ टक्के नागरिक मल्याळम भाषिक आहेत.

३) ॲस्ट्रो-आशियाई भाषासमूह

ॲस्ट्रो-आशियाई भाषासमूहात संथाळी, मुंडारी, हू, स्वरा, कोर्क, ज्वांग, खासी आणि निकोबारी या प्रमुख भाषांचा समावेश होतो.

४) सिनो-तिबेटी- भाषासमूह

सिनो-तिबेटी- भाषासमूहात बोडो, मणिपुरी, लुशाई, गारो, भूतिमा, नेवारी, लेपचा, अस्माका आणि मिकीर या प्रमुख भाषांचा समावेश होतो.

५.३) भारतातील प्रमुख आदिवासी जमाती, आदिवासी प्रदेश आणि त्यांच्या समस्या (Major Tribes, Tribal Areas and their Problems)

आधुनिक संस्कृतीपासून दूर व अलिप्त राहिलेले, विशिष्ट प्रदेशातील मुळचे रहिवासी म्हणजे आदिवासी असे आदिवासी जमातींचे वर्णन केले जाते. मानवी समाज्याच्या सांस्कृतिक परंपरेच्या दृष्टीने आदिवासी जमातींना महत्त्वपूर्ण स्थान आहे. या जमाती सर्वसाधारणपणे विभिन्न प्रकारच्या नैसर्गिक पर्यावरणामध्ये, सुसंस्कृत समाजापासून दूर अशा प्रदेशात विरळ वस्ती करून राहतात, त्यामुळे त्यांना 'वन्यजाती' किंवा 'वनवासी' असेही म्हणतात. आधुनिक नागरी संस्कृतीचा संबंध न आल्याने या जमातींच्या वैशिष्ट्यपूर्ण चालीरीती किंवा 'संस्कृती' टिकून राहिली आहे. सद्यस्थितीतील विकसित नागरी संस्कृतीच्या पूर्वाश्रमीचे चित्र आदिवासी संस्कृतीत प्रतिबिंबित झाले आहे, त्यामुळे मानवी विकासाचा अभ्यास करताना आदिवासी जमातींचा अभ्यास महत्त्वपूर्ण ठरतो.

भारतीय राज्यघटनेच्या तरतुदीनुसार 'अनुसूचित जमाती' या वर्गवारीत येणाऱ्या लोकसमुदायास आदिवासी जमाती असे म्हणतात. सन २०११ च्या जनगणनेनुसार भारतात आदिवासींची संख्या ११,२३,७४,३३३ म्हणजे भारताच्या एकूण लोकसंख्येच्या ८.६ टक्के होती. सन १९६१ च्या जनगणनेनुसार भारतात ३६५ अनुसूचित जमाती होत्या, त्यांची संख्या सन २०११ मध्ये ७०५ झाली आहे. काही नवीन वांशिक गटांनाही अनुसूचित जमातीच्या श्रेणीत समाविष्ट करण्यात आल्याने ही संख्या वाढली आहे. भारतातील एकूण आदिवासींपैकी साधारण ५० टक्के लोकसंख्या मध्यप्रदेश, ओडिशा व बिहार राज्यांत आढळते. नागालँड, मेघालय व अरुणाचल प्रदेश ही राज्ये आदिवासी राज्ये आहेत, या बरोबरच राजस्थान, आसाम, महाराष्ट्र, पश्चिम बंगाल व आंध्रप्रदेश या राज्यांतही मोठया प्रमाणात आदिवासी आढळतात.

अ) भारतातील विविध आदिवासी जमाती

भारतात गोंड, भिल्ल व नागा या प्रमुख आदिवासी जमाती आढळतात.

अ) गोंड जमात

गोंड ही भारतातील महत्त्वाची आदिवासी जमात आहे. सन २०११ च्या जनगणनेनुसार भारतात २.९८ दशलक्ष गोंड आदिवासी आहेत. गोंड ही द्रविड वंशीय जमात असून राजपूत राजांनी या जमातीवर राज्य केले. ही जमात भारतातील इतर आदिवासींपेक्षा सुसंस्कृत, पुढारलेली असल्याने तिला राजकारणातही महत्त्वाचे स्थान होते. गोंडांची सत्ता असणाऱ्या प्रदेशाला 'गोंडवाना भूमी' म्हणून ओळखले जाते.

१) **भौगोलिक स्थान व प्रदेश :** भारतात सर्वाधिक गोंड लोकसंख्या मध्यप्रदेशात आढळते. मध्य भारतातील नर्मदा नदीचे खोरे गोंड जमातीचे मूळ निवासस्थान असून तेथून, नंतर ते देशाच्या इतर भागात स्थलांतरित झाले. महाराष्ट्राचा पूर्व भाग, मध्यप्रदेशचा दक्षिण भाग, छत्तीसगड, ओडीशाचा नैर्ऋत्य भाग व आंध्र प्रदेशात या लोकांचे वसतिस्थान आढळते. महाराष्ट्रातील विदर्भ व मराठवाड्यातील पैनगंगा, प्राणहिता व गोदावरी नद्यांच्या प्रदेशात गोंड जमात आढळते.

२) **शारीरिक वैशिष्ट्ये :** गोंड जमात द्रविडवंशीय असल्याने या वंशानुसार या जमातीची शारीरिक वैशिष्ट्ये निर्माण झालेली आहेत. ही जमात विस्तीर्ण प्रदेशात पसरलेली असल्यामुळे स्थलपरत्वे शारीरिक वैशिष्ट्यांत फरक आढळतो. गोंड जमातीमध्ये मध्यम ते कमी उंची, रुंद नाक, वर्ण काळा व लांबट डोके

अशी शारीरिक वैशिष्ट्ये आढळतात. या जमातीत पुरुषांपेक्षा स्त्रियांचा वर्ण काही प्रमाणात उजळ असतो.

३) **वस्त्र व आभूषणे :** गोंड जमातीत पुरुष सदरा, पांढरे धोतर व डोक्याला पगडी हा पारंपारिक पोशाख करतात. या जमातीत महिला सुती साडी परिधान करतात. या जमातीचे लोक चांदीचे दागदागिने वापरतात, तर महिला नकली मोत्यांचे दागिने वापरतात. जनावरांच्या शिंगांपासून व बांबूपासून कंगवे तयार केले जातात, हेच कंगवे डोक्यात खोचण्यासाठी उपयोगात आणले जातात. या जमातीत शरीरावर गोंदवून घेण्याची प्रथा आहे.

४) **वसाहती :** आदिवासी जमातीमध्ये गोंड जमात पुढारलेली असल्यामुळे यांची घरे झोपडीवजा पक्क्या स्वरूपाची असतात. यांच्या वस्त्या या खेडी स्वरूपाच्या लहान आकाराच्या असतात. या जमातीत वस्तीसाठी जागा निवडण्याआधी त्या जागेची विधिवत पूजा केली जाते. जुनी विचारसरणी, रूढी, परंपरांमुळे वस्त्या गावापासून व रस्त्यापासून लांब अंतरावर निर्माण करतात. वस्तीची जागा निवडताना प्रामुख्याने पिण्यासाठी व गुरांसाठी भरपूर पाण्याची उपलब्धता असलेल्या ठिकाणाला प्राधान्य दिले जाते. त्यामुळे बऱ्याच गोंड वस्त्या जलाशयाजवळ किंवा नदीकाठावर आढळतात. साधारणपणे वस्तीसाठी आवश्यक परिस्थितीनुसार दोन घरांच्या रांगेत रुंद रस्ता ठेवला जातो. वस्तीच्या बाहेरच्या बाजूस युवक-युवतींसाठी राहण्यासाठी निवारा बांधलेला असतो, त्याला 'गोटुल' असे म्हणतात. गोटुलमध्ये विवाहपूर्व सामाजिक, आर्थिक, सांस्कृतिक व धर्मिक शिक्षण दिले जाते. गोटुलमध्ये युवक-युवतींना आपला जीवनसाथी निवडण्याचा अधिकार असतो. विवाहानंतर गोटूलचे सदस्यत्व रद्द होते. वस्तीच्या पूर्व दिशेला स्मशानभूमीची जागा निश्चित केली जाते.

५) **विवाह पद्धती :** गोंड जमातीत मातृसत्ताक कुटुंब पद्धती प्रचलित आहे. या समाजात मामाच्या मुलीबरोबर विवाहास प्राधान्य दिले जाते. विवाह प्रसंगी वरास वधुमूल्य दयावे लागते. स्त्री ही पुरुषांना त्यांच्या कामात / श्रमात हातभार लावते, म्हणून वधूमातेला वधूमुल्य देण्याची या जमातीची प्रथा आहे. या जमातीत बहुपत्नी विवाह संमत आहे. या जमातीत विवाह करण्याच्या वेगवेगळ्या पद्धती आहेत. त्यामध्ये बोलणी करून ठरलेले लग्न, सेवाविवाह किंवा घरजावई विवाह पद्धत आणि अपहरण पद्धतीने विवाह केले जातात. या जमातीत प्रेमसंबंधांना मान्यता असते, परंतु विवाहपूर्व लैंगिक संबंध मान्य नाहीत.

६) **धार्मिक श्रद्धा व सण उत्सव :** गोंड लोक अनेक देवतांची पूजा करतात. हिंदू धर्माप्रमाणेच सण, देवदेवतांची पूजा केली जाते. या जमातीमध्ये शंकर महादेवाला प्रमुख देवता मानतात. देवदेवतांना प्रसन्न करण्यासाठी पशुबळी दिला जातो. शेतीतून चांगले उत्पादन यावे म्हणून शेतीची सर्व कामे विधिवत केली जातात. पेरणी करतेवेळी, पीक उगवताना व कापणीच्यावेळी सण साजरे केले जातात. या जमातीत दसरा, संजरी बिद्री उत्सव, जीरोती सण व शिमगा महत्त्वाचे सण मानले जातात, याशिवाय हिंदूप्रमाणेच होळी, नागपंचमी, पोळा, दिवाळी हे सणही साजरे केले जातात.

७. **आर्थिक जीवन व व्यवसाय :** गोंड जमात डोंगरदऱ्यात व जंगलात राहत असल्यामुळे निसर्गाशी संबंधित व्यवसायांवर आपली उपजीविका करतात. या जमातीचे आर्थिक जीवन शेती, पशुपालन, मासेमारी, शिकार व वन्य पदार्थ गोळा करणे, यासारख्या व्यवसायावर अवलंबून आहे.

अ) शेती : गोंड जमातीचा प्रमुख व्यवसाय शेती हा आहे. शेती ही उदरनिर्वाहक स्वरूपाची असते. शेतीतून मिळणारे उत्पादन अत्यल्प असून त्यातून त्यांच्या प्राथमिक गरजा भागवल्या जातात. या जमातीत शेती दोन प्रकारे केली जाते. मध्यप्रदेश व छत्तीसगडच्या डोंगराळ प्रदेशात उतारावर पायऱ्या-पायऱ्याची शेती केली जाते तीला 'पेंडा कृषी' तर मैदानी प्रदेशातील स्थलांतरित शेतीला 'दिप्पा कृषी' म्हणून ओळखले जाते. या शेतीप्रकारांत भाजीपाला, धान्यपिके, कडधान्ये, तेलबिया, ज्वारी, मका यांसारखी पिके घेतली जातात.

ब) पशुपालन : या जमातीचा शेती हा प्रमुख व्यवसाय आहे. शेती कामांसाठी बैलांची गरज असते त्यामुळे गोंड लोक पशुपालनाचा व्यवसाय करतात. बैल, म्हैस, बकऱ्या यासारखे प्राणी पाळतात. गोंड जमातीत रावत ही उपजात त्यांचा उदरनिर्वाह पशुपालन या व्यवसायावरच अवलंबून असतात.

क) मासेमारी : बहुतेक गोंड जमातीचे वस्तीस्थान नदीकाठावर असते. त्यामुळे मासेमारी करण्यात हे लोक तरबेज असतात. गोंड जमातीतील उपजातींपैकी कुरुश, केवट, धीवर जातीचे लोक मासेमारी हा व्यवसाय करतात. त्यामध्ये कुरुश उपजातीच्या गोंड जमातीचा मासेमारी हा उदरनिर्वाहाचा व्यवसाय आहे.

ड) शिकार : डोंगराळ भागात राहणारे माडिया गोंड शिकार करून उदरनिर्वाह करतात. हे लोक शिकारीत अत्यंत तरबेज मानले जातात. या जमातीत

सामुदायिक स्वरूपाची शिकार केली जाते. त्यासाठी शस्त्रास्त्र म्हणून तिरकमठा, काठे, भाले, व कुऱ्हाडी यांचा उपयोग केला जातो. हे लोक गवा, सांबर, हरीण, रानडुक्कर, ससे यांची शिकार करतात.

इ) **जंगली पदार्थ गोळा करणे :** जंगलात राहणारे गोंड लोक विविध प्रकारचे जंगली पदार्थ गोळा करून आपली उपजीविका करतात. निसर्गातून मिळणाऱ्या वस्तूंवर आधारित या लोकांचे जीवन असल्यामुळे वन्यपदार्थ गोळा करणे हा व्यवसाय ते करतात. मोहाची फुले गोळा करणे, चारोळी गोळा करणे, डिंक, कंदमुळे गोळा करून त्यावर आपला उदरनिर्वाह करतात.

८) **सद्यस्थिती :** आधुनिक समाजाशी संबंध आल्याने या समाजाचा आर्थिक, सामाजिक व सांस्कृतिक विकास झालेला दिसतो. शिक्षणाच्या प्रसारामुळे या लोकांत जाणीवजागृती निर्माण झाल्याचे निदर्शनास येते. परिसरातील उद्योग, व्यवसाय व खाणींमुळे या लोकांना या क्षेत्रात रोजगार उपलब्ध झाला आहे. काळाप्रमाणे शेती व्यवसायातही बदल जाणवतो व शेतीत व्यापारी पिकांचे प्रमाण वाढलेले आहे. या सर्व परिस्थितीचा परिणाम या लोकांचा आर्थिक स्तर उंचावण्यावर झालेला दिसतो.

ब) भिल्ल जमात

भिल्ल जमात भारतातील आदिवासी जमातीपैकी एक महत्त्वाची आहे. भारताच्या २०११ च्या जनगणनेनुसार, भिल्ल ही सर्वाधिक लोकसंख्या असलेली आदिवासी जमात आहे, ज्याची एकूण लोकसंख्या ४६,१८,०६८ ४ आहे, जी एकूण अनुसूचित जमातीच्या लोकसंख्येच्या ३७.७ टक्के इतकी आहे.

१) **भौगोलिक स्थान व प्रदेश :** भिल्ल जमात मध्यभारतातील विंध्य व सातपुडा पर्वत रांगेतील पठारी प्रदेशावर विखुरलेली आहे. मध्यप्रदेशातील धार, झाबुआ, खरगोन आणि रतलाम जिल्ह्यांत भिल्ल जमात आहे. महाराष्ट्रात नंदुरबार, जळगाव, औरंगाबाद, नाशिक व अहमदनगर जिल्ह्यांत या जमातीची लोकसंख्या आहे. गुजरातमधील साबरकांठा, वडोदरा व पंचमहाल भागात तर राजस्थानमध्ये उदयपुर, भिलवाडा, चितोडगढ, डुंगरपुर, कोटा, बांसवाडा जिल्ह्यात मोठया संख्येने भिल्ल जमात आढळते.

२. **शारीरिक वैशिष्ट्ये :** भिल्ल जमातीवर द्रविड वंशाचा प्रभाव असल्यामुळे हे लोक काळ्या वर्णाचे, रुंद नाक, काळे आणि लांब केस असलेले असतात.

स्थलपरत्वे भिल्लांच्या शारीरिक वैशिष्ट्यांत भिन्नता आढळते. महाराष्ट्रात खानदेशातील भिल्ल मध्यम उंचीचे, शरीराचा काळा वर्ण असलेले व रुंद नाकाचे, चपळ व काटक आहेत. गुजरातमधील भिल्ल ठेंगणे, रुबाबदार व चपळ असतात. राजस्थानातील भिल्ल उजळ रंगाचे आहेत. या जमातीत पुरुषांपेक्षा स्त्रिया कमी उंचीच्या व बांधेसूद असतात.

३) **वस्त्र व आभूषणे :** भौगोलिक परिस्थितीनुसार स्थानपरत्वे भिल्लांच्या पेहरावात फरक आढळतो. साबरकांठा राजस्थान आणि पंचमहाल या भागातील भिल्ल गुडघ्यांपर्यंत धोतर नेसतात, अर्ध्या बाह्यांचा सदरा घालतात व डोक्याला फेटा बांधतात. या धोतर नेसणाऱ्या भिल्लांना 'पोटीआवाल' असे म्हटले जाते. स्त्रिया घागरा व उघडया पाठीची चोळी असा वेश धरण करतात. मध्यप्रदेश आणि खानदेशात डोंगर भागात लांगोटीया भिल्ल आढळतात. भिल्ल स्त्री-पुरुषांना दागदागिने आवडतात. पुरुष कानात बाळ्या, हातात कडी घालतात. स्त्रिया कानात वाळ्या, नाकात नथ, गळ्यात काचमण्यांच्या, शिंपल्यांच्या माळा, हातभार गोठ व पायात वाळे घालतात.

४) **वसाहती :** भिल्ल जमात डोंगराळ व दुर्गम भागात राहत असल्यामुळे त्यांच्या वसाहती विखुरलेल्या असतात. ही जमात आर्थिक दृष्टया मागासलेली असल्यामुळे निवासस्थाने झोपड्यांच्या स्वरूपात असतात. साधारणपणे वस्तीचे स्थान पाणवठ्याजवळ असते. झोपडया एकमेकांपासून अंतरावर असतात. माती, शेण व बांबूचा उपयोग करून झोपडया बनविलेल्या असतात. घराच्या परसात वेगवेगळ्या प्रकारचा भाजीपाला लावला जातो. त्यामध्ये भोपळा, मिरच्या, टोमॅटो यांचा समावेश असतो. या जमाती झोपड्यांच्या भिंतीवर वेगवेगळ्या प्रकारची चित्रे रंगवली जातात.

५) **विवाहपद्धती :** भिल्ल जमातीमध्ये प्रदेशागणिक विवाहपद्धतीत फरक आढळतो. मध्यप्रदेशात व छत्तीसगडमध्ये मध्यस्थांमार्फत विवाह ठरवला जातो. विवाह निश्चित झाल्यावर साखरपुडा कार्यक्रम निश्चित होतो, नवरा मुलगा वधूपक्षाकडे जाऊन भावी सासूला वधूमूल्य देतो. तिने ते वधूमूल्य स्वीकारले म्हणजे साखरपुड्याचा विधी पूर्ण झाला असे मानले जाते. उन्हाळी हंगाम संपला की, विवाह पार पाडले जातात. या प्रदेशात बयव, नत्र, उदल, घरजमाई, भगोरिया, घीज्जीलय व झगडा या विवाह पद्धती प्रचलित आहेत. महाराष्ट्रातील खानदेशात विवाह मागणी घालून निश्चित केला जातो. योग्य मुहूर्त पाहून साखरपुडा केला जातो. लग्नाच्या दिवशी वधू व वर पक्षाकडील लोक रात्री मोठया प्रमाणात नाचगाणी करतात व लग्न लावले जाते.

६) **धार्मिक श्रद्धा व सण उत्सव :** भिल्ल जमातीत वेगवेगळ्या देवांची उपासना केली जाते. शंकर महादेव, श्री राम, हनुमान, कालिकादेवी, गणेश हे भिल्ल जमातीचे देव-देवता असून महादेव ही त्यांची प्रमुख देवता आहे. कालिकादेवी प्रीत्यर्थ होळी हा सण साजरा केला जातो. गुजरात व उत्तर महाराष्ट्रातील भिल्ल हे डोंगऱ्या देव, वाघदेव, नागदेव, खंडोबा, म्हसोबा यांची पूजा करतात. राजस्थानमधील भिल्ल चामुंडा, महादेव व शितळा या देवतांची पूजा करतात. भिल्ल समाजातील काही लोकांनी धर्मांतर करायला सुरुवात केली असून त्यांनी ख्रिश्चन धर्माचा स्वीकार केला आहे.

७) **आर्थिक जीवन व व्यवसाय :** भिल्ल जमातीचे लोक डोंगराळ भाग, जंगल प्रदेश व पठारी आणि सपाट भागात वास्तव्यास असल्याने त्यांचे आर्थिक जीवन वेगवेगळे आढळते. या जमातीत शेती, शिकार, पशुपालन, उद्योगधंदे व वन्यपदार्थ गोळा करणे यासारखे व्यवसाय केले जातात.

अ) **शेती :** गुजरातमधील पंचमहाल भागात भिल्ल लोक स्थायी शेती करतात. शेतीत घेतल्या जाणाऱ्या पिकांमध्ये प्रामुख्याने अन्नधान्याच्या पिकांचा मोठया प्रमाणावर समावेश असून यात ज्वारी, मका, बाजरी यासारख्या पिकांचा समावेश होतो. शेतीची पद्धत मागासलेली व कोरडवाहू प्रकारची असते. भिल्ल लोक शेतीबरोबरच शेतमजुरी करून आपला उदरनिर्वाह करतात.

ब) **पशुपालन :** भिल्ल जमात शेती बरोबरच आपला उदरनिर्वाह करण्यासाठी पशुपालन व्यवसाय करतात. हे लोक गुरे, शेळ्या, मेंढया, कोंबड्या पाळतात. पशुपालनाचा व्यवसायही उदरनिर्वाहक स्वरूपाचा असतो.

क) **शिकार :** शिकार हा भिल्ल जमातीचा फार पूर्वीपासून चालत आलेला व्यवसाय आहे. जंगलात राहणारे भिल्ल धनुष्यबाणांच्या साहाय्याने प्राण्यांची शिकार करतात. सध्या जंगलांचे प्रमाण कमी झाले असल्यामुळे शिकार व्यवसायावर निर्बंध आलेले आहेत.

ड) **वन्यपदार्थ गोळा करणे :** डोंगराळ प्रदेशात मोहाची फुले गोळा करणे, कंदमुळे, डिंक व मध गोळा करणे इत्यादी जंगल संबंधित व्यवसाय हे लोक करतात. त्याचबरोबर लाकूडतोड व कोळसा तयार करणे हे व्यवसायही केले जातात.

८) **सद्यस्थिती :** पूर्वी भिल्ल जमात अत्यंत मागासलेले जीवन जगत होती. पर्यावरणाशी एकरूप होण्यासाठी त्यांची धडपड चाललेली असायची. वेळप्रसंगी या लोकांना लूट करणे, प्रवाशांना लुबाडणे, चोरी यासारख्या गोष्टींवर उदरनिर्वाह

करावा लागत असे. आज मात्र या लोकांच्या सामाजिक व आर्थिक परिस्थितीत मोठा बदल झालेला आहे. आधुनिक समाजाच्या संपर्कामुळे आज हे लोक चांगल्या प्रकारचे कपडे घालू लागले आहेत. पुरुषांच्या पोशाखात जसा बदल घडून आलेला आहे, तसाच स्त्रियांच्या पोशाखातही बदल झालेला आहे. सरकारच्या वेगवेगळ्या योजनांमुळे शिक्षण, शेती, नोकऱ्या यांत मोठा बदल झालेला दिसून येतो.

क) नागा जमात

ईशान्य भारतातील एक प्रमुख आदिवासी जमात म्हणून 'नागा' जमात ओळखली जाते. भारतात सन २०११ च्या जनगणना अहवालानुसार या जमातीची लोकसंख्या १७,१०,९७३ इतकी आहे. नग शब्दाचा अर्थ पर्वत असा होतो, पर्वतावर राहणारे लोक म्हणून यांना 'नागा' असे संबोधले जाते. तसेच नागा शब्दाचा अर्थ नग्न असाही होतो, त्यामुळे अर्धनग्न राहणारे लोक म्हणून नागा हे नाव प्रचलित झाले असावे असे समजले जाते. हे लोक नाग पूजक आहे म्हणून त्यांना नागा संबोधले जाते. ही जमात मंगोलॉइड वंशाचे असून ईशान्य भारतात हजारो वर्षांपासून वास्तव्यास आहे. भारतातील सर्व आदिवासी जमातीमध्ये 'नागा' ही जमात चपळ,धाडसी व युद्धखोर म्हणून प्रसिद्ध आहे.

१) **भौगोलिक स्थान व प्रदेश :** नागा जमात प्रामुख्याने भरतातील ईशान्य राज्यांमध्ये वास्तव्यस आहे. सन १९६३ मध्ये १ डिसेंबर रोजी नागालँड राज्याची स्थापना होऊन ते भारतात एक घटक राज्य झाले. या राज्यात या जमातीचे वास्तव्य मोठया प्रमाणात आहे. याशिवाय, मणिपूर, अरुणाचल प्रदेश व आसाम या राज्यांत सीमा भागात काही प्रमाणात नागा जमात आढळते.

२) **शारीरिक वैशिष्ट्ये :** नागा मंगोलॉइड वंशाचे असल्याने कमी उंचीचे असतात. या जमातीत बसका चेहरा, पीतवर्ण, रुंद कपाळ, घारे डोळे, व भेदक दृष्टी ही सर्वसाधारण शरीर वैशिष्ट्ये आढळतात. काही भागात नागा लोक उंच व देखणे असतात तर काही भागात काळे व बुटके असतात. या लोकांच्या शरीरावर केसांचे प्रमाण कमी असते. पुरुषापेक्षा स्त्रियांची उंची कमी असते.

३) **वस्त्र व आभूषणे :** नागा शब्दावरून अर्ध नग्न राहणारे व कमीत कमी कपडे वापरणारे नागा लोक असतात असे मानले जाते. नागा पुरुष फक्त कमरेभोवती वस्त्र गुंढाळतात, तर काही लोक पायघोळ प्रकरचा लेंगा वापरतात. सण, उत्सवाच्या वेळी भरतकाम केलेले रंगीबेरंगी कपडे वापरतात. स्त्रिया मोठा घेर असलेला परकरासारखा कपडा आपल्या कमरेभोवती गुंडाळतात. स्त्रियांना

भरतकाम केलेली वस्त्रे परिधान करायला आवडते. नागा लोकांत पुरुष व स्त्रिया अशा दोघांनाही दागिने घालण्याची आवड असते. स्त्रिया कानात पितळ्याच्या रिंगा घालतात व विविध प्रकारच्या दागिन्यांचा वापर करतात. नागा लोक गळ्यात हस्तिदंत, शिपले, मणी, यांच्या माळा घालतात.

४) **वसाहती :** भौगोलिक दृष्टीकोनातून नागा जमात जास्त पावसाच्या भागात वास्तव्य करणारी जमात आहे. त्यामुळे तेथील पर्यावरणीय परिस्थितीचा परिणाम त्यांच्या निवास्थानाच्या रचनेवर जाणवतो. नागा लोकांच्या वस्त्या विखुरलेल्या स्वरूपाच्या असतात. वस्त्यांचा आकार लहान स्वरूपाचा असून झोपडया उतरत्या छपराच्या असतात. एका वस्तीत पाच ते सात झोपडया असतात. झोपडीचे छत बांबू व गवताने शाकारलेले असते. पावसामुळे निवासस्थाने शक्यतो उंच ठिकाणी बांधली जातात. शत्रुपक्षापासून वस्तीच्या संरक्षणाची जबाबदारी तरुणांवर असते. नागा जमातीतही युवागृहे असतात. युवक व युवतींसाठी वेगळी युवागृहे असतात त्यांना अनुक्रमे 'मोरुंग' व 'पो' असे म्हणतात. युवागृहांमध्ये सामाजिक, सांस्कृतिक, क्रीडाविषयक शिक्षण व लष्करी प्रशिक्षण दिले जाते.

५) **विवाहपद्धती :** नागांची कुटुंबपद्धती पितृसत्ताक असून विभक्त कुटुंब पद्धती प्रचलित आहे. या जमातीत विवाह मुलगा व मुलगी यांच्या संमतीने निश्चित केला जातो. या जमातीत मुलींची संख्या कमी असल्याने मुलीचे अपहरण किंवा पळवून नेऊनही विवाह केला जातो. या समाजात स्त्रियांचे प्रमाण कमी असल्यामुळे वधूमूल्य देण्याची प्रथा प्रचलित आह.

६) **धार्मिक श्रद्धा व सण उत्सव :** संपूर्ण सृष्टी व मानव यांची निर्मिती सर्वोच्च शक्तिमान देवाने केली आहे. त्या देवाला 'लुंकी जुंगबा' किंवा 'गवांग' म्हणून ओळखले जाते. या जमातीचे निसर्गातील घटकांशी जवळचे नाते असल्यामुळे नद्या, पर्वत, वृक्ष यांना देव मानतात. देवदेवतांना प्रसन्न करण्यासाठी पूजा, पशुबळी दिला जातो. वर्षाचा शुभारंभ 'मोत्सू' नृत्याने करतात तर भाताची कापणी झाल्यावर 'पोटपटूगी' उत्सव साजरा करतात. पूर्व भारतात ख्रिश्चन धर्मप्रसारकांनी मोठया प्रमाणावर ख्रिश्चन धर्माचा प्रसार करायला सुरुवात केलेली आहे. त्यामुळे ख्रिश्चन धर्माच्या आचार - विचारांचा प्रभाव नागा जमातीवर झालेला दिसता.

७) **आर्थिक जीवन व व्यवसाय :** नागा लोकांचा प्रमुख व्यवसाय शेती हा आहे. याशिवाय पशुपालन, शिकार, मासेमारी, व हस्तउद्योग असे व्यवसाय ही जमात करते.

अ) **शेती :** नागा जमातीचा उदरनिर्वाह प्रामुख्याने शेती व्यवसायावर अवलंबून आहे. डोंगराळ प्रदेशात पायऱ्यांची व स्थलांतरित किंवा 'झुम' शेती केली जाते. या शेतीमध्ये अन्नधान्याची पिके व फळपिके घेतली जातात. शेतीत भात, मका, बटाटे, कापूस, ताग, चहा, सोयाबीन, हरभरा व भाजीपाल्याची पिके घेतली जातात.

ब) **पशुपालन :** शेतीबरोबरच नागा लोक जोडधंदा म्हणून गाई, म्हशी, शेळ्या, डुकरे व कोंबड्यांचे पालन करून पशुपालनाचा व्यवसाय करून उदरनिर्वाह करतात.

क) **शिकार :** डाओ, भाले, धनुष्यबाण व बंदुकींचा उपयोग करून नागा लोक शिकार करतात. नागा हरीण, डुक्कर, यांसारख्या प्राण्यांची शिकार उदरनिर्वाहासाठी करतात.

ड) **हस्तव्यवसाय :** नागा जमात ही हस्तव्यवसायात अत्यंत कुशल असते. बांबूपासून वस्तू बनविणे, मातीपासून भांडी तयार करणे यासारखे हस्तकलेचे व्यवसाय करण्यात नागा जमात तरबेज आहे.

८) **सद्यस्थिती :** शासनाने विविध योजनांच्या माध्यमातून नागा जमातीचा आर्थिक व सामाजिक विकास साधण्याचा प्रयत्न केला आहे. शेती विकासाच्याही विविध योजना आखून स्थलांतरित शेती किंवा 'झुम' शेती निर्बंधित करून उदरनिर्वाहासाठी पर्यायी साधनांची उपलब्धता यासाठी युद्धपातळीवर प्रयत्न केले जात आहेत. जीवनावश्यक व पायाभूत सुविधा मोठया प्रमाणावर उपलब्ध करून नागांचे सामाजिक मागासलेपण दूर करण्याचे प्रयत्न केले जात आहेत.

ब) भारतातील आदिवासी जमातीचे प्रदेश (Tribal Areas)

भौगोलिकदृष्ट्या भारतातील आदिवासी जमातींचे वितरण खालील चार विभागात करता येते.

१) **उत्तर व ईशान्य विभाग :** यात मुख्यतः भुटिया, थारू, लेपचा, नागा, गारो, खासी, डफला, कुकी, अबोर मीकीर इत्यादी जमाती येतात. यांपैकी भुटिया व थारू जमाती उत्तर प्रदेशाच्या उत्तर सीमेवरील प्रदेशात राहतात. लेपचा सिक्कीम व भारत-सिक्कीम सीमेलगत आहेत. इतर जमाती आसाम-ईशान्य सीमा प्रदेशात व कामेंग नागा पर्वतक्षेत्रात राहतात.

२) **मध्य विभाग :** या प्रदेशात आदिवासींची संख्या सर्वांत जास्त आहे. बिहारमध्ये संथाळ, मुंडा, ओराओं, बिऱ्होर, ओरिसात बोंडो, खोंड, सावरा व जुआंग, मध्य प्रदेशात गोंड, बैगा, कोल, कोरकू, भूजिया इत्यादी राजस्थानात भिल्ल व

दख्खनच्या पठारावरील चेंचू, कोलाम, कोया इत्यादी आदिवासी जमाती प्रसिद्ध आहेत.

३) **पश्चिम विभाग :** या विभागात सह्याद्रीच्या परिसरात राहणाऱ्या आदिवासी जमातींचा समावेश होतो. त्यांपैकी वारली, कातकरी, महादेव-कोळी, ठाकूर व भिल्ल या प्रमुख जमाती आहेत. यांशिवाय अंध, कोलाम इत्यादी जमाती आहेत. गुजरातमध्ये वारली, भिल्ल, दुबळा, वाघरी इत्यादी जमाती राहतात.

४) **दक्षिण विभाग :** या प्रदेशात अनेक अल्पसंख्यांक आदिवासी राहतात. त्यांपैकी तोडा, बदागा, कोरा, इरूला, कुरुंबा, एरवल्लन, अडियन, अरंडन इत्यादी उल्लेखनीय आहेत. त्रिपुरा, मणिपूर, अंदमान व निकोबार बेटे येथेही बऱ्याच आदिवासी जमाती राहतात. एकंदर भारतात ३०० च्या वर आदिवासी जमाती आहेत.

तक्ता क्र. ५.१ : भारतातील आदिवासी जमाती

आंध्रप्रदेश	आंध आणि साधू आंध, भिल्ल, भघाटा, धुलिया, रोना, कोलम, गोंड, थोटी, गौंडू, कममारा, सावरस, डब्बा येरुकुला, सुगालीस, नक्काला, परधन, गदाबास, चेंचुस उर्फ चेंचवार, कट्टुनायकन, जटापूस, मन्ना धोरा
अरुणाचलप्रदेश	सिंगफो, मोनपा, अबोर, शेरदुकपेन, गालो, अपाटनीस
आसाम	खासी, चकमा, दिमासा, गंगटे, गारोस, हाजोंग, चुटिया
बिहार	गोंड, बिर्जिया, असुर, सावर, परहैया, चेरो, बिरहोर, संथाल, बैगा
छत्तीसगड	नागसिया, बियार, खोंड, आगरिया, भट्टरा, मावसी, भाईना,
गोवा	वरळी, दुबिया, सिद्दी, धोडिया, नाईकडा
गुजरात	पटेलिया, भिल्ल, धोडिया, बामचा, बरडा, पारधी, चरण, गमटा
हिमाचल प्रदेश	स्वंगल, गुज्जर, लाहौला, खास, पांगवाला, लांबा, गड्डीस
जम्मू आणि काश्मीर	बाल्टी, गर्रा, सिप्पी, बकरवाल, मोन, गड्डी, पुरीग्पा, बेडा

झारखंड	गोंड, बिरहोर, सावर, मुंडा, संथाल, खैरा, भूमजी
कर्नाटक	गोंड, पटेलिया, बर्डा, येरवा, भिल्ल, कोरगा, अडियान, इरुलिगा,
केरळ	मलाई, अरयन, अरंडन, उरली, कुरुंबा, एरनवलन
मध्यप्रदेश	खारिया, भिल्ल, मुरिया, बिरहोर, बैगस, कातकरी, कोल, भारिया, खोंड, गोंड,
महाराष्ट्र	वारली, खोंड, भाईना, कातकरी, भुंज्या, राठवा, धोडिया,महादेव कोळी, ठाकूर
मणिपूर	थडौ, ऐमोल, मरम, पायते, चिरू, पुरम, कुकी, मोन्सांग, अंगामी
मेघालय	पवई, चकमा, राबा, हाजोंग, लाखेर, गारोस, जैंतिया खासी
मिझोराम	दिमासा, राबा, चकमा, लाखेर, खासी, सिंटेंग, कुकी, पवई.
नागालँड	नागा, अंगमी, सेमा, गारो, कुकी, कचारी, मिकीर
ओडिशा	गडाबा, घारा, खारिया, खोंड, मात्या, ओरांस, राजुआर, संथाल.
राजस्थान	भिल्ल, दमरिया, धनका, मीनास (मिनास), पटेलिया, सहारिया.
सिक्कीम	भुतिया, खास, लेपचास.
तामिळनाडू	अदियान, अरणदान, एरावल्लन, इरुलर, कादर, कणीकर, कोटस, तोडस.
तेलंगाना	चेंचुस
त्रिपुरा	भिल्ल, भुतिया, चैमल, चकमा, हलम, खासिया, लुशाई, मिझेल, नमते.
उत्तराखंड	भोटिया, बुक्सा, जन्नसरी, खस, राजी, थारू.
उत्तर प्रदेश	भोटिया, बुक्सा, जौनसरी, कोल, राजी, थारू.
पश्चिम बंगाल	असुर, खोंड, हाजोंग, हो, परहैया, राभा, संथाल, सावर.
अंदमान निकोबार	ओरान्स, ओंगेस, सेंटिनेलीज, शॉम्पेन्स, जरावा

क) भारतातील आदिवासी जमातीच्या समस्या (Tribal Community Problems)

आदिवासी जमाती सर्वसाधारणपणे आर्थिक आणि शैक्षणिकदृष्ट्या मागासलेल्या आहेत. भारतातील सर्व भागांमध्ये आदिवासी जमातीची परिस्थिती एकसारखी नाही. ईशान्य भारतातील परिस्थिती अनेक वर्षांपासून अस्वस्थ आहे, तर मध्यभारतात गरिबी, बेरोजगारी, कर्जबाजारीपणा, मागासलेपणा आणि अज्ञान या समस्या आदिवासींमध्ये तीव्र आहेत.

१) **नैसर्गिक संसाधनावरील नियंत्रण गमावणे :** स्वातंत्र्यपूर्व कालखंडात आदिवासींना जमीन, जंगल, वन्यजीव, पाणी, माती, मासे इत्यादी नैसर्गिक साधनसंपत्तीवर मालकी आणि व्यवस्थापनाचे अधिकार होते. स्वातंत्र्योत्तर कालखंडात भारतात औद्योगिकीकरण आणि खनिज संसाधनांचा वापर सुरू झाला, त्यामुळे आदिवासीचे क्षेत्र सरकारच्या नियंत्रणात गेले. स्थलांतरित शेती, वन्य पदार्थांचे संकलन यावर मर्यादा आल्याने आदिवासींच्या उदरनिर्वाहाचे प्रश्न निर्माण झाले.

२. **शिक्षणाचा अभाव :** सन २०११च्या जनगणनेनुसार आजही फक्त ५९ टक्के टक्के आदिवासी लोकसंख्या साक्षर आहे. आदिवासींच्या विकास प्रक्रियेत त्यांचा जास्तीतजास्त सहभाग सुनिश्चित करण्यासाठी शिक्षण हे साधन म्हणून काम करू शकते. परंतु दुर्गम प्रदेश, अंधश्रद्धा, पूर्वग्रह दुशितपणा, गरिबी, भटकी जीवनशैली आणि सुविधांचा अभाव यांमुळे शिक्षणाचा प्रसार होण्यास मर्यादा येतात.

३. **विस्थापन आणि पुनर्वसन :** स्वातंत्र्योत्तर भारतात औद्योगीकक्षेत्र विकास प्रकियेत आदिवासींची निवास क्षेत्रे मोठे पोलाद प्रकल्प, ऊर्जा प्रकल्प, खाणकाम आणि मोठी धरणे यांच्यासाठी झालेल्या भूसंपादनात गेली. सरकारने विस्थापीत आदिवासींना दिलेली नुकसानभरपाई पुरेशी नसल्याने आदिवासींना झोपडपट्ट्यांमध्ये राहण्यास भाग पडले. पुनर्वसनातून आदिवासींवर स्थलांतराची वेळ आली. आदिवासींचे शहरी भागात स्थलांतर केल्याने ते शहरी जीवनशैली आणि मूल्यांशी जुळवून घेऊ शकत नाहीत. त्यातून अनेक मानसिक व सामाजिक प्रश्न निर्माण झाले.

४) **आरोग्य आणि पोषण समस्या :** आर्थिक व शैक्षणिक मागासलेपणा आणि असुरक्षित उदरनिर्वाहामुळे, आदिवासींना आरोग्याच्या अनेक समस्यांचा सामना करावा लागतो. दुषित पाणी, साथीचे आजार, मदिरापान, उपचारांबद्दल

उदासीनता व अंधश्रद्धा यामुळे, मलेरिया, कॉलरा, क्षयरोग, अतिसार, कावीळ, लोहाची कमतरता आणि अशक्तपणा यासारख्या आजारांना सामोरे जावे लागते. कुपोषणाची समस्या आदिवासींमध्ये मोठया प्रमाणात आढळते. दुर्गम प्रदेश, वाहतुकीच्या अपुऱ्या सुविधा, सदोष घररचना व अंधश्रद्धा यामुळे कुपोषणासारखी समस्या आदिवासी भागात वाढत आहे.

५) **ओळख नष्ट होणे :** वाढत्या प्रमाणात आधुनिक संस्कृतीचा संबंध, नवीन संस्कृतींचे आक्रमण यातून मूळ आदिवासी संस्कृती वाचविण्यासाठी आदिवासींच्या पारंपारिक संस्था संघर्ष करत आहेत. ज्यामध्ये आदिवासींमध्ये त्यांची ओळख जपण्याची भीती निर्माण होताना दिसते. आदिवासी संस्कृती, परंपरा, बोली आणि भाषा नष्ट होणे ही चिंतेचे बाब बनली आहे. काही विशिष्ट भागात आदिवासी अस्मितेचा ऱ्हास होताना दिसून येतो.

६) **लिंगभेद :** नैसर्गिक पर्यावरणाचा ऱ्हास, विशेषत: जंगलांचा ऱ्हास आणि झपाट्याने कमी होत चाललेल्या संसाधनांचा आधार यामुळे महिलांच्या सामाजिक व आर्थिक स्थितीवर परिणाम झाला आहे. खाणकाम, उद्योग आणि व्यापारीकरण आदिवासी प्रदेशामध्ये सुरू झाल्यामुळे आदिवासी स्त्री-पुरुषांना आधुनिक बाजाराच्या अर्थव्यवस्थेच्या निर्दयी कारवायांचा सामना करावा लागला, ज्यामुळे उपभोक्तावाद आणि स्त्रियांच्या वस्तूकरणाला चालना मिळाली.

७) **बिगर-आदिवासी लोकसंख्येसह एकत्रीकरणाच्या समस्या :** आदिवासी जमाती मोठया प्रमाणावर भारतातील आधुनिक प्रबळ सांस्कृतिक प्रवाहांच्या प्रभावाखाली आले आहेत. आदिवासींमध्ये सांस्कृतिक बदलामुळे नवीन विभाग निर्माण झाले आहेत. आर्थिक विकासाच्या प्रभावामुळे असमानता आणि पुढारलेल्या समाजाशी जुळवून घेताणा समस्या निर्माण होतात. आधुनिकीकरण आणि औद्योगिकीकरणामुळे आदिवासी आणि बिगर आदिवासी यांच्या निर्माण झालेली दरी कमी होताना दिसते, परंतु त्यामुळे नवीन समस्याही निर्माण झाल्या आहेत. आपल्या मातृभूमितून विस्थापित होऊन नव्या समाज व्यवस्थेत सामावले न गेल्याने आदिवासींना दारिद्र्याचा सामना करावा लागतो.

८) **व्यसनाधीनता :** मद्य सेवन हा आदिवासी समाजातील सामाजिक परंपरेचा एक भाग आहे. आजही भारतात आदिवासी जमातीतील सुमारे निम्मे पुरुष (५१%) विविध प्रकारचे मद्य सेवन करतात. त्यामुळे त्यांच्या आरोग्यावर विपरीत परिणाम होतो.

९) **शासकीय योजनांबाबत जनजागृतीचा अभाव :** भारतात आदिवासी जमातींना त्यांच्या सामाजिक, आर्थिक आणि शैक्षणिक उन्नतीसाठी विशेष तरतुदी, घटनात्मक अधिकार दिलेले आहेत. सरकारच्या माध्यमातून विविध कल्याणकारी योजना आदिवासींसाठी सुरू केल्या आहेत. परंतु निरक्षरता आणि जागरुकतेच्या अभावामुळे अनेक कुटुंबे शासकीय योजनांबद्दल अनभिज्ञ आहेत, त्यामुळे सरकारी लाभांपासून वंचित राहावे लागते.

१०) **उदरनिर्वाहक अर्थव्यवस्था :** आदिवासींची अर्थव्यवस्था उदरनिर्वाहक स्वरूपाची आहे. त्यामध्ये संकलन करणे, शिकार करणे आणि मासेमारी करणे इत्यादींचा समावेश होतो. आधुनिक समाजात विज्ञान, तंत्रज्ञान, व भांडवला अभावी आदिवासींच्या अर्थव्यवस्थेला बळकटी मिळत नाही. त्यामुळे ते आजच्या समाजातील गरजा पूर्ण करू शकत नाहीत. परिणामी, त्यांच्या दारिद्र्यात वाढ होते.

वरील समस्यांशिवाय आदिवासी जमातींना मनुष्य-प्राणी संघर्ष, शारीरिक बंधने, द्विभाषिकता, जमीनीचे हस्तांतरण प्रकीयेतील अडथळे, सांस्कृतिक संघर्ष, अनिष्ट प्रथांचा शिरकाव, जमातीच्या सांस्कृतिक मूल्यांचा ऱ्हास, धर्मांतराची समस्या, राजकीय समस्या, न्यायपंचायत पद्धती, खोटया आदिवासींच्या समस्या, शिक्षणविषयक समस्या यासारख्या अनेक समस्यांना सामोरे जावे लागते.

प्रकरण ६	वाहतूक Transport

प्रकरण ६ वाहतूक
Transport

प्रस्तावना (Introduction)

प्राचीन काळापासून अगदी आधुनिक काळापर्यंत वाहतूक ही सतत बदलत आणि वाढत जाणारी क्रिया मानली जाते. वाहतुकीचे पहिले साधन म्हणजे मानवी पाय. लोक मोठ्या अंतरावर चालत जाण्यासाठी पायी जायचे. या प्रकारच्या वाहतुकीत केलेली पहिली सुधारणा म्हणजे वेगवेगळ्या प्राकृतिक घटकांशी जुळवून घेणे होय. उदाहरणार्थ, बर्फ असलेल्या भागात राहणारे लोक अणकुचीदार टोकाचे बूट घालत असत जेणेकरून ते जमिनीवर घसरत नाहीत.लोकांना माहित होते की झाडे आणि लाकूड पाण्यावर तरंगतात आणि म्हणून त्यांनी मधला भाग कट करून एक प्रकारची बसण्याची जागा तयार केली. यामुळे लोकांना नद्यांचा वाहतुकीचे साधन म्हणून वापर करण्यास मदत झाली. प्रथम चाकांची वाहने वापरली गेली. लोक वाहतुकीचे साधन म्हणून घोड्यांसारख्या प्राण्यांना काबूत ठेवत होते. लोक लहान वस्तूंच्या वाहतुकीचे साधन म्हणून प्राण्यांचा वापर करण्याचा कल सुरू झाला. लहान ओझे वाहून नेण्याचे साधन म्हणून गाड्या आणि रथांना चाके जोडलेली होती. चाकाचा आणि नंतरच्या काळात बाष्प शक्तीचा शोध लागल्यामुळे वाहतुकीच्या क्षेत्रात क्रांती झाली झाली.

वाहतुकीशी संबंधित प्रगतीला मोठी गती मिळू लागली. १६२०च्या सुमारास

पाणबुड्या अस्तित्त्वात आल्या आणि १६६०च्या दशकात सार्वजनिक वाहतुकीचे योग्य प्रकारे कार्य करणाऱ्या पद्धती उपलब्ध होत्या. कॅरेज, स्टीमबोट, सायकल आणि अगदी गरम हवेचे फुगे ही कार्यरत वाहने बनली, जी मोठ्या प्रमाणावर वापरली गेली. पहिले गॅस इंजिन वाहन १८६२मध्ये जीन लेनोईर यांनी बनवले होते आणि त्यानंतर १८६७ मध्ये पहिल्या मोटरसायकलचा शोध लागला होता. सरतेशेवटी, १९०३मध्ये, राइट बंधूंनी इंजिनसह पहिले मानवयुक्त विमान तयार केले. सन १९२६मध्ये पहिले लिक्विड प्रोपेल्ड रॉकेट यशस्वीरीत्या प्रक्षेपित करण्यात आले! यानंतर हेलिकॉप्टर, जेट आणि हॉवरक्राफ्ट सारखी इतर वाहने आली.

सध्याच्या वाहतुकीच्या साधनांमध्ये सातत्याने सुधारणा होत आहेत. स्टीम इंजिनमुळे बुलेट ट्रेनचा शोध लागला. राईट बंधूंनी तयार केलेले मानवयुक्त उड्डाण जंबो जेटकडे घेऊन जाते. पायी प्रवास करण्यापासून आपण खूप पुढे आलो आहोत आणि प्रवासाच्या विविध साधनांमुळे एक विशाल जाळे गाठावे लागते. भारतासारख्या विविधतापूर्ण देशांमध्ये विविध प्रदेशांतील लोक समूहांमध्ये आर्थिक, व्यापारी व सांस्कृतिक विकास महत्त्वाचा आहे. आज नवनवीन तंत्रज्ञानामुळे कोळसा, पेट्रोल, जलविद्युत शक्ती, सौरउर्जा, पवनउर्जा व इलेक्ट्रिक बॅटरी अशा अनेक शक्ती साधनांच्या वापरामुळे व वाहतूक साधनांमध्ये आमूलाग्र बदल झाला आहे. यामुळे जगातील अनेक देश एकमेकांच्या जवळ आले आहेत.

डॉ. मार्शल यांच्या मते, आजच्या काळातील सर्वात प्रभावी आर्थिक वस्तुस्थिती म्हणजे उत्पादन उद्योगांचा विकास नसून वाहतूक सेवांचा विकास आहे. हे स्पष्ट आहे की देशाची मालमत्ता ही केवळ शेती, उद्योग आणि खाणींच्या विकासावर अवलंबून नाही तर वाहतूक साधनांच्या विकासावरदेखील अवलंबून आहे.

जलद आर्थिक वाढीसाठी कार्यक्षम वाहतूक महत्त्वाची मानली जाते. ऐतिहासिकदृष्ट्या, वाहतूक सुविधांमध्ये सुधारणा करून देशाचा आर्थिक विकास वेगाने होतो. शहरी भागातून दुर्गम प्रदेशात अत्याधुनिक कल्पना आणि नवनवीन तंत्रज्ञान हस्तांतरित करून आर्थिक वाढ शक्य आहे. वेगवान वाहतूकीमुळे कमी वेळेत मालाची ने-आण झाल्यामुळे उत्पादक कामासाठी अधिक वेळेची बचत होते. मेट्रो शहरे आणि राज्यांच्या राजधानी दरम्यान हाय-स्पीड ट्रेनचे नेटवर्क राष्ट्रीय अर्थव्यवस्थेच्या वाढीस चालना देऊ शकते. त्याचप्रमाणे, खेडे आणि जवळच्या शहरांमधील सर्व रस्ते विस्तीर्ण अंतराच्या प्रदेशाच्या वाढीस चालना देण्यासाठी उत्प्रेरक म्हणून ठरू शकतात. जगातील विकसित देशात जर्मनी, संयुक्त संस्थाने, जपान, ब्रिटन, फ्रान्स इत्यादी देशांत वाहतूक हा औद्योगिक जीवनाचा कणा ठरलेला आहे. आर्थिक विकासाचा

इतिहास लक्षात घेणाऱ्या सर्व विकसित आणि विकसनशील देशांना वाहतुकीचे महत्त्व समजलेले आहे. प्रगतशील वाहतुकीमुळे आर्थिक, सामाजिक व राजकीय उद्दिष्टे साध्य होताना दिसून येतात. म्हणूनच वाहतुकीस आर्थिक व औद्योगिक विकासामध्ये मानवी शरीरातील रक्तवाहिन्या इतकेच महत्त्वाचे स्थान मानले गेले आहे.

वाहतुकीचे वैशिष्ट्यपूर्ण फायदे खालीलप्रमाणे मानले जातात.

१) बाजारपेठेत कमीतकमी वेळेमध्ये माल पोहोचवणे.
२) प्रादेशिक केंद्राचा विकास होतो.
३) वस्तूंची मागणी असलेल्या प्रदेशात वस्तूंचा पुरवठा वेळेत करता येतो
४) उद्योगधंद्यांचे विकेंद्रीकरण होते.
५) विशिष्ट प्रदेशाचा प्रादेशिक विकास होतो.
६) विशिष्ट भागांमध्ये उद्योगधंद्यांचे केंद्रीकरण आस पोषक ठरते
७) मानवाच्या आचार-विचार, तंत्रज्ञान, संस्कृती, नवनवीन माहिती व जीवनपद्धतीवर परिणाम होतो.
८) सीमावर्ती भागामध्ये संरक्षणास मदत वेळेत पोहचते.
९) देशांतर्गत व आंतरराष्ट्रीय व्यापार वृद्धिस चालना मिळते.
१०) देशातील पर्यटन क्षेत्राचा विकास होतो.

६.१) भारताच्या प्रादेशिक विकासात वाहतूकीची भूमिका (Role of Transportation in Regional Development of India)

वाहतुकीच्या विविध मार्गांचे जाळे जगभर पसरलेले असल्याने विविध पर्यायाना स्थान उपयोगिता व काल उपयोगिता निर्माण झाली आहे. देशाच्या शाश्वत व आर्थिक वाढीमध्ये सुसज्ज आणि समन्वित वाहतूक व्यवस्था महत्त्वाची भूमिका बजावते. वाहतूकीचे मार्ग या देशाच्या मूलभूत आर्थिक धमन्या आहेत. वाहतूक व्यवस्था ही राष्ट्रीय अर्थव्यवस्थेची नियंत्रक मानली जाते आणि ती उत्पादन आणि उपभोग यांच्यातील एक महत्त्वाचा दुवा प्रदान करते. देशातील वाहतूक किती वेगाने होते, हे त्याच्या प्रगतीचे मोजमाप आहे. भारतासारख्या देशात वाहतुकीचे महत्त्व अधिक आहे, कारण त्याच्या विशालतेमुळे तसेच भौगोलिक परिस्थितीच्या विविध स्वरूपांमुळे ते समजते. सध्याच्या भारतीय वाहतूक व्यवस्थेमध्ये रेल्वे, रस्ते, किनारी वाहतूक, हवाई वाहतूक इत्यादींसह अनेक पद्धतींचा समावेश आहे. वाहतुकीत गेल्या काही वर्षांत लक्षणीय वाढ नोंदवली आहे.

भारतातील अधिक लोकसंख्या ग्रामीण भागात राहते. त्यामुळे केवळ शहरी

भागामधील घडामोडी देशाचा सर्वांगीण विकास दर्शवत नाहीत. ग्रामीण भागातील दळणवळणाच्या सुविधा सुधारल्या तरच या प्रादेशिक भागांचा जलद विकास होऊ शकतो. परिणामी, देशाचा सर्वांगीण विकास होऊ शकतो. शेती आणि कुटीर उद्योगांसाठी लागणारी खते आणि इतर कृषी निविष्ठा ग्रामीण लोकांपर्यंत सहज पोहोचू शकतात आणि नंतर गावातील उत्पादने जवळच्या बाजारपेठेत विकली जाऊ शकतात. परिणामी, आर्थिक वाढ होते. सुधारित वाहतूक सेवांमुळे ग्रामीण उत्पादकांसाठी बाजारपेठेतील केंद्रांमध्ये प्रवेश मिळेल व कमी किमतीत शेती निविष्ठांची चांगली उपलब्धता नागरी भागात उपलब्ध होईल. उत्तम वाहतूक सुविधांमुळे बिगर कृषी क्षेत्रात रोजगाराच्या संधी वाढतात. सुधारित रस्ते जोडणीमुळे सुधारित सेवा, शिक्षण, आरोग्य आणि आर्थिक सेवांमध्ये वेगाने वाढ होते. शहरातील प्रमुख रस्त्यांपासून खेड्यातील लोकांचा संपर्क सुधारल्यामुळे सर्व सार्वजनिक सेवा सुधारल्या जातील.

भारतासारख्या महाद्वीपाच्या आकारमानाच्या देशात कार्यक्षम, विश्वासार्ह, परवडणाऱ्या आणि सुरक्षित वाहतूक सुविधांचे महत्त्व खूप जास्त आहे. भारतातील व्यावसायिक बाजारपेठा आणि आर्थिक संसाधने संपूर्ण राष्ट्राच्या कानाकोपऱ्यात विखुरलेली आहेत. भारताच्या आर्थिक विकासात वाहतूक व्यवस्थेच्या काही महत्त्वाच्या भूमिका खालीलप्रमाणे आहेत.

१) बाजारपेठ

नैसर्गिक साधनसंपत्ती, वस्तुनिर्माण उद्योग आणि उत्पादक वस्तूंच्या बाजारपेठा काही विशिष्ट ठिकाणीच स्थापन झालेल्या पाहावयास मिळतात. भारताची संपूर्ण उत्पादन व्यवस्था कच्चा माल, यंत्रसामग्री, इंधन इत्यादींच्या निर्बाध हालचालींवर अवलंबून आहे. उत्पादित वस्तू वाहतुकीमुळे बाजारपेठेपर्यंत / ग्राहकांपर्यंत पोहोचविल्या जातात. स्थानिक, प्रादेशिक, राष्ट्रीय, आंतरराष्ट्रीय बाजारपेठेपर्यंत वस्तू पोहोचविल्या जातात. अशाच प्रकारे, विविध क्षेत्रातील उत्पादनांना बाजारपेठेत आणण्यासाठी वाहतूक व्यवस्थेची आवश्यकता असते. अशा प्रकारे, देशातील विविध क्षेत्रांचे उत्पादन वाढविण्यात भारतातील वाहतूक व्यवस्था महत्त्वाची आहे. अशा उद्योगांना विविध प्रकारच्या वाहतुकीमुळे कच्च्या मालाचा पुरवठा होतो. कारखान्यात उत्पादित झालेला औद्योगिक पक्का माल बाजारपेठेपर्यंत पर्यायाने ग्राहकांपर्यंत पोहोचविणे वाहतुकीमुळे शक्य झाले आहे.

२) उत्पादित वस्तूला मूल्य

एखाद्या प्रदेशात निसर्गत:च उत्पादन विपुल प्रमाणात होते. तथापि, स्थानिक

मागणी विशेष नसल्याने वस्तूला मूल्य प्राप्त होत नाही. वाहतुकीमुळे जर अशा वस्तू कारखान्यात किंवा बाजारपेठेत आणल्या तर वस्तूला मूल्य प्राप्त होते. वाहतूक खर्च व वस्तूंचे मूल्य यांचा संबंध वाहतूक सुविधा वस्तूंना नवीन विस्तृत बाजारपेठ मिळवून देतात. वस्तूंचे मूल्य ठरविताना वाहतूक खर्चाचा विचार केला जातो. त्यामुळे वाहतूक खर्च कमी येण्यासाठी वाहतूक सुविधा स्वस्त असाव्या लागतात.

३) श्रम निर्मिती

कामगार देशाच्या विविध प्रदेशांमध्ये सुरळीतपणे फिरू शकतात, ज्यामुळे उद्योगांचा विस्तार होण्यास मदत होते. वाहतुकीमुळे कामगारांना रोजगाराच्या संधी प्रदान होतात आणि भारतातील बेरोजगार मजुरांसाठी फायदेशीर ठरते.

४) उद्योगांचे विकेंद्रीकरण

उत्पादनाबाबत, वाहतूक व्यवस्था ही स्पष्टपणे भौगोलिक विशेषीकरणाला प्रोत्साहन देते. देशाच्या दूरच्या भागात विविध उत्पादनांसाठी बाजारपेठ विकसित करून, वाहतूक व बाजारपेठेची व्याप्ती वाढवते. उदा. आता मुंबईला उद्योगांचे अतीकेंद्रीकरण झाल्यावर मुंबई-आग्रा मुंबई-बेंगलोर या मार्गावर नजीक असलेल्या नाशिक व पुणे शहरात वाहतूक सुलभतेणे उद्योगधंद्यांचे विकेंद्रीकरण होण्यास मदत झाली आहे.

५) प्रादेशिक विकास

आपल्या देशाची अफाट आणि शोध न केलेली संसाधने (जंगल, खनिज, कृषी संपत्ती) अनेक दुर्गम प्रदेशात आहेत. रस्ते आणि रेल्वेमुळे या भागात जाणे आणि त्यांच्या क्षमतांचा उपयोग करणे शक्य होत आहे. मागणी व पुरवठा या तत्त्वानुसार कच्चामाल प्रक्रिया, उद्योगधंदे, पक्का माल, कामगार, उद्योजक, भांडवलदार या सर्व आर्थिक बाबींचे जोरदार संक्रमण सुरू होते आणि व्यवसायाची पुनर्रचना होऊ लागते. द्वितीय व्यवसायाकडे प्रक्रिया व निर्मिती या व्यवसायाचा कल वाढू लागतो आणि चलन वाढल्यामुळे भांडवल निर्मिती होऊन नवनवीन उद्योगांना चालना मिळते

६) वैचारिक संक्रमण

वाहतूक व्यवस्थेमुळे लोकांचा सांस्कृतिक, राजकीय आणि सामाजिक दृष्टिकोन रुंदावत आहे. मानवाचे आचार-विचार,अत्याधुनिक तंत्रज्ञान, संस्कृती, जीवनपद्धती व राहणीमान याच्यामध्येसुद्धा मोठ्या प्रमाणावर बदल होताना दिसून येतो. यामुळे

समाजातील विविध घटकांमधील अंधश्रद्धा, पुराणमतवादी वृत्ती आणि अज्ञान दूर करण्यास मदत होते.

७) देवाण-घेवाण

मानवी जीवनासाठी स्वास्थ्यासाठी अर्थार्जनासाठी खनिज संपदा याची आवश्यकता असते. खनिज संपत्तीमधून देशाचा आर्थिक औद्योगिक विकास होत असतो. निरनिराळ्या खाणींमधून प्राप्त होणाऱ्या खनिज संपत्तीमध्ये लोह, तांबे, पितळ, सोने, चांदी, सिलिकॉन, कॅल्शियम, पोटॅशियम आणि सोडियम इत्यादींचा समावेश असतो. या सर्व खनिज संपत्तीचा उपयोग मानवदेशातील भागात वापर करून मोठ्या प्रमाणावर ती देवाण-घेवाण केली जाते. त्यामुळे प्रादेशिक विकास घडून येताना दिसून येतो. नवनवीन अत्याधुनिक तंत्रज्ञानामुळे निर्माण झालेल्या वस्तूंची देवाण-घेवाण वाढवून प्रादेशिक असमतोल कमी होऊ शकतो.

८) नाशवंत पदार्थासाठी

अंडी, मासे, दूध, मांस असे नाशवंत पदार्थ दूरच्या बाजारपेठांमध्ये उपलब्ध करून देण्यासाठी जलद दळणवळण साधने आवश्यक असतात. कोकणामध्ये आंबा पिकतो. पण त्याला जेवढी बाजारपेठ पाहिजे नवढी उपलब्ध होत नाही, परंतु जेव्हा हेच आंबे परदेशी रवाना करण्यात आले, तेव्हा आंब्याचे भाव तेजीत आले.

६.२) वाहतूकीचे प्रकार

भारतातील वाहतूक व्यवस्थेमध्ये अनेक भिन्न पद्धती आणि सेवांचा समावेश आहे. विशेषत: जमिनीवरील वाहतूक, जलवाहतूक, हवाई वाहतूक आणि पाइपलाइन इत्यादी. दळणवळण प्रसार आणि वाहतूक व्यवस्थेच्या बाबतीत आपल्या देशातील वाहतूक व्यवस्थेने गेल्या काही वर्षांत चांगली वाढ केली आहे. वाहतूक हा आर्थिक पायाभूत सुविधांचा पाया आहे. त्यामुळे व्यापार, वाणिज्य आणि उद्योगाच्या विकासास मदत होते. वाहतूकीमुळे ठिकाणाचा अडथळा दूर होतो आणि उत्पादक ते ग्राहकांपर्यंत मालाची वाहतूक सुलभ होते. तसेच प्रादेशिक असमतोल दूर होण्यास मदत होते. भारतातील वाहतुकीच्या विविध प्रकारांचे पुढीलप्रमाणे वर्गीकरण केले जाते.

अ) जमिनीवरील वाहतूक : (१) रस्ते मार्ग वाहतूक, (२) लोहमार्ग वाहतूक, (३) खनिज तेल व नैसर्गिक वायू नळ वाहतूक

ब) हवाई वाहतूक

क) जल वाहतूक : (१) अंतर्गत वाहतूक, (२) सागरी वाहतूक.

अ) जमिनीवरील वाहतूक / भूपृष्ठीय मार्ग

भारतातील रस्ते वाहतुकीचे जगातील एक मोठी व्यापक वाहतूक व्यवस्था आहे. भारतातील अर्थव्यवस्थेमध्ये रस्ते वाहतुकीला महत्त्वाचे स्थान आहे. रस्त्यांचे साधारणपणे राष्ट्रीय महामार्ग, राज्य महामार्ग, प्रमुख जिल्हा रस्ते, इतर जिल्हा रस्ते, ग्रामीण रस्ते इत्यादी प्रकार पडतात. हमरस्ते व राष्ट्रीय महामार्ग हे आधुनिक पद्धतीचे लांब अंतराचे मार्ग असून यांचा प्रवासी व जलद वाहतुकीसाठी उपयोग होतो. भारतातील रस्ते वाहतूक ही जगातील एक मोठी व्यापक वाहतूकव्यवस्था आहे. भारतातील अर्थव्यवस्थेमध्ये रस्ते वाहतुकीला महत्त्वाचे स्थान आहे.

देशातील रस्ते वाहतुकीची महत्त्वाची वैशिष्ट्ये खालील प्रमाणे आहेत.

- रस्ते वाहतूक सर्वांत लवचीक असते.
- भांडवल गुंतवणूक कमी असते
- उत्पादन स्थळापासून ग्राहकांपर्यंत थेट वाहतूक सेवा देता येते.
- गरजेप्रमाणे मार्ग बदलता येतात.
- मालाची चढ - उतार करण्यासाठी फारसा वेळ लागत नाही.
- रस्ते बांधणीचा खर्च तुलनेने कमी येता.
- रेल्वेपेक्षा स्थानकाचा खर्चदेखील कमी असतो.
- मालवाहतूक व प्रवासी वाहतूक अशी भिन्न क्षमतेची वाहने एकाच रस्त्यावरून धावतात.
- कमी अंतरावरील वाहतुकीसाठी रस्ते अधिक उपयुक्त ठरतात
- सोयीस्कर वाहतूक साधनांची निवड करण्यास भरपूर संधी असते
- यामुळे खर्चाची व वेळेची बचत होते.
- रस्ते वाहतुकीचे तोटे किंवा मर्यादा -
- या वाहतुकीत वाहनांच्या क्षमतेवर मर्यादा असते.
- लांब अंतरासाठी वेळ व खर्च वाढतो.
- खाजगी वाहतूक संस्थांचे रस्ते वाहतुकीत वर्चस्व असते.
- अपघाताचे प्रमाण जास्त असल्याने सुरक्षितता कमी होते.
- रस्ता दुरूस्तीमध्ये विलंब झाल्यास वाहतूक खर्चामध्ये वाढ होते.
- इंधन, कर, जकात,वाहनांची देखभाल यावरील खर्च करणे अपरिहार्य ठरते.

१) भारतातील रस्ते वाहतूक

भारतातील वाहतुकीचे एक महत्त्वाचे साधन आहे. ३१ मार्च २०२० पर्यंत भारतामध्ये ६,२१५,७९७ किलोमीटर्स (३,८६२,३१७ मैल) रस्त्यांचे जाळे आहे. ६,८५३,०२४ किलोमीटर्स (४,२५८,२७२ मैल) असलेले हे युनायटेड स्टेट्स नंतरचे

तक्ता क्र. ६.१ : भारतातील रस्ते वाहतूक विकास (कि.मी. आणि टक्केवारीत)

श्रेणी	१९५०–५१	१९६०–६१	१९७०–७१	१९८०–८१	१९९०–९१	२०००–०१	२०१०–११	२०१५–१६	२०२०–२१
राष्ट्रीय महामार्ग	१९,८११ (४.९५%)	२३,%९८ (४.५४%)	२३,८३८ (२.६१%)	३१,६७१ (२.१३%)	३३,६५० (१.४५%)	५७,७३७ (१.७१%)	७०,९३४ (१.५२%)	१०१,०११ (१.८०%)	१५१,००० (२.५१%)
राज्य महामार्ग			५६,७६५ (६.२०%)	९४,३५९ (६.३५%)	१२७,३११ (५.४%%)	१३२,१०० (३.९२%)	१६३,८९८ (३.५०%)	१७६,१६६ (३.१४%)	१८६,५२८ (३.००%)
जिल्हा रस्ते	१७३,७२३ (४३.४४%)	२५७,१२५ (४९.०२%)	२७६,८३३ (३०.२६%)	४२१,८९५ (२८.४०%)	५०९,४३५ (२१.८९%)	७३६,००१ (२१.८२%)	९९८,८९५ (२१.३६%)	५६१,९४० (१०.०३%)	६३२,१५४ (१०.१७%)
ग्रामीण रस्ते	२०६,४०८ (५१.६१%)	१९७,१९४ (३७.६०%)	३५४,५३० (३८.७५%)	६२८,८६५ (४२.३४%)	१,२६०,४३० (५४.१६%)	१,९७२,०१६ (५८.४६%)	२,७४९,८०४ (५८.८०%)	३,९३५,३३७ (७०.२३%)	४,५३५,५११ (७२.९७%)
शहरी रस्ते	0	४६,३६१ (८.८४%)	७२,१२० (७.८८%)	१२३,१२० (८.२९%)	१८६,७९९ (८.०३%)	२५२,००१ (७.४७%)	४११,६७९ (८.८०%)	५०९,%३० (९.१०%)	५४४,६८३ (८.%६%)
प्रकल्प रस्ते	0	0	१३०,८९३ (१४.३१%)	१८५,५११ (१२.४९%)	२०९,७३७ (९.०१%)	२२३,६६५ (६.६३%)	२८१,६२८ (६.०२%)	३१९,१०९ (५.७०%)	३५४,९२१ (५.%१%)
एकूण	**३९९,९४२**	**५२४,४७८**	**९१४,९७९**	**१,४८५,४२१**	**२,३२७,३६२**	**३,३७३,५२०**	**४,६७६,८३८**	**५,६०३,२९३**	**६,२१५,७९७**

संदर्भ : रस्ते वाहतूक आणि महामार्ग मंत्रालय अहवाल, २०२०–२१

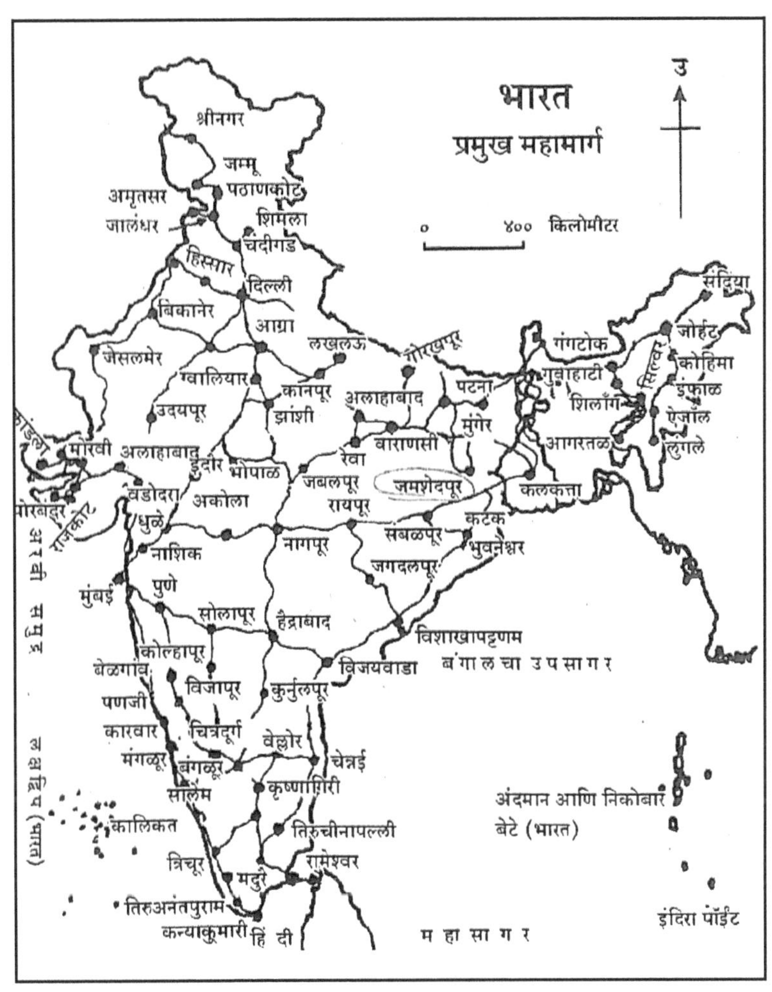

नकाशा क्र. ६.१ : भारतातील प्रमुख महामार्ग

जगातील दुसरे सर्वात मोठे रस्ते नेटवर्क आहे. प्रति चौरस किलोमीटर्स जमिनीवर (१.९० कि.मी., १.१८ मैल) रस्त्यांवर, भारताच्या रस्ते नेटवर्कची परिमाणात्मक घनता हाँगकाँगच्या बरोबरीची आहे आणि युनायटेड स्टेट्स (०.७१ कि.मी., ०.४४ मैल), चीन (०.४४ कि.मी.) पेक्षा लक्षणीय आहे. ०.३४ मैल), ब्राझील (०.२३ किमी, ०.१४ मैल) आणि रशिया (०.०९ कि.मी., ०.०५६मैल). त्याच्या मोठ्या लोकसंख्येसाठी समायोजित, भारतामध्ये प्रति १००० लोकांमागे अंदाजे ५.१३ किलोमीटर्स (३.१९ मैल) रस्ते आहेत, जे युनायटेड स्टेट्स २०.५ किलोमीटर्स (१२.७ मैल) पेक्षा खूपच कमी आहे परंतु चीनच्या ३.६ किलोमीटर्स (२.२ मैल) पेक्षा जास्त आहे. भारताचे रस्ते जाळे ७१ टक्के मालवाहतूक आणि सुमारे ८५ टक्के प्रवासी वाहतूक करते.

१९९० पासून, देशातील रस्ते पायाभूत सुविधांच्या आधुनिकीकरणासाठी मोठे प्रयत्न सुरू आहेत. ३१ मार्च २०२०पर्यंत, ७० टक्के भारतीय रस्ते पक्के झाले होते. मार्च २०२० पर्यंत, भारताने १३६४४० किलोमीटर्स (८४७८० मैल) पेक्षा जास्त चार किंवा अधिक लेन महामार्ग पूर्ण केले आहेत आणि त्याच्या अनेक प्रमुख उत्पादन, व्यावसायिक आणि सांस्कृतिक केंद्रांना जोडले आहेत. रस्ते वाहतूक आणि महामार्ग मंत्रालयाच्या मते, मार्च २०२० पर्यंत, भारतात सुमारे १३८५३१ किलोमीटर्स (८६०७९ मैल) राष्ट्रीय महामार्ग आणि द्रुतगती मार्ग होते, तसेच आणखी १७६८१८ किलोमीटर्स (१०९८७० मैल) राज्य महामार्ग होते. भारतमाला या सरकारी उपक्रमांतर्गत मोठे प्रकल्प राबविण्यात येत आहेत. खासगी बांधकाम व्यावसायिक आणि महामार्ग चालकही मोठे प्रकल्प राबवत आहेत.

२) लोहमार्ग वाहतूक

आधुनिक युगात भूपृष्ठीय वाहतुकीमध्ये लोहमार्गांना विशेष महत्त्व आहे. अवजड व मोठ्या आकाराच्या मालाची लांब पल्ल्याची वाहतूक लोहमार्गानी करणे सोईस्कर असते. रेल्वेची गती व माल वाहून नेण्याची क्षमता अधिक असते. औद्योगिक विकासाला लोहमार्ग उपयुक्त असतात. आर्थिक विकास व राष्ट्रीय एकात्मता या दृष्टीने लोहमार्ग महत्त्वाचे असतात. सन १८२५ मध्ये उत्तर इंग्लंडमध्ये स्टॉकटन व डर्लिंग्टन दरम्यान जगातील पहिला सार्वजनिक लोहमार्ग सुरू झाला. रेल्वे वाहतूक हे भारतातील लोक आणि वस्तूंच्या वाहतुकीचे एक महत्त्वाचे साधन आहे. भारतीय रेल्वे ही रेल्वे मंत्रालयाची एक सरकारी मालकीची संस्था आहे, ज्याचे ऐतिहासिकदृष्ट्या स्वतःचे सरकारी बजेट होते. २०१९ ते २०२० दरम्यान, दररोज २२.१५ दशलक्ष प्रवाशांनी भारतीय रेल्वे नेटवर्कचा वापर केला. त्याच कालावधीत, भारतीय रेल्वेद्वारे दररोज ३.३२ दशलक्ष मेट्रिक टन मालवाहतूकदेखील होते. इतर स्थानिक मालकीच्या

सार्वजनिक कॉर्पोरेशन देशभरात विविध उपनगरी आणि शहरी रेल्वे चालवतात, जसे की चेन्नई मेट्रो आणि कोलकाता येथील ट्राम. खाजगी क्षेत्रातील ऑपरेशन्स सध्या फक्त मालवाहू गाड्या आणि रेल्वेमार्गांसाठी अस्तित्त्वात आहेत, केवळ प्रवासी नसलेल्या वापरासाठी, परंतु २०२०मध्ये प्रवासी गाड्या चालवण्यामध्ये खाजगी क्षेत्राच्या सहभागाला प्रोत्साहन देण्यासाठी नवीन प्रयत्न केले गेले.

मार्च २०२० मध्ये, राष्ट्रीय रेल्वे नेटवर्कमध्ये १२६३६६ किलोमीटर्स (७८५२० मैल) ट्रॅक च्या मार्गावर ६७३६८ किलोमीटर्स (४१८६१ मैल) आणि ७३२५ स्टेशन्सचा समावेश होता. हे जगातील चौथ्या क्रमांकाचे राष्ट्रीय रेल्वे नेटवर्क आहे (युनायटेड स्टेट्स, रशिया आणि चीननंतर). एप्रिल २०२१ पर्यंत, ४५८८१ किलोमीटर्स (२८५०९ मैल) किंवा ७१% ब्रॉडगेज मार्गांचे २५ KV AC इलेक्ट्रिक ट्रॅक्शनने विद्युतीकरण करण्यात आले आहे. हे जगातील सर्वात व्यस्त नेटवर्कपैकी एक आहे, जे दरवर्षी ८.०८६ अब्ज प्रवासी आणि १.२०८ अब्ज टन मालवाहतूक करते. मार्च २०२० पर्यंत १.२५४ दशलक्षाहून अधिक कर्मचाऱ्यांसह भारतीय रेल्वे जगातील आठव्या क्रमांकाची सर्वात मोठी नियोक्ता आहे. मार्च २०२० पर्यंत, भारतीय रेल्वेच्या रोलिंग स्टॉकमध्ये २९३०७७ मालवाहू वॅगन, ७६६०८ प्रवासी डबे आणि १२७२९ लोकोमोटिव्ह होते.

तक्ता क्र. ६.२ : भारतातील रेल्वे वाहतूक विकास

वर्ष	रेल्वेमार्ग (कि.मी.)	धावपट्टी (कि.मी.)	एकूण रेल्वेमार्ग (कि.मी.)
१९५०-५१	५३,५९६	५९,३१५	७७,६०९
१९६०-६१	५६,२४७	६३,६०२	८३,७०६
१९७०-७१	५९,७९०	७१,६६९	९८,५४६
१९८०-८१	६१,२४०	७५,८६०	१०४,४८०
१९९०-९१	६२,३६७	७८,६०७	१०८,८५८
२०००-०१	६३,०२८	८१,८६५	१०८,७०६
२०१०-११	६४,१७३	८७,११४	११४,०३७
२०१५-१६	६६,२५२	९२,०८४	११९,६३०
२०१६-१७	६६,९१८	९३,९०२	१२१,४०७
२०१७-१८	६६,९३५	९४,२७०	१२२,८७३
२०१८-१९	६७,४१५	९५,९८१	१२३,५४२
२०१९-२०	६७,९५६	९९,२३५	१२६,३६६

संदर्भ : भारतीय रेल्वेपुस्तीका, २०१९-२०

लोहमार्गाचे फायदे

- अवजड व मोठ्या आकाराच्या मालाच्या वाहतुकीस लोहमार्ग अधिक उपयुक्त ठरतात.
- दूर अंतरासाठी व वेगवान वाहतुकीसाठी लोहमार्ग उपयुक्त ठरतात.
- व्यापारी संस्था,नागरीकरण व औद्योगिकीकरण यांच्यामध्ये वाढ होण्यास मदत होते
- माल वाहून नेण्याची क्षमता जास्त असत.
- दर किफायतशीर व सर्वसामान्यांना परवडणारे असतात व दरात एकसूत्रीपणा असतो.
- प्रादेशिक साधनसंपत्तीच्या विकासाला चालना मिळाल्याने आर्थिक, औद्योगिक व व्यापार वृद्धीस चालना मिळते.
- प्रवासी व माल वाहतूक यामुळे उत्पन्नात वाढ होते.
- नियंत्रण अधिक कार्यक्षम असल्याने अपघातांचे प्रमाण कमी असते.

लोहमार्गाचे तोटे

- लोहमार्गनिर्मिती व इतर पायाभूत सुविधा यावर सुरुवातीला मोठी भांडवली गुंतवणूक करावी लागते.
- पर्वतीय प्रदेशात अनेक ठिकाणी बोगदे खणून, पूल बांधून, लोहमार्ग टाकावे लागतात, यामुळे प्रदेशातील लोहमार्ग विकासाला मर्यादा पडतात.
- एकमार्गी लोहमार्गावर वेळेचा बराच अपव्यय होतो
- ध्रुवीय तसेच वाळवंटी प्रदेशातदेखील लोहमार्गनिर्मितीवर मर्यादा पडतात.
- लोहमार्ग वाहतुकीला स्थानकांचे बंधन असल्याने लवचीकतेचा अभाव असतो.
- रेल्वे व्यवस्थापनावरील खर्च मोठा असतो.
- रेल्वेचे वेळापत्रक निश्चित असल्यामुळे वाहतुकीवरती काही प्रमाणात बंधने येतात.
- माल वाहतुकीच्या कमी अंतरासाठी रेल्वे वाहतुकीचा खर्च अधिक येतो.

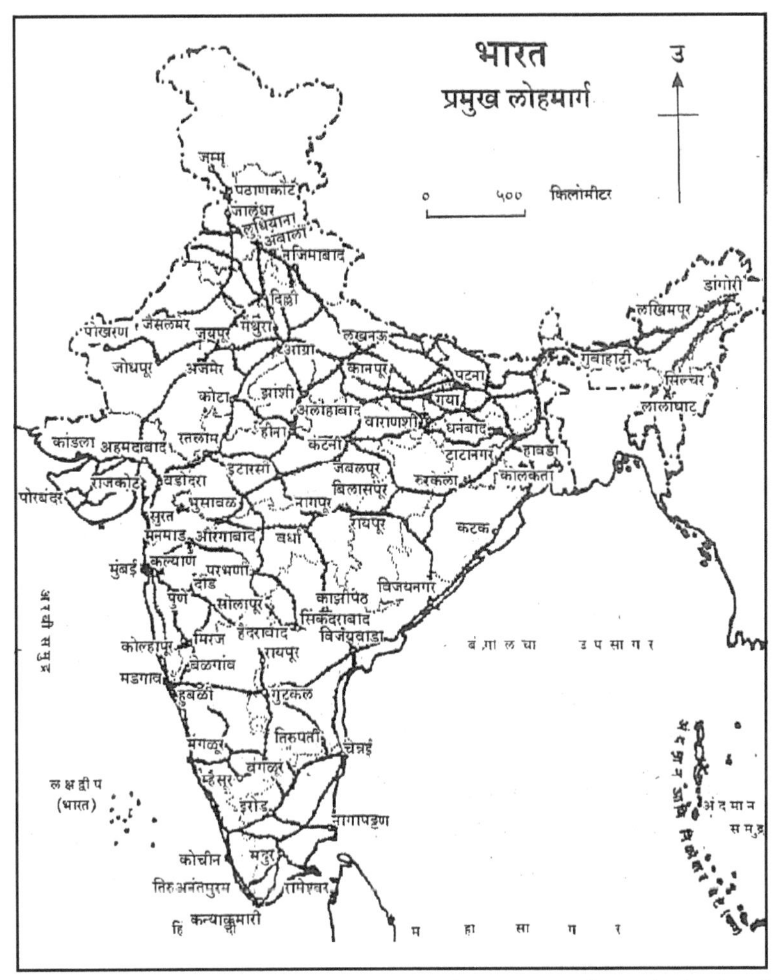

नकाशा क्र. ६.२ : भारतातील प्रमुख लोहमार्ग

३) खनिज तेल व नैसर्गिक वायू नळवाहतूक

खनिज तेल व नैसर्गिक वायूची वाहतूक करण्यासाठी 'नळ योजना' उपयोगात आणली जाते. संयुक्त संस्थाने, मध्य पूर्वेकडील देश, रशिया, कॅनडा व वायव्य युरोपियन देशात नळाने तेलपुरवठा केला जातो. युरोप, पश्चिम आशिया, रशिया, भारत या ठिकाणी खनिज तेल उत्पादक विहिरींपासून तेलशुद्धीकरण कारखान्यापर्यंत तसेच बंदरापर्यंत आणि बाजारपेठेपर्यंत नळ वाहतूक उपयोगात आणली जाते. नैसर्गिक वायूच्या वाहतुकीसाठीदेखील नळ वाहतूक उपयोगात आणली आहे. भारतात तेल नळ वाहतूक खनिज तेल व नैसर्गिक वायूची वाहतूक करण्यासाठी नळयोजना उपयोगात आणली जाते बरौनी – कोयाली तेल नळवाहतूक– खनिज तेल शुद्धीकरण कारखान्याच्या अंतर्गत भागात स्थापन झाल्याने वाहतूक योजना स्थापन करण्यात आल्या. ११२५ कि. मी. लांबीची देशातील पहिली तेल नळयोजना ऑईल इंडिया कंपनी लि.च्या वतीने आसाममधील नहरकटिया खनिज तेल उत्पादक क्षेत्रापासून बरौनीपर्यंत नुनमती मार्गे टाकण्यात आली. पुढे 'नुनमती' या तेलशुद्धीकरण कारखान्यापासून सिलीगुढीपर्यंत शुद्ध तेलाच्या वाहतुकीसाठी नळयोजना टाकली.

बरौनी हाल्दिया तेल नळवाहतूक – १९६६ साली बरौनी ते हाल्दिया, कानपूरपर्यंत नळयोजना टाकण्यात आली. गुजरातमध्ये १९६५ साली अंकलेश्वर ते कोयाली अशुद्ध खनिज तेलाच्या वाहतुकीसाठी ही नळयोजना टाकली. कलोल ते साबरमती, नवगाम–कलोल–कोपाली या अशुद्ध खनिज तेलाच्या वाहतुकीसाठी नळयोजना टाकल्या. खंबायत ते वरण, अंकलेश्वर ते उतरण आणि बडोदरा या नैसर्गिक वायूच्या वाहतुकीसाठी नळयोजना टाकल्या. कोवाली ते अहमदाबाद योजना १९६६ साली पूर्ण झाली. महाराष्ट्रातील बॉम्बे हायमधील खनिज तेल उरण येथे व उरणपासून ते ट्रॉम्बेपर्यंत पाईपने वाहून आणले जाते.

ब) हवाई वाहतूक

जगामध्ये विमान वाहतूक मार्गाचा विकास १९१४–१९१९ च्या दरम्यान झाला. यानंतर विमान वाहतुकीमध्ये मोठ्या प्रमाणात क्रांती झालेली आहे. जगामध्ये जलद वाहतुकीसाठी हवाई मार्ग निश्चितच उपयोगाचे ठरलेले आहेत. हवाई वाहतुकीमुळे हलक्या वजनाच्या मौल्यवान व्यापारी मालाची वाहतूक अत्यंत तत्परतेने होते. उद्योगधंद्यांना चालना देण्यासाठी हवाईमार्ग उपयुक्त ठरलेला आहे. हवाई वाहतूक सोयीची, फायदेशीर व महत्त्वाची असली तरी त्या वाहतुकीचा विकास, सर्व प्रदेशात करणे शक्य नसते. हवाई वाहतुकीसाठी भूप्रदेश आरण्ये, आकाशातील वादळवारे, धुके, भरपूर वृष्टी आणि पाऊस यांचा परिणाम होतो. हवाई वाहतुकीसाठी अत्याधुनिक

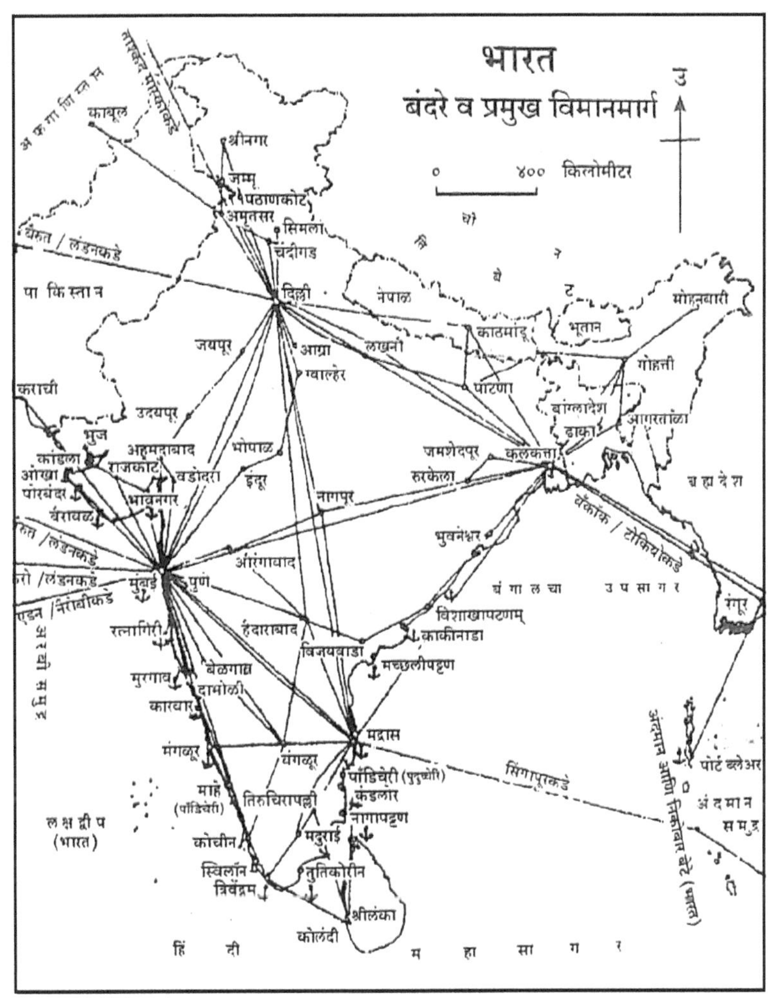

नोंद : हा नकाशा केवळ संदर्भासाठी आहे

नकाशा क्र. ६.३ : भारतातील बंदरे व प्रमुख विमानमार्ग

यंत्रसामग्री व रडार नियंत्रण केंद्राची आवश्यकता असते. हवाई वाहतुकीमध्ये नियंत्रण कक्षामध्ये सतत संपर्क आवश्यक असतो. त्यामुळे ज्या प्रदेशांमध्ये संवेदनशीलतेचा अभाव आढळून येतो, अशा प्रदेशांमध्ये हवाई मार्गांचा विकास करणे जिकिरीचे ठरते. हवाई वाहतुकीसाठी जमिनीवरील सुरक्षितता देखील तितकीच महत्त्वाची मानली जाते. एकंदरीत सर्व दृष्ट्या योग्य परिस्थितीमध्ये हवाई वाहतुकीचा विकास व वाढ होताना दिसून येते.

हवाई वाहतुकीचे फायदे

- विमान वाहतुकीमुळे कमी वेळात अधिक अंतरापर्यंत जाता येते
- कमी वजनाचे टपाल व मौल्यवान वस्तू, नाशवंत माल इत्यादींची वाहतूक विमानामुळे लवकर करता येते.
- विमान वाहतुकीमुळे वेळ व श्रमाची बचत होते.
- बेट समूहाच्या देशात विमान वाहतूक उपयुक्त होऊ शकेल.
- आर्थिकदृष्ट्या विकसित देशात विमान वाहतुकीचा मार्ग स्वीकारतात.
- पर्यटन व्यवसायाच्या वाढीसाठी हातभार लागतो.
- सुपर सॉनिक विमानामुळे कमी वेळात थेट वाहतूक होते.
- आपत्कालीन परिस्थितीत विमान वाहतूक अत्यंत उपयुक्त असते.

हवाई वाहतुकीचे तोटे

- रेल्वे, रस्ते व जलवाहतुकीपेक्षा सर्वांत महाग विमान वाहतूक सेवा आहे.
- यामुळे सर्वसामान्य तसेच मध्यमवर्गीय लोक याचा विचारही करू शकत नाहीत.
- विमान सेवेसाठी विमानतळ व इंधनाच्या सुविधा इत्यादींची व्यवस्थेचा भांडवली खर्च खूपच असतो.
- हिमवादळ बर्फवृष्टी, वादळी हवामान, दाट धुके, धुळीची वादळे अशा काळाचा परिणाम विमान वाहतुकीवर होतो
- आकाराने मोठ्या व अवजड वस्तूंची वाहतूक विमानाद्वारा होऊ शकत नाही.

क) जलवाहतूक

वाहन जेव्हा पाण्यातून किंवा पाण्याच्या पृष्ठभागावरून जाते तेव्हा त्या वाहतुकीला 'जलवाहतूक' असे म्हणतात. मानवाने प्राचीन काळापासून जलवाहतुकीचा वापर केलेला आहे; परंतु आज त्याचे स्वरूप बदलले आहे. महासागर, समुद्र, नद्या, कालवे, सरोवरे यांचा वापर मोठ्या प्रमाणात केला जात आहे.

भारतातील जलवाहतुकीने देशाच्या एकूण अर्थव्यवस्थेत महत्त्वपूर्ण भूमिका बजावली आहे आणि ती परकीय व्यापारासाठी महत्त्वाची आहे. भारतात नद्या, कालवे, जलाशय, खाड्या आणि समुद्र आणि महासागरांद्वारे प्रवेश करण्यायोग्य लांब किनारपट्टीच्या रूपात जलमार्गांचे विस्तृत नेटवर्क आहे. यात कोणत्याही प्रकारच्या वाहतुकीची सर्वात मोठी वस्तू वाहून नेण्याची क्षमता आहे आणि लांब पल्ल्यापर्यंत अवजड वस्तू वाहून नेण्यासाठी सर्वात योग्य आहे. हे भारतातील वाहतुकीच्या सर्वात स्वस्त साधनांपैकी एक आहे, कारण यात नैसर्गिक मार्गाचा फायदा होतो आणि कालवे वगळता बांधकाम आणि देखभालीसाठी मोठ्या भांडवलाची आवश्यकता नसते. त्यात इंधन खर्च कमी येतो. भारताकडे १४५०० कि.मी. अंतरदेशीय जलमार्ग आहेत. त्यापैकी केवळ ५६८५ कि.मी. यांत्रिकी जहाजांद्वारे जलवाहतूक केली जाते.

जलवाहतुकीचे फायदे

- जलमार्ग निसर्गत: उपलब्ध असल्याने त्यांच्या बांधणीचा किंवा दुरुस्तीचा खर्च येत नाही
- मुक्त असल्याने अनेक ठिकाणी कर द्यावे लागत नाहीत.
- बोटीतून अवजड माल एकाच वेळी वाहून नेता येतो, यामुळे जलवाहतूक स्वस्त असते.
- बहुतांशी आंतरराष्ट्रीय व्यापार जलमार्गांनीच होतो.
- जलवाहतुकीमुळे अनेक देशांच्या आर्थिक विकासाला चालना मिळालेली आहे उदा. ऑस्ट्रेलिया, इंग्लंड, जपान, सिंगापूर.
- जलवाहतूक स्वस्त, सुलभ व सुरक्षित असते.
- काचसामान, शास्त्रीय उपकरणे यांसारख्या नाजूक मालाची सुरक्षित वाहतूक होते.

जलवाहतुकीच्या मर्यादा

- जलवाहतूक मंद गतीची असल्याने प्रवासाला जास्त वेळ लागतो.
- धुके, चक्रीय वादळे यांसारख्या प्रतिकूल हवामानाचा जलवाहतुकीवर प्रतिकूल परिणाम होतो.
- जलवाहतूक मंद गतीची असल्याने दुग्ध पदार्थ, फळे, मांस यांसारख्या पदार्थांच्या वाहतुकीस उपयुक्त नाही
- वाहतूक मार्गावरील देशात राजकीय संबंध सलोख्याचे असावे लागतात.

जलवाहतूकीचे प्रकार

जलवाहतूकीचे प्रामुख्याने अंतर्गत व सागरी जलवाहतूक असे दोन प्रकार पडतात.

१) अंतर्गत जलवाहतूक (Inland Water Transport) :

भारताला प्रचंड असा समुद्र किनारा लाभला असून भारतामध्ये अंतर्गत क्षेत्रात अनेक नद्या जलवाहतुकीसाठी आहेत. अंतर्गत जलवाहतुकीसाठी नद्या, कालवे, सरोवरे यांची मदत होते. सागरी वाहतुकीला पूरक अशी ही आहे. परंतु ही वाहतूक काही अडथळ्यांमुळे मर्यादित केली जाते. भारतातील अंतर्गत जलवाहतूक ही फार मोठी आहे. यांत्रिक जहाजांद्वारे या संघटित ऑपरेशन्स व्यतिरिक्त, विविध क्षमतेच्या देशी नौकादेखील विविध नद्या आणि कालव्यांमध्ये चालतात. या असंघटित क्षेत्रातही मोठ्या प्रमाणात मालवाहू आणि प्रवाशांची वाहतूक केली जाते. उत्तर प्रदेश, बिहार, झारखंड आणि पश्चिम बंगालमधील अलाहाबाद-हल्दिया (१६२० कि.मी.) दरम्यान गंगा-भागीरथी-हुगली, आसाममधील ब्रह्मपुत्रा नदीचा सादिया-धुबरी (८९१ कि.मी.) भाग आणि पश्चिम किनारपट्टी कालव्याचा कोल्लम-कोट्टापुरम भाग यासह केरळमधील चंपाकरा आणि उद्योगमंडल कालवे (२०५कि.मी.) राष्ट्रीय जलमार्ग म्हणून घोषित करण्यात आले आहेत. भारतातील अंतर्गत जलवाहतुकीच्या दृष्टीने गंगामार्ग अलहाबाद ते हल्दीया (१६२० कि.मी.), ब्रम्हपुत्रा मार्ग सदिया ते धुबारी (८९१ कि.मी.),पश्चिम किनारी कालवा कोलम ते कोट्टापूरम (१६८ कि.मी.), चंपाकारा कालवा (१४ कि.मी.), उद्योगमंडळ कालवा (२२ कि.मी.) याशिवाय गोदावरी जलमार्ग, सुंदरबन जलमार्ग, मांडवी व झुआरी जलमार्ग महत्त्वाचे आहेत.

जलवाहतुकीचे तोटे

- सर्वच नद्यांना बारामाही पाणी नसते.
- नद्यांचे पात्र उथळ असल्यामुळे त्यांचा या वाहतुकीसाठी फारसा उपयोग होत नाही.
- किनाऱ्यालगत पर्यायी वाहतुकीची सोय नसल्याने मालाची चढ़ - उतार करणे त्रासाचे होते.
- नदीतून चालणारी वाहतूक अत्यंत मंद गतीची असल्याचे आढळून येत.
- नद्यांमध्ये धबधबे आल्यामुळे वाहतुकीला निरूपयोगी ठरतात.
- पावसाळ्यात नद्यांना प्रचंड पूर येतात.

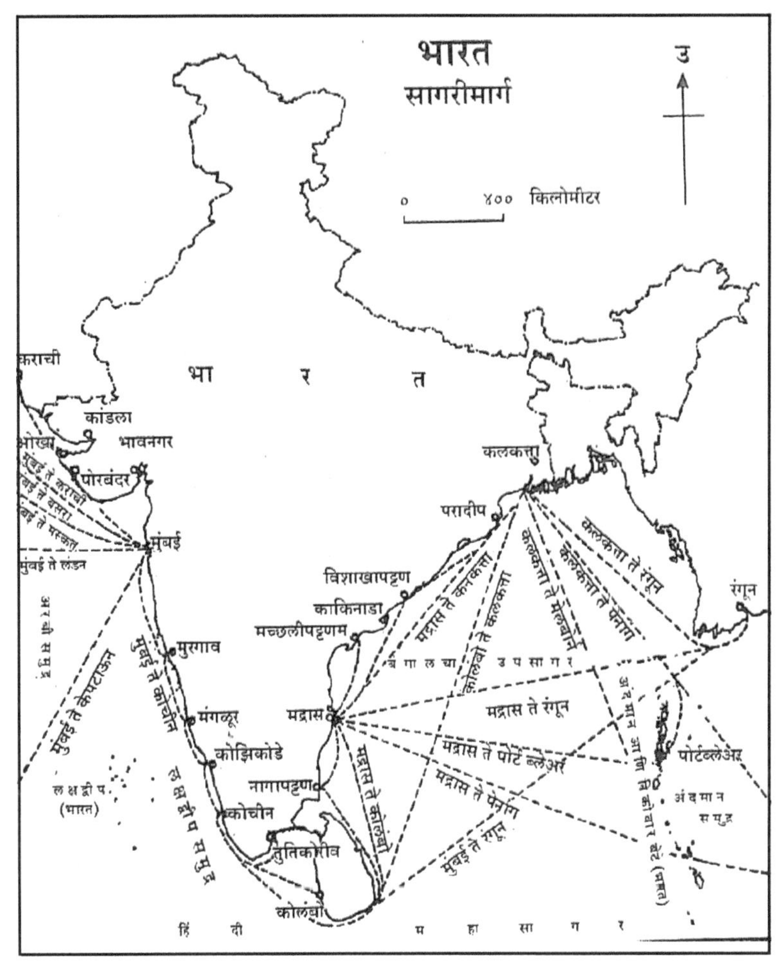

नोंद : हा नकाशा केवळ संदर्भासाठी आहे

नकाशा क्र. ६.४ : भारतातील सागरीमार्ग

२) सागरी वाहतूक (Overseas Shipping) :

जगात विकसनशील राष्ट्रामध्ये व्यापारी नौकांच्या संख्येच्या बाबतीत भारताचा प्रथम क्रमांक आहे. सागरी वाहतुकीमध्ये आशिया खंडात भारताचा तिसरा क्रमांक असून जगामध्ये १७ वा क्रमांक आहे. भारतामध्ये सागरी वाहतुकीचा विकास क्रमाक्रमाने होत आहे. भारतीय जलवाहतुकीसाठी कांडला, मुंबई, न्हावाशेवा, मुरगाव, कोचीन, चेन्नइ, विशाखा पट्टणम, कलकता ही महत्त्वाची सागरी बंदरे आहेत. त्याशिवाय मंगळूर, तुतीकोरीन, पारादीव, हल्दिया बंदरातूनही जवाहतूक सुरू आहे. किनारी जलवाहतुक भारताच्या किनाऱ्यावर ११ प्रमुख व २२६ मध्यम आणि लहान बंदरे जलवाहतुकीसाठी सज्ज आहेत. नौकानयन कंपन्यातर्फे जलवाहतुकीचा विकास सुरू आह. भारतीय किनारी भागात १६५ दीपगृहे कार्यरत असून २० दूरसंदेश दीपस्तंभ मार्गदर्शक विद्युत पट्ट्या आहेत. भारताच्या सार्वजनिक क्षेत्रात ४ मोठी आणि ३ मध्यम जहाज बांधणी केंद्रे आहेत. याशिवाय खाजगी क्षेत्रात ३२ लहान जहाज बांधणी केंद्रे कार्यरत आहेत.

६.३) दळणवळण तंत्रज्ञानातील विकास (Development in Comunication Technology)

ज्ञान, माहिति आणि संदेश यांची आदान - प्रदान म्हणजेच संदेशवहन होय. वाहतूक व संदेशवहन यामधील मूलभूत फरक म्हणजे वाहतुकीत मालाची व प्रवाशांची वाहतूक होते; तर संदेशवहनात ज्ञान, माहिती, संदेश यांचे आदान-प्रदान होते. वाहतूक पार्श्वभूमी : पूर्वी शब्दांच्या आवाजांच्या पृथ्वीतलावर मानवाने कालप्रवाहात संदेशवहनासाठी विविध साधनांचा वापर केला आहे. नंतर विविध माध्यमांच्या साहाय्याने अग्नी, काही संकेत, वाद्ये, ध्वजपताका फडकावून संदेश पाठविले जात. लेखनशैलीमुळे लिखित मजकूर पाठविण्यास प्रारंभ झाला. दूत, पक्षी, प्राणी, जहाज, रेल्वे, मोटारी इत्यादी साधनांद्वारे संदेश पाठविले जाऊ लागले. वैज्ञानिक प्रगतीबरोबर संदेशवहन साधनांमध्ये सुधारणा होत गेली. त्या संपर्क साधनांमध्ये आवाज, वाद्ये, टपाल, तारायंत्र, टेलिफोन, रेडिओ, मोबाईल, रडार, टी.व्ही, संगणक, टेलेक्स, फॅक्स, ई - मेल, इंटरनेट इत्यादी आहेत.

पार्श्वभूमी : संपर्क साधण्याची प्रक्रिया म्हणजे दळणवळण होय. तो संपर्क दोन व्यक्तींमध्ये किंवा व्यक्ती आणि समूहामध्ये किंवा दोन समूहांमध्ये किंवा देशादेशांत असू शकतो. संपर्क कोणत्याही प्रकारे साधता येऊ शकतो. सामान्यर दळणवळणामध्ये आकृत्या, आलेख, चित्रे, ध्वनी इत्यादींचा समावेश असलेल्या सांकेतिक खुणांद्वारे माहिति, विचार, कल्पना इत्यादी प्रस्तुत करण्याच्या पद्धतींचा समावेश आहे. संदेश

वहनाची किंवा संदेश पोहचविण्याची क्रिया फार प्राचीन काळापासून सुरू आहे. दूरसंचार व्यवस्था (टेलिकम्युनिकेशन) ही संदेशवहन साधनातील आधुनिक क्रांतिकारक प्रणाली आहे. दूरध्वनी (टेलिफोन), दूरदर्शन (टेलिव्हिजन), इलेक्ट्रॉनिक मेल, इलेक्ट्रॉनिक कॉमस, इंटरनेट यांचा विचारांची देवाणघेवाण तसेच वस्तूंची, उत्पादनाची अदलाबदल करण्यासाठी वापर दिवसेंदिवस वाढत आहे. संगणक हे इलेक्ट्रॉनिक उपकरण आहे. 'संगणक नेटवर्क' ही संकल्पना जोडणी / कनेक्टिव्हिटी संकल्पनेशी केंद्रभूत आहे. कनेक्टिव्हिटीमुळे संगणकाचे उपयोग शतपटीने वाढलेले आहेत. नेटवर्क ही एक माहिती देवाणघेवाण यंत्रणा दोन किंवा जास्त संगणकांना जोडते. नेटवर्कमुळे आपण जगातील कोणत्याही देशांशी, व्यक्तीशी, संस्थेशी संपर्क साधू शकता. कनेक्टिव्हिटीमध्ये गेल्या पाच – सहा वर्षांपासून नाट्यमय बदल घडून आले आहेत. ते बदल म्हणजे मोबाईल फोन किंवा बिनतारी संपर्काची उपकरणे. एके काळी केवळ टेलिफोनिक संपर्कासाठी वापरली जाणारी ही उपकरणे, आता लोकांकडून मोठ्या प्रमाणात संगणकाशी जगात कोठेही संपर्क साधण्यासाठी वापरली जातात.

अ) दळणवळणचे महत्त्व

- लोकांमध्ये सामाजिक आणि राजकीय जागृती निर्माण करणे.
- एका ठिकाणची माहिती, बातम्या दुसऱ्या ठिकाणी पोहचविणे.
- शिक्षण, संशोधन, मनोरंजन, शेती आणि अन्य व्यवसायासाठी परस्पर संपर्क साधणे व उपयोग करणे
- आपल्या मालाच्या जाहिराती करणे.
- उद्योगधंद्यातील उत्पादनासाठी बाजारपेठा उपलब्ध करणे.
- सामाजिक व सांस्कृतिक कार्यात प्रचार करणे.
- राष्ट्रीय सुरक्षेसाठी उपयोग करणे.
- संकट काळामध्ये मदतीसाठी संपर्क साधणे.
- युद्धकाळामध्ये गोपनीय माहितीसाठी संपर्क साधणे.
- राष्ट्राराष्ट्रातील हितसंबंध दृढ करणे.
- देशाच्या आर्थिक विकासामध्ये उपयोग करणे.

ब) संपर्क साधने (Means of Communication)

१) **टपाल (Post) :** युरोपमध्ये जगात प्रथमतः टपाल सेवेची सुरुवात झाली. फ्रान्समध्ये किंगलुईस ११ वा याने इ.स. १४६४ मध्ये टपालसेवेची सुरूवात केली. हळूहळू अन्य देशात टपालसेवेचे कार्य सुरू झाले. भारतामध्ये टपाल

सेवेची सुरुवात ब्रिटिशांच्या काळात डलहौसीच्या कालावधीमध्ये (इ.स. १८३७) सुरू झाली. प्राचीन काळामध्ये अस्तित्त्वात आलेल्या या सेवेचे कार्य निश्चित स्वरूपाचे उल्लेखनीय आणि विश्वासार्ह होते. आजही टपाल सेवेचे महत्त्व पूर्वीपेक्षा कमी झालेले आहे.

२) **टेलिग्राम (Teligram) :** इ.स. १८३६ मध्ये तारायंत्राचा शोध लागला. त्यानंतर यांत्रिक पद्धतीने संदेशवहनाला सुरुवात झाली. तारायंत्रामध्ये यंत्राच्या साहाय्याने दूरवरच्या ठिकाणी काही सेकंदात सांकेतिक शब्दात शब्द पाठविणे शक्य झाले. गतिमानतेमुळे टपात सेवेबरोबरच टेलिग्रामची सेवा सुरू झाली पण अत्याधुनिक उपकरणांमुळे तारायंत्र सेवासुद्धा हळूहळू मागे पडू लागली.

३) **टेलिफोन (Telephone) :** अलेक्झांडर ग्रॅहॅम बेल यांनी इ.स. १८७६ मध्ये दूरध्वनीचा (टेलिफोन) शोध लावला. टेलिफोनमुळे एखादा माणूस दूरच्या माणसाशी संपर्क साधू लागला या यंत्रामुळे संपर्क साधणाऱ्या व्यक्तीच्या भावनांचेसुद्धा आदानप्रदान झाले. टेलिफोन सुरुवातीला विजेरी वायर होती, परंतु १९८० मध्ये कॉर्डलेस फोनचा वापर सुरू झाला आणि त्यानंतर संदेशवहन यंत्रणेमध्ये गतिमानता दिसून आली.

४) **रेडिओ (Radio) :** इ.स. १८९५ मध्ये मार्कोनी या संशोधकाने रेडिओचा शोध लावला. त्यामध्ये लहरीच्या साहाय्याने ध्वनीलहरींचे दूरवरच्या अंतरावर प्रक्षेपण होणे शक्य झाले. त्यातूनच बिनतारी यंत्र पुढे आले. त्याच आधारे रेडिओची निर्मीती झाली. रेडिओद्वारा दळणवळण सहज शक्य झाले. एकाच वेळी अनेक ठिकाणी संपर्क साधणे शक्य झाले. उद्योगधंद्यासाठी रेडिओचे महत्त्व अधिकच वाढले

५) **मोबाईल फोन (Mobile Phone) :** निरनिराळ्या शोधातून संदेशवहनामध्ये क्रांतीकारक बदल झालेत. सुरुवातीला टेलिफोन सेवा जमिनीवरील तारावरून होत होती; पण नंतर उपग्रहामार्फत दळणवळण शक्य झाल. मोबाईल हा डिजिटल तंत्राद्वारे पाठविण्यात येणाऱ्या सिमच्या साहाय्याने कार्य करतो. त्यामध्ये आपल्या आवाजाचे रूपांतर रेडिओ लहरीत होत. ध्वनीलहरीच्या त्या वहनातून मोबाईल सेवा सुरू झाली. मोबाईल सेवेमुळे दळणवळण क्षेत्रात क्रांतीकारक बदल तर झालेच पण उद्योगधंद्यासाठी ते एक अत्यावश्यक साधन तयार झाले.

६) **रडार (Radar) :** इ.स. १८८८ मध्ये जर्मनशास्त्रज्ञ हेन्रीच हर्टझ यांना रडारचा शोध लावला. त्यांनी रेडिओ लहरींद्वारा एखाद्या वस्तूचे अस्तित्त्व शोधण्याचा

यशस्वी प्रयोग केला. म्हणजे एका यंत्राद्वारे दुसऱ्या यंत्राशी संपर्क साधून ज्याची स्थिती जाणून घेण्याचे कार्य रडारद्वारा सुरू झाले. प्रामुख्याने विमानांचा, जहाजांचा शोध घेण्यासाठी रडारचा उपयोग झाला. रडारमुळेच विमान सेवा, जहाज सेवा सुरळीत सुरू झाली.

७) **टी.व्ही. (दूरचित्रवाणी) (Telivision) :** उपग्रहामार्फत दृकश्राव्य लहरीचे वहन होवून दूरचित्रवाणीवर घर बसल्या कार्यक्रम पाहता येतात. एकाच वेळी सर्व विश्वामध्ये संदेश वाहून नेण्याचे यशस्वी कार्य दूरचित्रवाणीने होते. हशतवादी हल्ला असो, महापूर किंवा भूकंप असो त्या सर्वांची माहिती दूरचित्रवाणीवरून पाहाणे, ऐकणे शक्य होते.

८) **संगणक (Computer) :** संगणक आपल्या दैनंदिन जीवनामध्ये अनेक प्रकारे येऊ घातलेला आहे. अनेक प्रकारची कार्यालये, कारखाने, दवाखाने, बँका, शाळा, रेल्वेस्टेशन, विमानतळे, दुकाने इत्यादी सर्वच ठिकाणी संगणकांनी आपले कार्यक्षेत्र विस्तारित केलेले आहे. लष्करी जीवनाचा तर संगणक एक अविभाज्य भाग झालेला आहे. माहितीच्या देवाणघेवाण पासून गुप्त योजना आणि समर्पक कारवायांसाठी संगणक हा उत्कृष्ट सिद्ध झालेला आहे. संगणक हे एक साधे यंत्र असले तरी मानवी मेंदूपेक्षा कितीतरी जलदगतीने आणि अचूकरीत्या कार्य करणारे विश्वासू यंत्र आहे. मूलतः संगणक माहिती स्वीकारतो. ती माहिती साठवतो आणि नंतर त्यावर प्रक्रिया करतो. त्यानंतर माहिती आपणास आवश्यक असेल तेव्हा पडद्यावर दृश्यमान करून, छापील प्रत देऊन किंवा निश्चित वेळेत पलीकडे पोहचवून सेवा करण्याचे कार्य करतो.

क) प्रसिद्ध समाज माध्यमे

१) **व्हाट्सअप :** व्हाट्सअप ही स्मार्टफोनवर चालणारी एक प्रसिद्ध मेसेजिंग सेवा आहे. या माध्यमातून व्हाट्सअपच्या सदस्याला इतर सदस्य, ग्रुप यांना मेसेज, इमेज, ऑडिओ, व्हिडिओ पाठवता व स्वीकारता येतात. त्याचबरोबर स्वतःचे लोकेशन पाठवता येते. याची सुरुवात २००९ मध्ये झाली. सध्या व्हाट्सअपवर ९० कोटी वापर करते आहेत. तसेच सध्या जगातील सर्वात जलद गतीने मेसेज पाठवणाऱ्या ॲपमध्ये व्हाट्सअपचा दुसरा क्रमांक लागतो.

२) **फेसबुक :** फेसबुक हे प्रसिद्ध असे अमेरिकन सोशल नेटवर्किंग संकेतस्थळे आहे. सर्वसाधारणपणे १३ वर्षापेक्षा जास्त वय असलेली कोणतीही व्यक्ती याचे सभासद होऊ शकते. फेसबुकच्या प्रत्येक सदस्यांना आपल्या ओळखीच्या इतर सदस्यांशी मैत्री व संवाद साधता येतो. त्यांना मेसेज करता येतो व फोटो

पाठवता येतात. सर्वांना ते दिसेल, कळेल अशा घोषणा करता येतात. फेसबुक ही एक खाजगी कंपनी असून तिची स्थापना २००४ मध्ये झाली आहे. त्याचे संस्थापक मार्क झुकरबर्ग हे आहेत. अमेरिकेमधील कॅलिफोर्नियात 'मेलो' येथे फेसबुकचे मुख्यालय आहे.

३. **ट्वीटर :** आपल्या सदस्यांना छोटे-छोटे संदेश पाठवण्याची, वाचण्याची सेवा उपलब्ध करून देण्याचे काम ट्वीटर करते. ट्विटरचे सदस्य कमाल १४० शब्द मर्यादेतील ट्वीट आपल्या फॉलोवर्सना पाठवू शकतात. २००६ पासून ट्विटरने इंटरनेटद्वारे आपली सेवा निशुल्क देण्यास सुरुवात केली. संयुक्त राष्ट्रसंघ अमेरिका येथील कॅलिफोर्नियामध्ये 'सॅन फ्रान्सिस्को' येथे याचे मुख्यालय आहे आणि 'डोर्सी' हे त्याचे अध्यक्ष आहेत. वेब ब्राउझरद्वारे सदस्याला आपली ट्विट अपडेट करता येतात. प्रसिद्ध राजकीय व्यक्ती अभिनेता खेळाडू मोठे उद्योजक ट्विटरचा जास्तीतजास्त वापर करतात.

४. **इंस्टाग्राम :** इंस्टाग्राम आपल्या सदस्यांना संदेश, फोटो पाठवण्याची सुविधा देणारे अँप आहे. याची स्थापना २०१० मध्ये केबीन सिस्टोन आणि माईक क्रेगन यांनी केली. तिच्या स्थापनेपासून ही सेवा इंटरनेटद्वारे दिली जाते. उत्पादित वस्तू व सेवांच्या व्यवसायाच्या प्रमोशन व जाहिरातींसाठी देखील हे प्रभावी माध्यम आहे. फोटोग्राफीची आवड असणाऱ्यांनामध्ये याचे वापराचे प्रमाण जास्त आहे. इंस्टाग्राम हे ॲप युवा वर्गाकडून मिमस, हॅशटॅग पाठवण्यासाठी मोठ्या प्रमाणावर वापरले जाते.

ड) दळणवळणाचे परिणाम

दळणवळण ही एक अशी प्रक्रिया आहे की व्यक्ती व संघटना यांच्यामध्ये पूर्व संमतीने माहितीची देवाणघेवाण केली जाते. वर्तमानपत्र रेडिओ, टीव्ही, मोबाईल, इंटरनेट, पोस्ट, तार व वेबसाईट ही दळणवळणाची प्रमुख साधने मानली जातात. आधुनिक काळात भारतीय अर्थव्यवस्थेत या साधनांना विशेष महत्त्व प्राप्त झालेले आहे.

१) आर्थिक घटकावर होणारा परिणाम

देशाचा आर्थिक विकास देशाच्या आर्थिक विकास प्रक्रियेत दळणवळणाची साधने महत्त्वाची भूमिका बजावत असतात. भारतात दळणवळणाची साधने आर्थिक दृष्ट्या पुढील लाभ मिळवून देत आहेत.

१) दळणवळणाची साधने ही भारतात उत्पादन प्रक्रियेस चालना देतात. ही साधने

कामगार व मालक यांच्यामधील सौंदार्ह्याचे वातावरण निर्माण करतात.

२) ई कॉमर्स व ई बिझनेसच्या माध्यमातील संपर्क साधने समाजाच्या उपभोग वाढीस चालना देतात.

३) दळणवळणाची विविध साधने देशात वस्तू व सेवांच्या विनिमयास प्रोत्साहन देतात.

४) दळणवळणाची साधने देशातील उत्पादन घटकाच्या उपलब्धतेबद्दल माहिती देऊन त्याच्या वाढीस प्रेरणा देतात.

५) अद्ययावत बाजार मिळाल्यामुळे शेती उत्पादन वाढीस व विकासास मदत होते. सद्या भारतात शेती सामग्री व पक्क्या मालाच्या किमतीबाबत रेडिओ, टीव्ही व मोबाईलद्वारे माहिती लोकांपर्यंत पोहोचवली जाते.

६) औद्योगिक विकासात संपर्क साधणे अत्यंत उपयुक्त ठरतात.

७) संपर्क साधनांचे रोजगार निर्मितीच्या दृष्टीने अनन्यसाधारण महत्त्व आहे. भारतात सध्या टीव्ही, मोबाईल, पोस्ट व तार सेवा इत्यादी क्षेत्रात हजारोंनी रोजगार संधी उपलब्ध झाल्या आहेत.

२) सामाजिक व सांस्कृतिक घटकांवर होणारा परिणाम

भारतासारख्या देशात सामाजिक व सांस्कृतिक वारसा जपण्याची संपर्क साधनांनी मोलाची कामगिरी बजावलेली आहे. या साधनांच्या माध्यमातून सामाजिक ऐक्याचे जाळे आर्थिक प्रगतीस पोषक ठरत आहे. तसेच दळणवळणामुळे चांगले किंवा वाईट स्वरूपाचे परिणाम झालेले दिसून येतात. संपर्क साधने ही परंपरागत विचारसरणीला फाटा देऊन आधुनिक व पाश्चात्य विचारसरणी विकसित करण्यास उपयुक्त ठरत आहेत. संपर्क साधनांच्या सुयोग्य वापरामुळे देशाचे राहणीमान उंचावण्यास मदत होते. म्हणजेच भारतीय समाजाचा सामाजिक व सांस्कृतिक विकास हा संपर्क साधनांच्या पर्याप्त वापरामुळे शक्य झाला आहे. तसेच लहान मुलांवर त्याचे अतिरिक्त वापरामुळे विपरीत परिणामही दिसून येत आहेत.

३) राजकीय घटकावर होणारा परिणाम

भारतात लोकशाही विचारसरणी रुजविण्यास संपर्क साधने अत्यंत महत्त्वाची भूमिका बजावतात. संपर्क साधानांमुळे देशात सरकारला विविध आर्थिक व राजकीय धोरणे आखण्यास व त्याची अंमलबजावणी करण्यास पोषक वातावरण निर्माण होते. सध्या ई-गव्हर्नन्स पद्धतीमुळे राष्ट्रीय ऐक्य व सर्वसमावेशक राजकीय विकास साधणे शक्य होत आहे.

प्रकरण ७	# साधनसंपदा Resources

७.१) **लोहखनिज आणि मँगनीज (Ironore, Manganese)**
७.२) **कोळसा आणि पेट्रोलियम (Coal, Petroleum)**
७.३) **जलविद्युत शक्ती आणि औष्णिक ऊर्जा (Hydro, Thermal)**

प्रस्तावना (Introduction)

खनिजे ही एक नैसर्गिक साधनसंपदा आहे. निसर्गातील अनेक साधनसंपदांपैकी खनिजे व शक्तिसाधने या महत्त्वाच्या साधनसंपदा आहेत. देशाच्या औद्योगिक व आर्थिक विकासात खनिज साधनांचा महत्त्वाचा वाटा असतो. खनिज संसाधनांना देशाच्या औद्योगिक विकासाचा पाया असे म्हणतात. म्हणूनच खनिजे ही महत्त्वाची साधनसंपदा आहे. खनिजे क्षय पावणारी साधनसंपदा असल्यामुळे त्यांचे धातू (metallic minerals) व अधातू (non minerals) खनिजे या दोन प्रकारांत वर्गीकरण करण्यात येते. धातू खनिजांमध्ये लोहखनिज, मँगेनीज, बॉक्साईट, सोने, तांबे, चांदी, निकेल, शिसे, जस्त, कथिल, टंगस्टन इत्यादी खनिजांचा समावेश होतो, तर अधातू खनिजांमध्ये जिप्सम, चुनखडी, हिरे, डोनामाईट, पोटॅशिअम, कॅलसाईट, ग्राफाईट, इत्यादी खनिजांचा समावेश होतो. खनिज तेल व दगडी कोळसा हीसुद्धा अधातू खनिजे असून ती शक्तिसाधने म्हणून ओळखली जातात.

भारतात खनिजांचे साठे विस्तृत प्रदेशात आढळत असले तरी खनिजांचे वितरण विषम झाले आहे. भारतामध्ये पुढीलप्रमाणे खनिजांचे वितरण महत्त्वाचे मानले जाते.

७.१) खनिजसंपदा

अ) लोहखनिज (Ironore)

लोहखनिजांच्या साठ्याच्या संदर्भात भारत हा जगातील एक अग्रेसर देश

आहे. जागतिक साठ्यापैकी भारतात २५ टक्के साठे आहेत. भारतात कच्च्या लोहाचे सुमारे २१०० कोटी टन साठे असावेत असा अंदाज आहे. निसर्गात लोहखनिज शुद्ध स्वरूपात आढळत नाही, ते अशुद्ध स्वरूपात आढळते. शुद्धतेच्या बाबतीत भारतातील लोहखनिज उच्च दर्जाचे मानले जाते. शुद्धतेच्या प्रमाणानुसार लोहखनिजाचे चार प्रकार आहेत.

१) **मॅग्नेटाईट :** लोहखनिजाचा हा सर्वांत शुद्ध व उच्च वर्गाचा प्रकार आहे. हा लोहाचा काळसर रंगाचा ऑक्साईड (Fe_3O_4) असून त्यात लोहाचा अंश ६५ टक्के ते ७२.४ टक्क्यांपर्यंत असतो. पाण्याचा अंश केवळ ०.३ टक्के असल्यामुळे मॅग्नेटाईटपासून शुद्ध लोह मिळविणे किफायतशीर ठरते.

२) **हेमेटाईट :** लालसर अथवा भुऱ्या रंगाच्या या खनिजामध्ये लोहाचा अंश ७० टक्क्यांपर्यंत असतो. हेमेटाईट हा लोहाचा ऑक्साईट (Fe_2O_3) असून त्यात पाण्याचा अंश १० टक्के असतो. जगात हेमेटाईटचे साठे सर्वांत जास्त सुमारे ६८ टक्के आहेत.

३) **लिमोनाईट :** लोहाचे हे खनिज पिवळसर तपकिरी रंगाचे असून ते ऑक्साईडच्या स्वरूपात ($2Fe_3O_33H_2O$) असते. या खनिजात लोहाचे प्रमाण ५० टक्के ते ६० टक्के असते. पाण्याचा अंश सर्वांत जास्त म्हणजे ११ टक्के असतो.

४) **सिडेराईट :** पिवळसर रंगाचे सिडेराईट हे लोहाचे सर्वांत कमी प्रतीचे खनिज आहे. कार्बोनेटच्या स्वरूपात ($FeCO_3$) असणाऱ्या या खनिजात लोहाचा अंश सुमारे ४८ टक्क्यांपर्यंत असतो. त्यात पाण्याचा अंश ०.७ टक्के असतो.

भारतातील लोहखनिजाचे वितरण (Distribution of Ironore in India)

भारतातील लोहखनिजाचे उत्पादन पुढीलप्रमाणे आहे.

१) **ओडिशा :** लोहखनिजांच्या साठ्याच्या बाबतीत देशात ओडिशाचा प्रथम क्रमांक आहे. ओडिशा राज्यात सुंदरगड, मयूर-भंज, केंऊझार, बोनाई हे प्रदेश लोहखनिज उत्पादनासाठी प्रसिद्ध आहेत. देशातील उच्च प्रतीच्या लोहखनिज साठ्यातील ५० टक्के साठे या तीन जिल्ह्यांत आहेत. येथील लोहखनिज रुरकेला, बोकारो, जमशेदपूर येथील लोहपोलाद कारखान्याला पाठविले जाते. देशाच्या एकूण उत्पादनापैकी ३५ ते ३६ टक्के लोहखनिजाचे उत्पादन या राज्यांतून होते.

२) **झारखंड :** उच्च प्रतीचे हेमेटाईट जातीचे लोहखनिज सिंगभूम जिल्ह्यात कल्हान

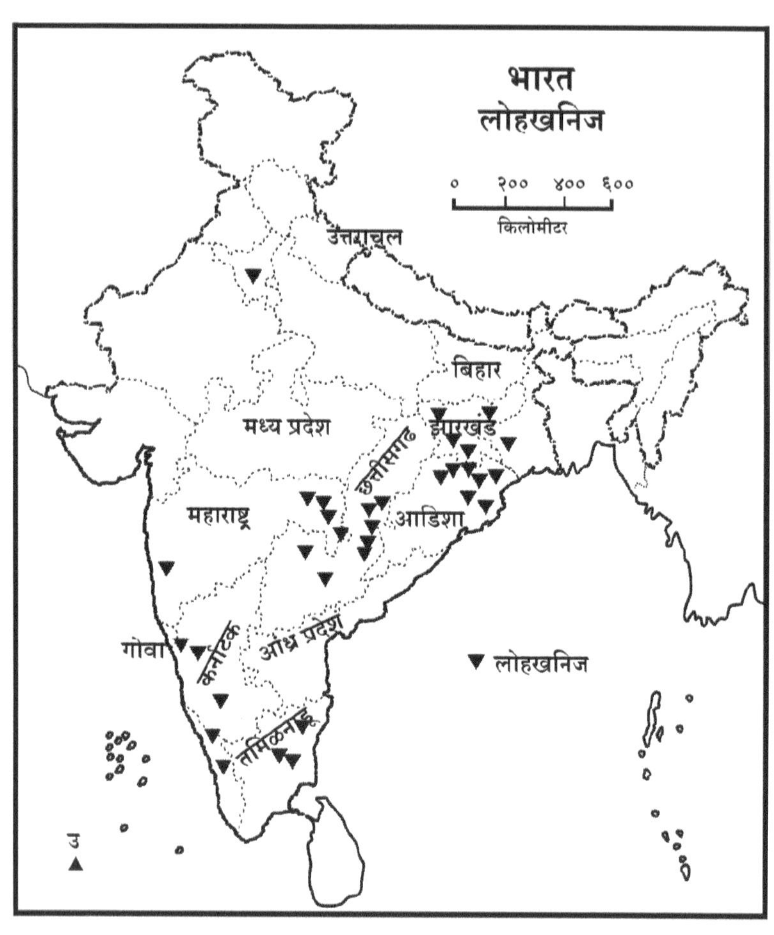

नकाशा क्र. ७.१ : भारत – लोहखनिज

क्षेत्रातील नोटूबुरू नोआमुंडी, पान्सिराबुरू, गुआ खाणीतून मिळते. मानभूम येथून देशाच्या एकूण लोहखनिज उत्पादनापैकी ३८ टक्के लोहखनिजाचे उत्पादन केले जाते. येथील सिंगभूम जिल्ह्यातून लोहखनिज मिळविले जाते. लोहखनिज कुल्ही, बर्नपूर येथील लोहपोलाद कारखान्याला पाठविले जाते.

३) **आंध्र प्रदेश :** आंध्र प्रदेशात अनंतपूर, करिमनगर, नेल्लोर अलिदाबाद, चितूर, कृष्णा, कडाप्पा, कर्नुल, बारंगळ व गुंटूर जिल्ह्यांत लोहखनिजाच्या खाणी आहेत.

४) **छत्तीसगड :** छत्तीसगड राज्यातील दुर्ग व बस्तर जिल्ह्यांत लोहखनिजाच्या खाणी आहेत. या भागात हेमेटाईट प्रकारचे लोहखनिज सापडते. येथील डल्ली पिंपळगाव, राजहरा ही क्षेत्रे लोहखनिज उत्पादनासाठी प्रसिद्ध आहेत. येथून उत्पादित केलेले लोहखनिज भिलाईच्या पोलाद कारखान्याला पाठविले जाते.

५) **महाराष्ट्र :** महाराष्ट्र राज्यात भंडारा, चंद्रपूर, गडचिरोली, नागपूर, रत्नागिरी, सिंधुदुर्ग जिल्ह्यांत लोहखनिजाचे उत्पादन होते. चंद्रपूर जिल्ह्यात लोहरा व पिंपळगाव, गडचिरोली जिल्ह्यात देऊळगाव, भंडारा जिल्ह्यात खुर्शीपार, रामडोक व भामरागड येथे लोहाच्या खाणी आहेत. महाराष्ट्रातील लोहखनिजात ५० टक्के लोहाचे प्रमाण आढळते. भारतातील एकूण खनिजांच्या उत्पादनापैकी २० टक्के उत्पादन महाराष्ट्र राज्यातून येते.

६) **कर्नाटक :** कर्नाटक राज्यात शिमोगा, बेल्लारी, चित्रदुर्ग, चिकमंगलूर जिल्ह्यांत लोहखनिजाचे उत्पादन होते. चिकमंगलूर जिल्ह्यात बाबाबुदान टेकड्या, कुंद्रेमुखचे डोंगर येथून उत्पादन घेतले जाते.

७) **पश्चिम बंगाल :** पश्चिम बंगाल राज्यात बरद्वान, वीरभूम येथून लोहखनिजाचे उत्पादन घेतले जाते.

८) **तमिळनाडू :** तगिळनाडू राज्यात सालेम, कोईमतूर, मदुराई जिल्ह्यांतून लोहखनिजाचे उत्पादन घेतले जाते.

९) **गोवा :** देशातील एकूण लोहखनिज साठ्यात गोव्याचा वाटा सुमरे ३० टक्के आहे. गोव्यामध्ये उत्तर दक्षिण सलग पट्ट्यात लोहखनिजांचे साठे आहेत. उत्तर गोव्यात उत्तम दर्जाचे तर मध्य व दक्षिण गोव्यात मध्यम आणि कनिष्ठ दर्जाचे लोहखनिज सापडते.

देशातील लोहखनिजाच्या उत्पादनापैकी गोवा, छत्तीसगढ, कर्नाटक राज्यांत ६७ टक्के तर ओडिशा व झारखंड राज्यात ३१ टक्के लोहखनिजाचे उत्पादन होते.

लोहखनिजाचे उपयोग

लोहाचा उपयोग पोलाद, रेल्वेमार्ग विविध प्रकारची यंत्रे, यंत्रसामग्री, पूल, घरे, फर्निचर, रेल्वे स्लिपर्स, शेती अवजारे तयार करण्यासाठी केला जातो. टाचणीपासून ते मोठी अवजारे व यंत्रे तयार करण्यासाठी लोहाचा उपयोग होतो.

ब) मँगनीज (Manganese)

लोहखनिजाप्रमाणे मँगेनीज हे महत्त्वाचे खनिज आहे. भारतात मॅंगेनिजचा फार मोठा साठा आहे. हा साठा १२०० द.ल. टन इतका आहे. मँगेनीज उत्पादनात भारताचा जगात दुसरा क्रमांक आहे. जागतिक उत्पादनाच्या ३१ टक्के मँगेनीजचे उत्पादन भारतात होते. संयुक्त संस्थाने, इंग्लंड, जपान, फ्रान्स या देशांना भारत मँगेनीज निर्यात करतो.

भारतातील मँगेनीज वितरण

ओडिशा, कर्नाटक, मध्य प्रदेश, महाराष्ट्र, गोवा, आंध्र प्रदेश, झारखंड इत्यादी राज्यांत मँगेनीजचे भरपूर साठे आहेत.

१) **मध्य प्रदेश :** मध्य प्रदेशाचा मँगेनीजच्या उत्पादनात भारतात प्रथम क्रमांक लागतो. भारताच्या मँगेनीज उत्पादनापैकी १५ टक्के उत्पादन मध्य प्रदेशातून होते. मध्य प्रदेशातील बालाघाट, छिंदवाडा, जबलपूर, मांडला व विलासपूर या जिल्ह्यांत उत्पादन घेतले जाते.

२) **महाराष्ट्र :** महाराष्ट्राचा मँगेनीज उत्पादनात भारतात दुसरा क्रमांक आहे. राज्यात मँगेनीजचे ४० टक्के साठे आढळतात. भंडारा व नागपूर जिल्ह्यांत मँगेनीजचे भरपूर साठे आहेत. तसेच कोल्हापूर, सिंधुदुर्ग, रत्नागिरी, सातारा, सांगली, रायगड, ठाणे या जिल्ह्यांत साठे आहेत.

३) **ओडिशा :** ओडिशा राज्यात गंगापूर, गंजाम, कोरपूट भागांत मोठ्या प्रमाणात मँगेनीज उपलब्ध आहे. देशाच्या उत्पादनपैकी ३६ टक्के उत्पादन केऊजार, मयुरभंज, सुंदरगड येथून मँगेनीजचे उत्पादन होते.

४) **कर्नाटक :** कर्नाटक राज्यात उत्तर कॅनरा व शिमोगा जिल्ह्यांतून मँगेनीजचे उत्पादन घेतले जाते. शिवाय चित्रदुर्ग, चिकमंगळूर, सांदूर, भाटघर क्षेत्रातही मँगेनीजचे साठे आहेत. भारतातील उत्पादनापैकी २५ टक्के उत्पादन कर्नाटक राज्यातून येते.

५) **मध्य प्रदेश :** या राज्यात आदिलाबाद, विजयनगर या जिल्ह्यांत एकूण ५०

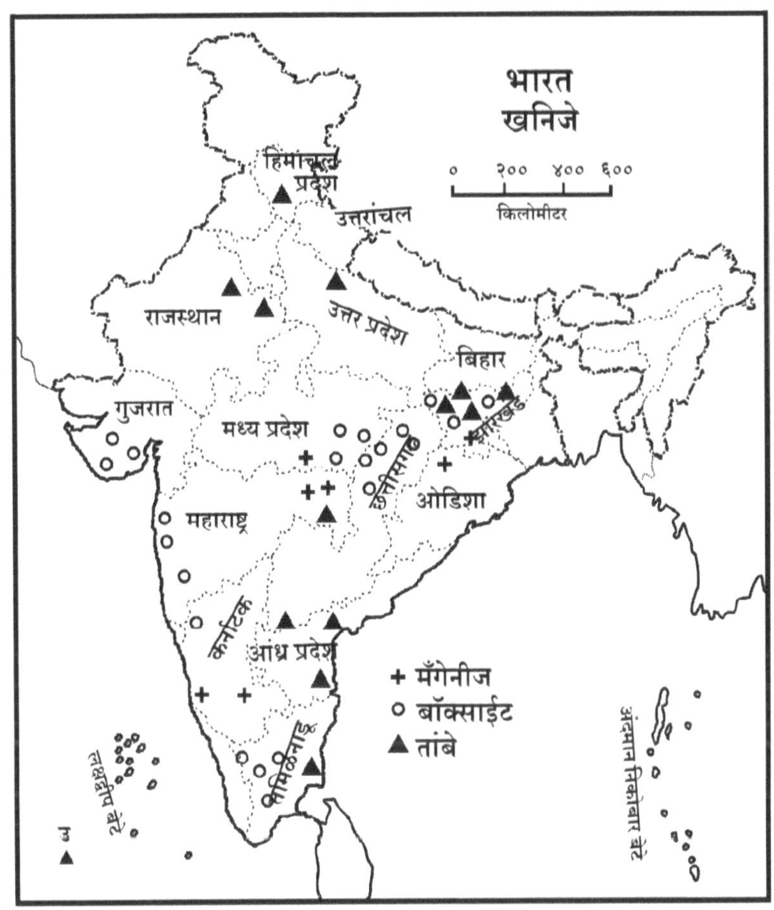

नकाशा क्र. ७.२ : भारतातील खनिजे

लक्ष टन साठे आहेत. भारताच्या एकूण उत्पादनापैकी ५ टक्के उत्पादन येथून निघते. याशिवाय गोवा, गुजरात, राजस्थान, तमिळनाडू, बिहारमध्येही मँगेनीजचे साठे आहेत. भारतातून मँगेनीजची निर्यात मुख्यत्वे संयुक्त संस्थाने, ब्रिटन, जपान, फ्रान्स, स्वीडन, जर्मनी, इटली, नॉर्वे या देशांना केली जाते.

मँगेनीजचे उपयोग

मँगेनीजचा उपयोग पोलादाला टणकपणा आणण्यासाठी होतो. जगातील ९० टक्के मँगेनीज पोलाद निर्मितीसाठी वापरले जाते. रसायने, काच, प्लॅस्टिक, किटकनाशके, ब्लिचिंग पावडर, ड्रायबॅटरी, वॉर्निश व रंगनिर्मिती, तसेच छपाईसाठी मँगेनीजचा उपयोग केला जातो. शिशाच्या व चिनीमातीच्या भांड्यांना मुलामा अथवा रंग देण्यासाठी मॅगेनीजचा उपयोग करतात. दागिन्यांना डाग देण्यासाठीसुद्धा मँगेनीजचा उपयोग केला जातो.

७.२) ऊर्जासाधने

निसर्गातून मिळणाऱ्या साधनसंपदांचा वापर जसाच्या तसा करता येत नाही. त्याचे पक्क्या मालात रूपांतर करण्यासाठी मोठ्या प्रमाणावर इंधनाची गरज लागते त्यालाच 'शक्तिसाधने' किंवा ऊर्जासाधने असे म्हणतात. शक्तिसाधनांचे अप्राणिज व प्राणिज शक्तिसाधने असे प्रकार पडतात. अप्राणिज शक्तिसाधनांत दगडी कोळसा, खनिज तेल, नैसर्गिक वायू, सौरऊर्जा, विद्युत यांचा व प्राणिज शक्तिसाधनात मानव व प्राण्यांचा समावेश होतो. ही शक्तिसाधने पुढीलप्रमाणे आहेत-

अ) दगडी कोळसा (Coal)

दगडी कोळशाची निर्मिती ३०० कोटी वर्षांपूर्वी कार्बोनिफेरस काळात झाली. त्या काळी भूपृष्ठाच्या हालचालीमुळे पृथ्वीवरील जंगले भूपृष्ठाखाली गाडली गेली. त्याच्यावर प्रचंड दाब व उष्णतेचा परिणाम होऊन वनस्पतीचे रूपांतर दगडी कोळशात झाले. दगडी कोळशाचे त्याच्यातील कार्बनच्या प्रमाणानुसार खालील प्रकार पडतात.

१) **ग्राफाईट :** हा अति उष्ण प्रकारचा दगडी कोळश्याचा प्रकार समजला जात असून त्यात ९९ टक्के कार्बनचे प्रमाण असते. ग्राफाईटला (Black lead) असेही म्हणतात

२) **अँथ्रासाईट :** हा अत्यंत उच्च प्रतीच्या कोळशाचा प्रकार असून तो काळा, कठीण व चकचकीत असून त्यात कार्बनचे प्रमाण ९५ टक्क्यांपर्यंत असते. या कोळशापासून उष्णता मिळते व धूर होत नाही. राखेचे प्रमाणदेखील कमी असते.

३) **बिट्यूमिनस :** अत्यंत कठीण, काळा, घट्ट अशा कोळशात कार्बनचे प्रमाण ७० ते ९० टक्के असते. हा उत्तम दर्जाचा कोळसा आहे. त्याची ज्वलनशीलता भरपूर असते व जळताना धूर अत्यल्प असतो.

४) **लिग्नाईट :** हा निकृष्ट दर्जाचा दगडी कोळशाचा प्रकार असून त्याचा रंग तांबूस असतो. यात कार्बनचे प्रमाण ५० टक्क्यांपेक्षा कमी असते. त्याच्यापासून जास्त धूर व कमी उष्णता मिळते. ठिसूळ असल्यामुळे वाहून नेणे कठीण असते. म्हणून तो उत्पादित प्रदेशातच वापरला जातो.

५) **पीट :** सर्वांत निकृष्ट दर्जाचा हा दगडी कोळशाचा प्रकार असून त्यात कार्बनचे प्रमाण ३० टक्क्यांपर्यंत असते. त्यापासून अत्यंत कमी उष्णता मिळते. जळताना जास्त धूर व जळल्यानंतर भरपूर राख शिल्लक राहते.

दगडी कोळशाचे वितरण

दगडी कोळसा उत्पादनात भारताचा जगात चौथा क्रमांक लागतो. भारतातील दगडी कोळसा, 'गोडवना क्षेत्र' आणि 'टर्शरी क्षेत्र' या दोन क्षेत्रांत आढळतो. दगडी कोळशाचे वितरण पुढीलप्रमाणे आहे.

१) **झारखंड :** झारखंड राज्यात रामगड, गिरीधी, कर्णपुरा, बोकारो इत्यादी महत्त्वाच्या खाणी आहेत. बोकारो महत्त्वाची खाण असून येथून उच्च प्रतीचा दगडी कोळसा उत्पादित होतो.

२) **बिहार :** बिहार राज्यात राजमहल टेकड्या येथून उत्पादन होते. झारिया हे कोळसा क्षेत्र सर्वांत महत्त्वाचे असून भारतातील कोळशाचे सुमारे ५० टक्के उत्पादन या खाणीतून होते. या खाणीतून उच्च प्रतीचा कोळसा उत्पादित होतो.

३) **पश्चिम बंगाल :** राणीगंज हे पश्चिम बंगमधील प्रमुख कोळसा उत्पादक आहे. बरद्वान, बांकूरा, पुरूनिया जिल्ह्यांमध्ये कोळसा सापडतो. देशाच्या कोळशाच्या उत्पादनापैकी पश्चिम बंगमधून ३२ टक्के उत्पादन होते. अँथ्राईट प्रकारचा कोळसा मिळतो.

४) **मध्य प्रदेश :** मध्य प्रदेशातील मोहपनी सिंगोली, रेवा, उमरिया क्षेत्रातून कोळशाचे उत्पादन घेतले जाते.

५) **छत्तीसगड :** छत्तीसगढ राज्यातील कोर्बा व सोहागपूर पंचनदीचे खोरे इत्यादी क्षेत्रांतून कोळशाचे उत्पादन घेतले जाते.

६) **ओडिशा :** ओडिशा राज्यात लाक्चेर, रामपूर, रामगड, कर्णपुरा ही महत्त्वाची

कोळसा क्षेत्रे तसेच संबळपूर आणि सुंदरगड जिल्ह्यांतील महत्त्वाची कोळसा क्षेत्रे आहेत.

७) **महाराष्ट्र :** महाराष्ट्र राज्यात वर्धा नदीच्या खोऱ्यात पेंच कन्हान क्षेत्र, नागपूर व चंद्रपूर जिल्ह्यांत कोळशाचे उत्पादन होते. चंद्रपूर, बल्लारपूर, वणी, बरोस ही महाराष्ट्रातील प्रमुख कोळसा उत्पादक क्षेत्रे आहेत.

८) **आंध्र प्रदेश :** आंध्र प्रदेशातील कोळशाचे साठे गोदावरीच्या खोऱ्यातील अदिलाबाद, करीमनगर, वारंगळ आणि पश्चिम गोदावरी जिल्ह्यांत आहेत.

दगडी कोळशाचे उपयोग

१. वीज निर्मितीसाठी उपयुक्त.
२. लोह, पोलाद उद्योगात, रसायने व रंग उद्योगात वापर केला जातो.
३. रेल्वे, जहाजे यांच्या इंधनासाठी उपयुक्त.
४. वीज तयार करणे, भांडी तयार करणे व घरगुती इंधन म्हणून दगडी कोळसा उपयोगी आहे.
५. गॅस निर्मिती, काच, कागद, खते उद्योगातही दगडी कोळसा वापरला जातो.

ब) पेट्रोलियम (Petrolium)

आधुनिक काळात कोळशाप्रमाणेच खनिज तेलास महत्त्व प्राप्त झाले आहे. त्यापासून वेगवेगळे घटक मिळतात. ते अत्यंत उपयुक्त असल्याने तेलाचे महत्त्व अनन्यसाधारण असेच आहे. त्यामुळे खनिज तेल हे औद्योगिक व आर्थिक विकासातील एक महत्त्वाचा घटक बनले आहे. इ.स.१८५७ मध्ये युरोपमधील रूमानियात सर्वात प्रथम औद्योगिकदृष्ट्या खनिज तेलाच्या उत्पादनास सुरुवात झाली व नंतर १८५९मध्ये उत्तर अमेरिकेतील संयुक्त संस्थांनच्या पेनसिल्व्हानिया राज्यात तेल विहिरीतून उत्पादनास सुरुवात झाली व ते तेल उत्पादन ५ लक्ष पिंपाहून अधिक होते.

खनिज तेलापासून पॅराफिन, वंगणे, खतोत्पादनास व प्लास्टिक निर्मितीस उपयुक्त असे अनेक घटक पदार्थ मिळत असल्याने ते अधिक किफायतशीर झाले आहे. कच्चा वस्तूपासून अधिकाधिक प्रकारचे उत्पादन मिळत असल्यास ते अधिकाधिक किफायतशीर होते. खनिजतेल जगाच्या वेगवेगळ्या भागात उपलब्ध होत असले तरी सर्व ठिकाणी ते सारख्या प्रतीचे नसते. प्रतवारीनुसार जड असफॉल्टयुक्त तेलापासून ते हलक्या उत्तम प्रतीचे पराफिनयुक्त तेलापर्यंत विविध प्रकारचे खनिज तेल उपलब्ध होते. काही वेळा खनिज तेलात गंधकाचे प्रमाण आढळते व ते शुद्ध करणे अत्यंत खर्चिक होते.

खनिज तेल व दगडी कोळसा याची तुलना केल्यास अनेक बाबतीत तेल हे अधिक उपयुक्त व किफायतशीर आढळते. दगडी कोळसा घन असल्याने व त्यांची किंमत कमी असल्याने वाहतूक करणे अवघड जाते तर त्याउलट खनिज तेल हे द्रवरूप असल्याने नळावाटे दूरच्या औद्योगिक प्रदेशात कमी खर्चात व जलद गतीने पाठविता येत असल्याने अतिशय सोयीचे होते. याउलट दगडी कोळसा हा ज्या प्रदेशात उत्पादित होतो तेथेच किंवा जवळच्या प्रदेशात वापरला जातो. म्हणून कोळसा उत्पादक क्षेत्रात उद्योगधंद्यांचा विकास होऊन उद्योगधंद्यांचे प्रादेशिक केंद्रीकरण होते. या उलट खनिजतेल नळाद्वारे फार दूरच्या प्रदेशात नेता येत असल्याने कारखान्याचे विकेंद्रीकरण करण्यास मदत होते. कमी वजनाच्या या खनिज तेलापासून जास्त प्रमाणात शक्ती-उष्णता मिळते. त्यामुळे वाहतूकीच्या साधनांसाठी इंधन म्हणून त्याचा अधिक किफायतशीरपणे उपयोग करता येतो. यामुळे अलीकडील काळात दगडी कोळशाऐवजी वाहतूक साधनांमध्ये खनिज तेल वापराकडे कल आहे. रेल्वे इंजिने व बोटीमध्ये दगडी कोळशाऐवजी डिझेलचा वापर वाढत आहे. कोळशावर चालणाऱ्या वाफेच्या इंजिनापेक्षा तेलावर चालणाऱ्या इंजिनाचा कार्यक्षमता अधिक असते. मोटारी, विमाने यामध्ये खनिज तेल हेच इंधन म्हणून वापरले जाते.

खनिज तेलाप्रमाणेच कोळशापासूनही अनेक रासायनिक पदार्थ मिळत असले, तरी त्यांची विविधता, उपयुक्तता व आर्थिक किफायतशीरपणा यांचा विचार करता खनिज तेलापासून मिळणाऱ्या पदार्थांची व त्यांची बरोबरी होऊ शकत नाही. खनिज तेल निसर्गात विशिष्ट प्रकारच्या भूरचनेत आढळते. खनिज तेलाची भूगर्भात निर्मिती कशी झाली असावी हे गूढ पूर्णपणे उकललेले नसले तरी सूक्ष्मजीव किंवा सूक्ष्म वनस्पतीपासून ते तयार झाले असावे असा अंदाज वर्तवला जातो. साधारणपणे घडीच्या किंवा घुमटाकृती खडकांच्या थरांची रचना असलेल्या भागातच तेलसाठे आढळतात. सर्वेक्षण केल्यावर तेलनिर्मितीस योग्य क्षेत्र निवडल्यावर तेथे विहीर खणली जाते व औद्योगिकदृष्ट्या उत्पादनास सुरुवात केली जाते. खनिज तेलाबरोबर काही क्षेत्रात नैसर्गिक वायूही मिळतो. तोसुद्धा किफायतशीर इंधन म्हणून वापरला जातो. तो नळाचा साहाय्याने एका ठिकाणाहून दुसरीकडे वाहून नेला जातो. काही विहिरीतून खनिज तेल न मिळता नुसता नैसर्गिक वायूच उपलब्ध होतो.

भारतातील खनिज तेलाचे वितरण

खनिज तेल उत्पादनात भारतात आसामचे स्थान अग्रगण्य आहे. या राज्यातील ब्रह्मपुत्रा व सुरमा नदीच्या खोऱ्यात खनिज तेलाचे विस्तृत साठे आहेत. भारतात १८८६ मध्ये माकुम येथे खनिज तेल काढण्यात आले. दिग्बोई, बाप्पातुंग, हंसापुंग,

नहारकाटिया व मोरान येथे तेलविहिरी खोदून उत्पादन वाढ करण्यात आली. खनिज तेल उत्पादनात भारताचे दोन प्रमुख विभाग पाडले जातात.

१. ईशान्यकडील क्षेत्र व

२. पश्चिमेकडील क्षेत्र

१) ईशान्यकडील क्षेत्र

या क्षेत्रात दिग्बोई, बदगापूर, पथारिया, मासिमपूर व नहारकाटिया या खनिज तेल क्षेत्राचा समावेश होतो.

दिग्बोई क्षेत्र : या क्षेत्रातील तेलाच्या साठ्याच्या शोध १८८९ मध्ये लागला. पुढे या क्षेत्राचे तेल उत्पादन वाढतच गेले. ईशान्य आसाममधील लखीमपूर, खासी, जयंती टेकड्यांचे प्रदेश तेल उत्पादनासाठी प्रसिद्ध आहेत. लखीमपुर व दिग्बोई येथे तेल उत्पादन मोठ्या प्रमाणावर होते. याभागातील तेल हे पॅराफिन व अस्फाल्ट मिश्रित प्रकारचे असते.

बदारपूर क्षेत्र : सुरमा नदीच्या खोऱ्यातील दुसरे महत्त्वाचे क्षेत्र म्हणजे बदारपूर हे होय. बदारपूर व पाथरिया ही तेल उत्पादक क्षेत्रे पर्वतीय प्रदेशात आहेत. सध्या या क्षेत्रातील तेल उत्पादन घटत आहे.

पाथरिया आणि मासिमपूर : या क्षेत्रातील तेल अत्यंत खोलीवरील वाळूतून प्राप्त होते. या विहिरीची खोली ४५० ते १८४८ मीटर्सपर्यंत असून यापासून सध्या कमी प्रमाणात तेल उपलब्ध होते.

नहरकोटिया तेल क्षेत्र : आसामच्या नागा प्रदेशात तेल उत्पादनासाठी खूप प्रयत्न करण्यात आले. या क्षेत्रातून विपुल प्रमाणावर तेल उत्पादन होते व ते उत्पादन कमीत कमी २० वर्षांपर्यंत कायम राहील असा अंदाज आहे. या क्षेत्रात मोरेन व हुगरीजन या क्षेत्राचा समावेश होतो.

२) पश्चिमेकडील क्षेत्र

या भागातील खंबायतच्या आखातात उपलब्ध होणारे खनिजतेल काही वर्षात भारतातील सर्वाधिक खनिज तेल उत्पादक बनण्याची शक्यता आहे. गुजरात, राजस्थान व महाराष्ट्र या भागाचा या क्षेत्रात समावेश होत असून तेलसाठे मोठ्या प्रमाणावर उपलब्ध आहेत. महाराष्ट्रात राज्यात पश्चिमेकडे अरबी समुद्रामध्ये किनारपट्टीपासून साधारणत: १७६ किलोमीटर्स अंतरावर मोठ्या प्रमाणात खनिज तेलाचे उत्पादन सुरू असून ते 'बॉम्बे हाय' क्षेत्र या नावाने ओळखले जाते. हा परिसर सुमारे २००० चौरस किलोमीटर्स विस्तृत आहे. गुजरात या राज्यातील तेल क्षेत्र सुरतपासून खंबायतेचे

आखात ते भावनगरपर्यंत पसरलेले आहे. गुजरात राज्यात अंकलेश्वर, कोचानी, कजोल, नवगाव, लुनेज, कटना, कोसंबा, सानंद, मेहसाना, वाबेल, संताळ, दोनका इत्यादी ठिकाणाहून खनिज तेलाचे उत्पादन घेतले जाते.

संभाव्य तेलक्षेत्रे : तेल व नैसर्गिक वायू आयोगाने केलेल्या संशोधनानुसार काही संभाव्य तेलक्षेत्रे निश्चित करण्यात आली आहेत. ती पुढीलप्रमाणे आहेत.

१. आसाम राज्यातील अंतर्गत भाग.

२. महाराष्ट्रातील अरबी समुद्रातील प्रदेश.

३. भारताच्या पूर्व किनारपट्टीवरील कृष्णा व गोदावरील नद्यांची खोरी.

४. भारताच्या वायव्य भागात अरुंद पट्ट्यांध्ये (पश्चिम उत्तर प्रदेश, हरियाणा, पंजाब व राजस्थान).

५. बंगालच्या उपसागरातील अंदमान व निकोबार बेटांजवळील प्रदेश.

खनिज तेलाचे उपयोग

१. उष्णता निर्माण करण्यासाठी उपयुक्त.

२. पेट्रोल, डिझेल, रॉकेल, व्हॅसलीन, रंग, बेंझीन, वंगण, मेण, नाप्था, डांबर, औषध तयार करण्यासाठी उपयोग.

३. वाहने व कारखाना चालवीण्यासाठी उपयुक्त. तसेच खनिज तेलापासून पॅराफिन, वंगणे, खतोत्पादनास व प्लॅस्टिक निर्मीतीस उपयुक्त असे अनेक घट्ट पदार्थ मिळत असल्याने ते अधिक किफायतशीर झाले आहेत.

७.३ अ) जल–विद्युतशक्ती (Hydroelectric Power)

वाहत्या पाण्याच्या जोरावर जी वीज तयार केली जाते तिला जल–विद्युतशक्ती असे म्हणतात. अलीकडे जल–विद्युतशक्तीला अनन्यसाधारण महत्त्व प्राप्त झाले आहे. आर्थिक विकास जल–विद्युतशक्तीवर फार मोठ्या प्रमाणावर अवलंबून आहे. जल–विद्युतशक्तीच्या विकासाबरोबर भारतात शेतीचा व उद्योगधंद्याचा विकास झालेला आढळतो. जल–विद्युतशक्ती अक्षय स्वरूपाचे शक्तिसाधन आहे. जोपर्यंत भरपूर पाणीपुरवठा उपलब्ध आहे तोपर्यंत जल–विद्युतशक्ती निर्माण होत राहणार आहे. भारताच्या दृष्टीने जलविद्युत ही अत्यंत किफायतशीर अशी ऊर्जा आहे.

जल–विद्युतनिर्मितीस अनुकूल घटक

जल–विद्युतनिर्मितीत खालील आठ घटक अत्यंत महत्त्वाचे मानले जातात.

१. तापमान गोठणबिंदूच्या खाली नको म्हणजेच नेहमी उष्ण हवामान हवे.

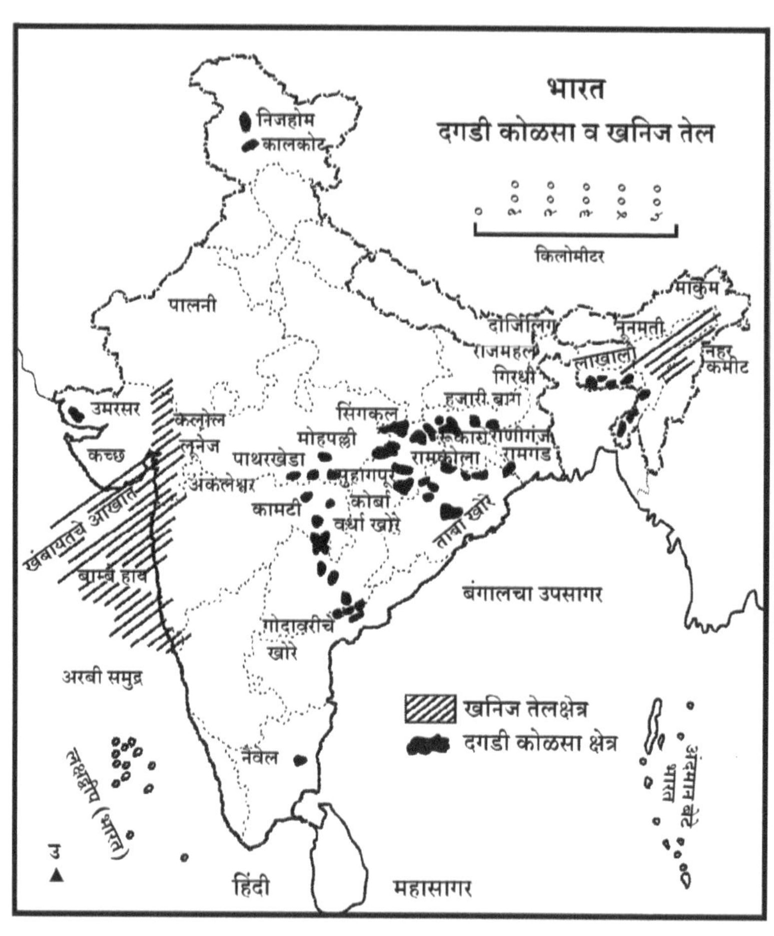

नकाशा क्र. ७.३ : भारतातील दगडी कोळसा व खनिज तेल क्षेत्र

२. नद्यांचे पाणी सतत बारमाही वाहत्या स्वरूपाचे हवे.

३. नद्यांच्या प्रवाहमार्गात नैसर्गिक धबधबे पाहिजेत.

४. पाणी उंचावरून पडणारे व जास्त वेगाने वाहणारे हवे.

५. मोठ्या प्रमाणात भांडवल हवे.

६. कुशल व अकुशल मजूर हवेत.

७. औद्योगिक प्रदेश उत्पादक प्रदेशाजवळ पाहिजे.

८. जलविजेची भरपूर मागणी असावी.

भारत अतिशय विस्तृत व विशाल देश आहे. येथील बरीचशी प्राकृतिक रचना डोंगराळ व पर्वतीय आहे. अनेक नद्या या प्रदेशातून उगम पावतात. जल-विद्युतनिर्मितीस येथील परिस्थिती अनुकूल आहे.

भारतातील जल-विद्युतनिर्मिती केंद्रे

जगातील पहिले जल-विद्युतकेंद्र १८८३ मध्ये फ्रान्समध्ये निर्माण झाले. भारतात सर्वांत प्रथम कर्नाटक राज्यात कावेरी नदीवर 'शिवसमुद्रम' या ठिकाणी इ.स. १९०२मध्ये पहिले जलविद्युत केंद्र उभारले. आज भारतात निर्माण होणाऱ्या जल-विद्युतशक्तीपैकी सुमारे ८० टक्के वीज महाराष्ट्र, कर्नाटक, केरळ, तमिळनाडू, पंजाब या राज्यात निर्माण होते. भारताची संभाव्य जल-विद्युतशक्ती सुमारे ५३४ लक्ष कि.वॅट आहे. त्यांपैकी आज फक्त ८ टक्के उत्पादन घेतले जाते. जल-विद्युतनिर्मिती केंद्राच्या दृष्टीने उत्तर, पश्चिम, दक्षिण, पूर्व, ईशान्य असे पाच विभाग पाडण्यात येतात.

१. **उत्तर प्रदेश :** रिहांद-यमुना प्रकल्प, रामगंगा, शारदा.

२. **राजस्थान :** राणाप्रताप सागर व जवाहर सागर

३. **जम्मू काश्मीर :** झेलम, बुनीगर, मोहरा, चेनानी, उर्ध्व चेनानी, ऊर्ध्व सिंधूकॅनॉल

४. **हिमालय प्रदेश :** जोगिंदर नगर, बैरासेअव, गिरी

५. **महाराष्ट्र :** खोपोली, भिवनपुरी, भिरा, कोयना, जायकवाडी, पंच, भंडारदरा, येवदरी, वीर, वैतरण, राधानगरी, भाटघर, विळारी, बिल्लारी.

६. **पंजाब :** नानगल प्रोजेक्ट

७. **गुजरात :** तुकाई काक्रापारा

८. **कर्नाटक :** इंडिकी, शबरीगिरी, कुट्टीयादी, चल्ली वासव, भद्रावती शिवसमुद्रम

९. **आंध्र प्रदेश :** नागार्जुनसागर, मुचफुंद, तुंगभद्रा, निजामसागर

१०. **ओडिशा :** हिराकुड

११. पश्चिम बंगाल : जवढाका, बिलैया, मेथॉन, पांचेनहिव

१२. तमिळनाडू : मेत्तूर, पाथकारा, पापनाशम अशा प्रकारे वरील बारा राज्यांतील विविध जल-विद्युतकेंद्रे महत्त्वाची मानली जातात.

तक्ता क्र. ७.१ : भारतातील जलविद्युत व सिंचन प्रकल्प

अ.क्र.	प्रकल्प	नदी	राज्य
१	भाक्रा-नानगल	सतलज	पंजाब
२	दामोदर प्रकल्प	दामोदर	बिहार
३	तुकाई प्रकल्प	तापी	गुजरात
४	हिराकुड प्रकल्प	महानदी	ओडिशा
५	तुंगभद्रा प्रकल्प	तुंगभद्रा	आंध्र प्रदेश
६	नागार्जुनसागर	कृष्णा	आंध्र प्रदेश
७	कोसी प्रकल्प	कोसी	बिहार
८	रिहांद प्रकल्प	रिहांद	उत्तर प्रदेश
९	चंबळ प्रकल्प	चंबळ	मध्य प्रदेश
१०	गंडक प्रकल्प	गंडक	उत्तर प्रदेश
११	कोयना प्रकल्प	कोयना	महाराष्ट्र
१२	अप्परकृष्णा प्रकल्प	कृष्णा	कर्नाटक
१३	शरावती प्रकल्प	शरावती	कर्नाटक
१४	भद्रा प्रकल्प	भद्रा नदी	कर्नाटक

जल-विद्युतशक्तीचे महत्त्व

१. अक्षय शक्तिसाधने आहे.
२. इतर साधनांप्रमाणे घाण होत नाही. स्वच्छता राहण्यास मदत होते.
३. तारांच्या साहाय्याने दुर्गम भागातही वाहून नेता येते.
४. उद्योगधंद्याच्या विकेंद्रीकरणास उपयुक्त शक्तिसाधन.

५. मुबलक प्रमाणात उपलब्ध होते.

६. उत्पादनास खर्च कमी येतो.

७. प्रकाश व ऊर्जा शक्ती प्राप्त होते.

८. पर्यावरणावर कोणताही परिणाम होत नाही. म्हणजे प्रदूषणाचा प्रश्न येत नाही.

७.३ ब) औष्णिक ऊर्जा (Thermal Energy)

दगडी कोळसा, खनिज तेल व नैसर्गिक वायूंपासून तयार होणाऱ्या विद्युतशक्तीस औष्णिक विद्युत असे म्हणतात. यामध्ये भूगर्भातील उष्णतेचे रूपांतर विद्युतशक्तीत केले जाते. भूपृष्ठावर ज्या ठिकाणी गरम पाण्याचे झरे व फवारे आहेत अशा ठिकाणी उष्णता मोठ्या प्रमाणावर बाहेर टाकली जाते. अशा भूऔष्णिक शक्तीचा वापर न्यूझीलंडचा उत्तरभाग, संयुक्त संस्थानातील कॅलिफोर्निया, रशिया, इटली, जपान इत्यादी देशांमध्ये केला जात आहे.

भूउष्णता ही निसर्गत: तीन प्रकारे मिळते, ते प्रकार पुढीलप्रमाणे -

१) **जलऔष्णिक अभिसरण ऊर्जा :** या प्रकारात उष्ण पाणी अथवा वाफ यांच्या अभिसरण चक्रामुळे भूगर्भातील उष्णतेचे भूपृष्ठाकडे वहन केले जाते. संयुक्त संस्थानांमध्ये अशा पद्धतीने मिळणाऱ्या उष्णतेचा वापर विद्युत निर्मितीसाठी केला जात आहे.

२) **तप्त अग्निजन्य पदार्थ :** भूगर्भातील अतिशय तप्त असलेल्या लाव्हारसापासून अथवा त्यामुळे उष्ण झालेल्या खडकांपासून शास्त्रीय पद्धतीने औष्णिक वीज निर्मिती करता येते.

३) **भूभारातून निर्माण झालेली ऊर्जा :** भूगर्भातील उष्णतेचे वहन होत असताना ही उष्णता अच्छिद्र खडकाद्वारे अडवली जाते व अशा दाबल्या गेलेल्या उष्णता पासून ऊर्जा मिळविता येते.

वरील तीनही पद्धतींचा वापर करून भूऔष्णिक ऊर्जा मिळवता येते. अमेरिकेत याप्रकारे प्राप्त होणाऱ्या ऊर्जेचा वापर सुरू झाला आहे. परंतु त्याचे प्रमाण अद्यापही कमीच दिसते. भूऔष्णिक ऊर्जेचा वापर करण्यासाठी लागणारा प्रचंड खर्च हे या ऊर्जेच्या कमी वापराचे मुख्य कारण आहे. असे असले तरीसुद्धा भविष्यकाळात ऊर्जा मिळविण्याचा एक महत्त्वपूर्ण पर्याय म्हणून भूऔष्णिक ऊर्जेकडे पाहिले जाते व या दृष्टिकोनातून या ऊर्जेचा व्यापारी तत्त्वावर जास्तीतजास्त उपयोग कसा करता येईल या दृष्टिकोनातून संशोधन सुरू आहे.

भारतातील औष्णिक ऊर्जेचे वितरण

भारतात औष्णिक ऊर्जा कोळशापासून निर्माण केली जाते. ज्या प्रदेशामध्ये दगडी कोळशाचे उत्पादन भरपूर होते तेथे औष्णिक वीज केंद्रे आढळतात. भारतातील महत्त्वाची औष्णिक वीज निर्मिती केंद्रे विभाग निहाय पुढीलप्रमाणे आहेत -

अ) **उत्तर विभाग :** दिल्लीमध्ये बदरपूर, राजघाट व इंद्रप्रस्थ, हरियाणामध्ये फरिदाबाद, पानिपत व सूरजपूर, जम्मू काश्मीरमध्ये कालकोटे, पंजाबमध्ये भटिंडा, उत्तर प्रदेशात ओब्रा, हरदुआगंज, रेणुसागर, पंकी व कानपूर येथे महत्त्वाची औष्णिक विद्युत केंद्रे आहेत.

ब) **पश्चिम विभाग :** गुजरातमध्ये धुवरान, अहमदाबाद, उकाई, गांधीनगर, साबरमती व उतरन, मध्य प्रदेशात, सातपुडा, कोरबा व अमरकंटक, महाराष्ट्रात कोराडी, तुर्भे, चंद्रपूर, चोला, उरण, खापरखेडा, एकलहरे, परळी-वैजनाथ, दाभोळ येथे औष्णिक वीजनिर्मिती केंद्रे आहेत.

क) **दक्षिण विभाग :** आंध्र प्रदेशात कोशगम नेल्लोर, विजयवाडा, रामगुंड व हुसेनसागर, तामिळनाडूध्ये नेरवेली, तुतिकोरीन, बसीन ब्रीज व नेल्लोर या ठिकाणी औष्णिक वीज केंद्रे आहेत.

ड) **पूर्व विभाग :** बिहारमध्ये बरौनी, दामोदर खोरे प्राधिकरणाचे चंद्रपूर, दुर्गापूर, बोकारो, ओडिशामध्ये ताक्चर, पश्चिम बंगालमध्ये कोलकाता, बांदेल व दुर्गापूर येथे औष्णिक वीज केंद्रे आहेत.

इ) **ईशान्य विभाग :** या विभागात आसाममध्ये कामरूप व चंद्रपूर येथे औष्णिक वीज केंद्रे आहेत.

भारतातील ऊर्जा संकट (Energy Crisis)

सतराव्या व अठराव्या शतकांत भारतातील प्रमुख ऊर्जा समस्या म्हणजे खनिज तेल ही होती. ही काही राष्ट्रीय समस्या नसून तो जागतिक प्रश्न बनला आहे. भारतातील ऊर्जा संकटाची काही ठळक वैशिष्ट्ये पुढीलप्रमाणे आहेत -

१) भारतातील ऊर्जा समस्या फक्त खनिजतेलाच्या मागणी आणि पुरवठ्यामधील तफावत नाही. भारतातील व्यापारी क्षेत्रातील इंधनाची मागणी प्रचंड प्रमाणात वाढली आहे. त्यामुळे ही तफावत वाढतच आहे. भारताच्या ठरलेल्या आर्थिक विकासाच्या वाढीबरोबर व्यापारी क्षेत्रातील ऊर्जेची मागणी मोठ्या प्रमाणात प्रत्येक वर्षी वाढतच आहे. सर्व प्रकारच्या ऊर्जेची मागणी भारतात वाढतच असली तरी तिचा पुरवठा पुरेसा होत नाही. तेल व नैसर्गिक वायू मंडळ आणि

भारतीय तेल कंपनी लि. विविध प्रकारच्या योजना आखत असून खनिजतेलाचे उत्पादन वाढविण्याचा प्रयत्न करीत आहेत. भारताच्या खनिजतेल उत्पादनाची प्रमुख समस्या म्हणजे खनिजतेलाचे साठे शोधून काढणे होय. जागतिक ज्ञात असलेल्या स्थानापैकी भारतात ०.३ टक्के साठे ज्ञात आहेत.

२) कोळसा उद्योगाकडून ऊर्जेचे संकट कोळसा उत्पादन वाढवून कमी करण्याची अपेक्षा होती; परंतु काही वर्षात कोळशाचे उत्पादन कमी झाले आहे. शिवाय भारतातील कोळशाचे साठे व त्यातून मिळणाऱ्या कोळशाची प्रत फारशी चांगली नाही.

३) विजेच्या मागणीपुरवठ्याची तफावत कमी होण्याऐवजी वाढतच आहे. औद्योगिक व शेतीचा विकास साधण्यासाठी विजेत प्रचंड प्रमाणात मागणी आली; परंतु देशातील वीजनिर्मिती व तिच्या वितरणाच्या बाबतीत अनेक अडचणी निर्माण झाल्या आहेत.

भारतात आर्थिक विकासात खनिजतेलाची व कोळशाची कमतरता व ऊर्जेचे कमी प्रमाणात उत्पादन या प्रमुख समस्या निर्माण झाल्या आहेत. त्यामुळे खालील परिणाम जाणवतात –

१) तेलाच्या कमतरतेमुळे वाहतूक क्षेत्रावर परिणाम झाला. एकूण तेलाचा वापर करणाऱ्या क्षेत्रापैकी एकट्या वाहतूक क्षेत्रात ५६ टक्के तेलाचा वापर केला जातो.

२) कोळशाच्या कमतरतेमुळे वीज उत्पादनावर आणि एकंदरीत आर्थिक विकासावर परिणाम झाला.

३) ऊर्जेच्या कमतरतेमुळे औद्योगिक क्षेत्र व कृषी क्षेत्रातील उत्पादनावर विपरीत परिणाम झाला.

ऊर्जा संकट कमी करण्यासाठी उपाय

४० वर्षांपूर्वीच्या व आजच्या ऊर्जेच्या मागणीत फारच तफावत पडली आहे. ती कमी करण्यासाठी पुढील उपाय योजणे आवश्यक आहे.

१) खनिजतेलाचे साठे शोधून त्याचे उत्पादन वाढविले पाहिजे.

२) पेट्रोल, ऑईल, लुब्रिकंटस् यांच्या वापरावर मर्यादा आणणे गरजेचे आहे.

३) कारखान्यामध्ये खनिजतेलाला पर्याय म्हणून कोळशाचा वापर करावा.

४) वीजनिर्मिती केंद्राचे विस्तारीकरण करावे.

५) ऊर्जेचे संवर्धन करावे.

६) पुनर्नविकरणीय ऊर्जा साधनांचा वापर करावा. यात गोबर गॅस, गोबर गॅसवर आधारित वीज, शेतीतील निरुपयोगी कचरा, सौरऊर्जा, लहान लहान जलविद्युत प्रकल्प, पवनऊर्जा यांचा समावेश होतो.

७) ग्रामीण भागात आधुनिक प्रकारच्या चुलींचा वापर करावा.

प्रकरण ८	# शेती Agriculture

प्रस्तावना (Introduction)

शेती हा भारतीय अर्थव्यवस्थेतील प्रमुख व्यवसाय आहे. देशाच्या ग्रामीण भागातील उपजिविकेचे एक साधन आहे म्हणून शेती व्यवसायाला अनन्यसाधारण महत्त्व आहे. देशाच्या स्थूल राष्ट्रीय उत्पन्नातील शेती क्षेत्राचा हिस्सा उत्तरोत्तर घटत गेला असला तरी देशातील ६४ टक्के लोकसंख्या प्रत्यक्ष व अप्रत्यक्ष शेतीवर, तत्सम व्यवसायावर अवलंबुन आहे. भारतीय अर्थव्यवस्थेतील शेतीक्षेत्राचा हिस्सा सन १९५१मध्ये ५५.१ टक्के होता तो आता २०१३ मध्ये १३.९ टक्क्यांपर्यंत घटला आहे. ही घट कृषी क्षेत्राचे महत्त्व कमी झाल्याने किंवा कृषीविषयक धोरणाचा परिणाम म्हणून नाही तर उद्योग, सेवाक्षेत्राचे उत्पादन आणि बिगर कृषीक्षेत्राच्या वेगवान आर्थिक विकासामुळे होत आहे. शेती हे भारतीय अर्थव्यवस्थेचे प्रमुख आर्थिक क्षेत्र असून प्रचंड प्रमाणात रोजगार निर्माण करणारे स्रोत आहे. एक विकसनशील राष्ट्र म्हणून शेती व्यवसायाच्या माध्यमातून जलद आर्थिक विकास घडवून आणण्यासाठी धोरणात्मक तरतुदींची गरज आहे. भारतीय अर्थव्यवस्थेला उर्जित अवस्था प्राप्त करून देण्यासाठी व देशाला आर्थिक महासत्ता बनविण्यासाठी शेती क्षेत्राच्या चिरंतन विकासाची अत्यंत आवश्यकता आहे.

८.१) भारतीय अर्थव्यवस्थेतील शेतीचे महत्त्व (Significance of Agriculture in Indian Economy)

खालील घटकातील शेतीचे योगदान अभ्यासल्यास अधिक स्पष्ट होते.

१) **कच्च्या मालाचा पुरवठा :** भारतातील सुती कापड, साखर, तंबाखू, तेल, चामडीमाल यांसारख्या प्रमुख उद्योगधंद्यांना शेतीव्यवसायातून कच्चा माल उपलब्ध होतो. फळे, भाजीपाला यांच्या उद्योगांना कच्चा माल शेतीतून मिळतो.

२) **रोजगार :** २००१ च्या आकडेवारीनुसार भारतातील शेतीत काम करणाऱ्या लोकांची संख्या ७२.५ टक्के आहे. या आकड्यातून भारतात शेतीव्यवसायातून उपलब्ध होणाऱ्या रोजगाराची कल्पना येते. जगातील इतर देशांच्या तुलनेत भारतातील शेतीवर उपलब्ध होणारा रोजगार खूप जास्त आहे. ग्रेट ब्रिटनसारख्या देशात शेतीतून उपलब्ध होणारा रोजगार फक्त ३ टक्के तर यू.एस.ए. (संयुक्त संस्थानात) ५ टक्के आहे.

३) **उदरनिर्वाहाचे साधन :** भारत देशातील बहुसंख्य लोक शेतीवरच उदरनिर्वाह करतात. १९०१ पासून २००१ पर्यंतच्या आकडेवारीचा अभ्यास करता असे दिसते. की, भारतातील ७२ टक्के लोक शेतीमध्ये गुंतलेले आहे. भारतात शेतीवर जास्त लोक गुंतल्याचे कारण म्हणजे भारत आजही प्रगतशील देशात नसून तो विकसनशील देश असल्याने इतर व्यवसायाचा विकास तुलनेने कमी आहे. त्यामुळे जास्तीतजास्त लोक शेतीवर अवलंबून आहेत.

४) **खाद्यपुरवठा :** भारतातील ८० टक्के शेतजमिनीवर खाद्य पिके, डाळी, भरड धान्य या पिकांसाठी वापरली जाते. यातून मोठ्या प्रमाणात खाद्य पिके उत्पादित होतात. भारतात जनावरांनाही मोठ्या प्रमाणात खाद्य पिकांचा पुरवठा केला जातो. भारतातील जास्तीतजास्त लोकांना शेतीतून अन्नपुरवठा केला जातो.

५) **औद्योगिक प्रगती :** भारतातील सुती कापड उद्योग, ताग उद्योग, साखर उद्योग हे भारताच्या औद्योगिक प्रगतीस मदत करतात. या सर्व उद्योगांना कच्चा माल शेती व्यवसायातून पुरविला जातो. थोडक्यात, भारताची औद्योगिक प्रगती शेती उत्पादनावरच अवलबून आहे.

६) **निर्यात :** भारताची निर्यात शेतीमालावर अवलंबून आहे. भारतातील एकूण निर्यातीत ५५ टक्के वाटा शेती, भुईमूग, काजू, मसाले, तंबाखू, हाडे, कातडी, ज्यूट, तेल, फळे, लाख, डिंक इत्यादी माल निर्यात होतो तो भारतीय शेतीतून उत्पादित केला जातो.

७) **राष्ट्रीय उत्पन्न :** भारतात मिळणाऱ्या एकूण उत्पन्नाच्या ५० टक्के उत्पन्नाचा भाग शेती व्यवसायातून मिळतो. इ.स. १ ९४८-४९ मध्ये हा वाटा याहीपेक्षा जास्त होता. कारण स्वातंत्र्य मिळाले, त्यावेळी देशाची औद्योगिक प्रगती खूपच कमी होती. त्यामुळे इतर उत्पन्नाचा वाटा कमी होता.

८) **अंतर्गत व्यापार :** भारतात चालणारा अंतर्गत व्यापार बहुतांशी शेतीमालावर चालतो. त्यामुळे तांदूळ, गहू, चहा, फळफळावळ इत्यादी अंतर्गत व्यापारातील महत्त्वाचे घटक आहेत.

९) **वाहतूक :** भारतातील रस्ते व रेल्वेवाहतूक मोठ्या प्रमाणात शेती उत्पादनाच्या माल वाहतुकीवर अवलंबून आहे. शेतीमाल व कच्चा माल रस्ते व रेल्वे वाहतुकीनेच बाजारपेठेपर्यंत व कारखान्यापर्यंत पोहोचविला जातो. त्यामुळेच भारतातील रस्ते व रेल्वे वाहतुकीस चालना मिळाली आहे. अशा प्रकारे वरील नऊ घटक भारतीय अर्थव्यवस्थेतील शेतीच्या दृष्टीने अत्यंत महत्त्वाचे मानले जातात. वरील सर्व मुद्यांचा विचार केल्यास शेतीला अतिशय महत्त्व आहे. हे महत्त्व टिकवून ठेवण्यासाठी उत्पादन वाढवणे आवश्यक आहे. त्यासाठी काही पायाभूत सुविधांची गरज असते. त्यांनाच कृषी व्यवसायावर परिणाम करणारे घटक असेही म्हणता येईल. हे घटक पुढीलप्रमाणे सांगता येतात. कृषी व्यवसायावर प्रामुख्याने जलसिंचन सुधारित बी - बियाणे, खते, ऊर्जा, भांडवल इत्यादी घटकांचा परिणाम होत असतो.

८.२) शेतीवर आधारित उद्योगधंदे (Agro-based Industries)

अ) साखर उद्योग (Sugar Industry)

साखर उद्योग कृषी मालावर आधारित उद्योग आहे. भारत हे उसाचे उगमस्थान समजले जाते. जगामध्ये साखर उत्पादनात भारत दुसऱ्या क्रमांकावर आहे. भारतातील गूळ व साखरेचा उद्योग फारच जुना आहे. एकोणिसाव्या शतकात वेस्ट इंडीज, ब्राझील, जावामधून साखरेचे व्यापारी उत्पादन घेतले जात होते. भारतातून साखरेच्या निर्यातीला १९६८ पासून सुरुवात झाली.

साखर उद्योगाचे स्थानिकीकरण : साखर उद्योगाची उभारणी प्रामुख्याने उसावर अवलंबून असते. ऊस हा बजनघटित कच्चा माल आहे. उसाच्या वजनापैकी ९ ते १० टक्के वजनाचे साखरेत रूपांतर होते. यामुळे साखरेच्या वाहतुकीपेक्षा उसाची वाहतूक अधिक खर्चीक असते. शेतातून उसाची तोडणी झाल्यावर त्यामधील सुक्रोजचे प्रमाण कमी होत जाते. यामुळे ऊस २४ तासांच्या आत गाळावा लागतो. साखर उद्योगधंदा कच्च्या मालाच्या क्षेत्रात स्थापित करतात. म्हणून साखर कारखाने ऊस

उत्पादक प्रदेशात स्थापन झालेले आढळून येतात. स्थानिक प्रदेशाचे हवामान व पर्जन्य यावर उसाचे क्षेत्र अवलंबून असते.

भारतातील साखर उद्योग : साखर उद्योग हा देशातील कापड उत्पादनाच्या खालोखाल दुसरा महत्त्वपूर्ण व संघटित उद्योग आहे. १९०३ साली बिहार व उत्तर प्रदेशात देशातील पहिले आधुनिक साखर कारखाने स्थापन झाले. सन १९५०-५१ साली २७.३७ उद्योगधंदे देशात १३८ साखर कारखाने होते. १९९७ साली ४५० कारखाने होते. त्यांमध्ये ६६ सार्वजनिक क्षेत्रातील, २४८ सहकारी क्षेत्रातील व १३६ खाजगी क्षेत्रातील होते. यांमधील ४०० कारखाने कार्यरत होते. ३१ मार्च, २००४ रोजी ५०० साखर कारखाने होते. यापैकी १६३ खाजगी क्षेत्रात, ३१ सार्वजनिक क्षेत्रात, आणि ३०६ सहकार क्षेत्रात होते. साखर कारखान्यांचे स्थानिकीकरण महाराष्ट्र, उत्तर प्रदेश, बिहार, आंध्र प्रदेश, कर्नाटक, तमिळनाडू या राज्यांतून देशातील ९० टक्के साखरेचे उत्पादन होते.

१) **महाराष्ट्र :** महाराष्ट्रात देशातील सर्वाधिक म्हणजे १४० साखर कारखाने आहेत. यापैकी १३५ कारखाने सहकारी क्षेत्रातील आहेत. याशिवाय काही नवीन कारखान्यांना परवानगी मिळालेली असून ते बांधकामाच्या विविध टप्प्यांत आहे. महाराष्ट्रात अहमदनगर (१५), कोल्हापूर (१४), सांगली (१२), सोलापूर (११), सातारा (७), नाशिक (६) आणि औरंगाबाद (६) येथे साखर कारखाने महत्त्वाचे आहेत. या जिल्हयात महत्त्वाच्या साखर कारखान्यांचे केंद्रीकरण झाले आहे. राज्यात ऊस लागवड, वाहतूक सुविधा, सहकारी बँका, रसायन उद्योग, शेतीतील सामग्री इत्यादी कारणांमुळे साखर उद्योगाला चालना मिळाली आहे. येथील उसात शर्करेचा अंश ११ टक्क्यांपर्यंत आहे. साखर उत्पादनात महाराष्ट्राचा भारतात प्रथम क्रमांक आहे. हल्ली महाराष्ट्रातून देशातील ३७ टक्के साखरेचे उत्पादन होते.

२) **उत्तर प्रदेश :** उत्तर प्रदेशात एकूण ९५ साखर कारखाने आहेत. उत्तर प्रदेशातील उसाखालील क्षेत्र महाराष्ट्रापेक्षा जास्त आहे; परंतु साखर उत्पादनात उत्तर प्रदेशचा दुसरा क्रमांक आहे. दर हेक्टरी उत्पादन व शर्करेचा अंश या बाबतीत उत्तर प्रदेश महाराष्ट्रापेक्षा मागे आहे. देशातील २५ टक्के साखरेचे उत्पादन उत्तर प्रदेशातून मिळते. उत्तर प्रदेशात दाट लोकवस्तीमुळे स्वस्त दराने मजूर मिळतात. वाहतुकीच्या सुविधा चांगल्या आहेत. कारखान्यांना मुबलक पाणीपुरवठा होतो.

३) **आंध्र प्रदेश :** राज्यात २८ कारखाने आहेत. आंध्र प्रदेशचा साखर उत्पादनात

देशात पाचवा क्रमांक लागतो. साखर कारखाने पूर्व व पश्चिम गोदावरी, कृष्णा, विशाखापट्टण, निझामाबाद, मेडक, चित्तूर जिल्हयांत केंद्रित झालेले आहेत.

४) **तमिळनाडू :** राज्यात २१ साखर कारखाने आहेत. या राज्यातून देशातील ९ टक्के साखरेचे उत्पादन होते. उसातील शर्करेचा अंशदेखील जास्त आहे. उष्ण हवामानामुळे दीर्घ गाळप हंगाम मिळतो. कोईमतूर, उत्तर व दक्षिण अर्काट, तिरुचिरापल्ली जिल्हयांत साखर कारखाने केंद्रित झाले आहेत.

५) **बिहार :** राज्यात २८ साखर कारखाने आहेत. गाळप हंगाम कमी राहतो. चंपारण्य, सारण, मुझफ्फरपूर, दरभंगा, शाहबाद जिल्हयात साखर कारखाने आहेत.

६) **कर्नाटक :** राज्यात २३ कारखाने आहेत. बेळगाव, मंड्या, विजापूर, बेल्लारी, शिमोगा, चित्रदुर्ग जिल्हयांत साखर कारखाने आहेत.

७) **गुजरात :** राज्यात १४ कारखाने आहेत. सुरत, भावनगर, जुनागड, राजकोट, जामनगर जिल्हयांत कारखाने आहेत.

८) **पंजाब :** राज्यात ८ कारखाने आहेत. दासपूर, जालंदर, संगरूर, रोपार, पतियाळा, अमृतसर जिल्हयांत हे कारखाने आहेत. शिवाय हरयाना, मध्य प्रदेश व पश्चिम बंगालमध्येही साखर कारखाने आहेत.

साखरेचे भारतातील उत्पादन व निर्यात : भारतात १९३२ साली देशातील ३२ कारखान्यांतून केवळ १.६ लक्ष टन साखरेचे उत्पादन झाले. १९५० साली हे उत्पादन सुमारे १० लक्ष टन होते. १९९१ साली १३३ लक्ष टन उत्पादन झाले. २०००-२००१ साली देशातील साखरेचे उत्पादन १८३ लक्ष टन होते. सन २००२-०३ साली गाळप हंगामाचे उत्पादन २०१.६२ लक्ष टन होते. २००६-०७ साली ते २२७ लक्ष टन अपेक्षित आहे. १९८३-८४ पर्यंत भारताचा जागतिक साखर उत्पादनात ब्राझील, क्यूबा, रशिया या देशांनंतर चौथा क्रमांक लागत होता ; परंतु अलीकडे साखर उत्पादनात लक्षणीय वाढ झाल्याने भारताचा साखर उत्पादनात जगात प्रथम क्रमांक लागतो. गेल्या दशकात साखर उत्पादनात वाढ झाल्याने भारताचा साखरेचा निर्यात व्यापार वाढला आहे. सुमारे १० लक्ष टन साखर प्रतिवर्षी निर्यात केली जाते. ही निर्यात संयुक्त संस्थाने, ग्रेट ब्रिटन, मलेशिया, श्रीलंका, म्यानमार, कॅनडा, इंडोनेशिया, व्हिएतनाम, इराण - इराक, सुदान, सिंगापूर, नेपाळ इत्यादी देशांना केली जाते.

साखर उद्योगाच्या समस्या व उपाय

१) **उसाचे हेक्टरी कमी उत्पादन :** भारतात जागतिक स्तरावर सर्वात जास्त उसाचे क्षेत्र असले तरी जगामधील प्रमुख साखर उत्पादन करणाऱ्या देशांच्या तुलनेने हेक्टरी उत्पादन बरेच कमी आहे. भारतात उसाचे हेक्टरी उत्पादन सुमारे ७० टन आहे.

२) **उसाचा कमी काळाचा गाळप हंगाम :** भारतात उसाचे उत्पादन कमी असल्याने उसाचा गाळप हंगाम अगदी कमी ४ ते ७ महिन्यांचा असतो. वर्षाच्या उर्वरित काळात कारखाना बंद असतो.

३) **उसाच्या उत्पादनामधील अनियमितता :** उसाच्या उत्पादनात अनियमितता असते. यामुळे साखर कारखान्यास उपलब्ध होणारा ऊस अनिश्चित स्वरूपाचा असतो. याचप्रमाणे साखरेच्या उत्पादनातही चढ-उतार होत जातात. अलीकडे उसावरील मावा रोगामुळे उत्पादनावर विपरीत परिणाम झाला आहे.

४) **साखरेचा कमी उतारा :** भारतात उसापासून मिळणारे सुक्रोजचे सरासरी प्रमाण १० टक्क्यांपेक्षा कमी आहे. जावा, हवाई बेटे आणि ऑस्ट्रेलियात हेच प्रमाण १४ ते १६ दरम्यान असते.

५) **साखर उत्पादनाची जास्त किंमत :** उसाची जास्त किंमत, अकार्यक्षम तंत्रज्ञान, उत्पादनाची महागडी प्रक्रिया आणि उत्पादन शुल्क या सर्व कारणांमुळे भारतात साखर उत्पादनाची जास्त किंमत असते.

६) **कालबाहय व जुनाट यंत्रसामग्री :** भारतीय साखर कारखान्यांमधील यंत्रसामग्री आणि जुनाट व कालबाहच झालेल्या आहेत.. बऱ्याच यंत्रसामग्री ५० ते ६० वर्षांपूर्वीच्या आहेत व यामध्ये बदल करण्याची आवश्यकता आहे. साखर कारखान्यांना साधारण फायदा होत असल्याने इच्छा असूनही जुन्या यंत्रसामग्रींच्या जागेवर नवीन यंत्रसामग्री आणणे शक्य होत नाही.

७) **साखर उद्योगाच्या वितरणामधील प्रादेशिक असंतुलन :** भारतात एकूण साखर कारखान्यांपैकी ५० टक्क्यांपेक्षा जास्त कारखाने उत्तर प्रदेश आणि महाराष्ट्रात आहेत आणि साखरेचे ६० टक्के उत्पादन फक्त या दोन राज्यांमधून होते. याउलट, ईशान्य भारत, जम्मू व काश्मीर आणि उडीसासारख्या राज्यांत साखर उद्योगाची योग्य वाढ झालेली नाही. साहजिकच, प्रादेशिक असंतुलन निर्माण होते. त्याचा साखर उद्योगावर विपरीत परिणाम होतो.

ब) सुती कापड उद्योगधंदा

सुती वस्त्रांच्या निर्यातीत भारताचा जगात दुसरा क्रमांक लागतो. भारतातील पहिली आधुनिक कापडगिरणी १८१८ मध्ये कोलकता येथे स्थापन करण्यात आली. परंतु खऱ्या अर्थाने कापडनिर्मिती १८५४ साली मुंबई येथे स्थापन झालेल्या कापडगिरणीमध्ये सुरू झाली. १९४७ पर्यंत देशात ३८० कापडगिरण्या होत्या. १९५१ साली देशात ३८७ सुती कापडगिरण्या, १,९६,००० माग व १०,९०,००० चात्या होत्या. १९९९-२००० साली सुती व कृत्रिम धाग्यापासून कापड निर्माण करणाऱ्या वस्त्रोद्योगाच्या १८२४ गिरण्या, १,२३,००० माग व ३७ दशलक्ष चात्या होत्या. मागांच्या संख्येत घट झाली आहे, तर चात्यांच्या संख्येत सुमारे साडेतीनपट वाढ झाली आहे. या १८२४ गिरण्यांपैकी १९२ गिरण्या सार्वजनिक क्षेत्रात, १५३ गिरण्या सहकारी क्षेत्रात आणि १४९ गिरण्या खाजगी क्षेत्रात होत्या. यामधून ३५ दशलक्ष लोकांना रोजगार उपलब्ध झाला आहे. ३१ जानेवारी, २००६ साली देशातील कापडगिरण्यांची संख्या १७७९ होती. सन २०००-०१ साली ३९,६७० दशलक्ष चौरस मीटर कापडाचे उत्पादन झाले. भारतातील उद्योगक्षेत्राच्या उत्पादनात सुती कापड उद्योगाच्या उत्पादनाचा १४ टक्के वाटा आहे. एकूण राष्ट्रीय उत्पादनातील वाटा ०.४ टक्के आहे. सन २००४-०५ साली ४५,३७८ दशलक्ष चौरस मीटर्स कापडाचे उत्पादन झाले.

सुती कापडउद्योगाचे स्थानिकीकरण : कापडगिरण्यांचे केंद्रीकरण महाराष्ट्र, तमिळनाडू व गुजरात राज्यांत झाले आहे. आज भारतात प्रमुख सुती कापडगिरण्या ७८१ असून एकूण कापडगिरण्यांपैकी ८० टक्के गिरण्या कापूस उत्पादक प्रदेशात व २० टक्के गिरण्या इतर प्रदेशांत केंद्रित झाल्या आहेत. २७.१२ उद्योगधंदे असून एकूण:

१) **महाराष्ट्र :** महाराष्ट्रात कापड गिरण्या असून देशातील २४ टक्के चात्या व ३७ टक्के माग आहेत. राज्यातील १०४ कापडगिरण्यांपैकी ५७ कापड गिरण्या एकट्या मुंबईत केंद्रित झाल्या आहेत. महाराष्ट्रातील अन्य कापडगिरण्यांची केंद्रे पुढीलप्रमाणे आहेत : (१) सोलापूर - बार्शी, (२) जळगाव - नागपूर लोहमार्गावर - नागपूर, हिंगणघाट, अकोला, पुलगाव, वडनेरा, अचलपूर, चिखली. (३) तापी खोरे - अमळनेर, धुळे, चाळीसगाव, जळगाव. (४) गोदावरी खोरे -मालेगाव, येवला. (५) कृष्णा - पंचगंगा खोरे - इचलकरंजी. (६) मराठवाडा - औरंगाबाद, नांदेड.

२) **गुजरात :** सुती कापडाच्या उत्पादनात देशात गुजरातचा दुसरा क्रमांक लागतो.

गुजरातमध्ये ११२ कापडगिरण्या असून देशातील ३० टक्के माग व २० टक्के चात्या आहेत.

३) **तमिळनाडू :** कापड गिरण्यांच्या संख्येत तमिळनाडूचा भारतात प्रथम क्रमांक लागतो. राज्यात १८८ कापडगिरण्या आहेत. देशातील २५ टक्के चात्या व ५ टक्के माग या राज्यात आहेत. कोईमतूरला कापडगिरण्यांचे केंद्रीकरण झाले आहे. कोईमतूरला ४१ कापडगिरण्या आहेत. चेन्नईला १० कापडगिरण्या आहेत. मदुराई, तिरुनेलवेली इतर महत्त्वाची केंद्रे आहेत.

४) **उत्तर प्रदेश :** राज्यात ४० सुती कापडगिरण्या आहेत. कानपूरला १४ कापडगिरण्या आहेत. मोदीनगर, मोरादाबाद, अलिगढ, आग्रा, इटावा इतर महत्त्वाची केंद्रे आहेत.

५) **पश्चिम बंगाल :** पश्चिम बंगालमध्ये ४१ सुती कापडगिरण्या आहेत. जास्तीतजास्त गिरण्या कोलकता, हावडा व चोवीस परगाणा जिल्हयांत आहेत.

६) **मध्य प्रदेश व छत्तीसगढ :** राज्यांत २४ कापडगिरण्या आहेत. ग्वाल्हेर, इंदौर, मंदसौर, देवास ही कापडगिरण्यांची केंद्रे आहेत.

७) **कर्नाटक :** राज्यात ३२ कापडगिरण्या आहेत. दावणगिरी, हुबळी, बेल्लारी, गोकाक, म्हैसूर, बंगळूर येथे कापडगिरण्या आहेत. इतर राज्ये : आंध्र प्रदेश (३१ गिरण्या), केरळ (२६ गिरण्या), राजस्थान (१८ गिरण्या) येथे कापड गिरण्या आहेत; तसेच पंजाब व हरयाना मध्येही महत्त्वाची केंद्रे आहेत. हातमाग व वीजमाग : देशात ३८ लक्ष हातमाग असून त्यांपैकी १३ लक्ष हातमाग सहकारी तत्त्वावर चालविले जातात.

क) पशुधन (Livestock Resources)

पशुधन अथवा प्राणी साधनसंपदेमध्ये गाय, बैल, म्हैस, शेळ्या, मेंढ्या, उंट अशा प्राण्यांचा समावेश होतो. या प्राण्यांचा उपयोग शेतकऱ्याला होत असल्यामुळे त्यास 'प्राणिज संपदा' असे म्हणतात. आधुनिक शेतीच्या दृष्टीने पशुधन हे उत्पादन वाढीकरिता केले जाते. त्याचे उदरनिर्वाहक व व्यापारी असे दोन प्रकार पडतात. उदरनिर्वाहक, पशुपालन व्यवसाय सर्वसामान्यपणे भटक्या जमातीत व कमी पर्जन्याच्या प्रदेशांत केले जाते. तर व्यापारी पशुपालन हे सर्वसाधारणपणे स्थिर स्वरूपाचे असते. ते अधिक पावसाच्या व कमी पावसाच्या प्रदेशांत व्यापारी तत्त्वावर केले जाते.

उदरनिर्वाहक पशुपालन

उदरनिर्वाहक पशुपालन हे सर्वसामान्यपणे ओसाड व निमओसाड प्रदेशांत

केले जाते. उदा., पश्चिम व मध्य आशिया या प्रदेशांतील लोकसंख्या विरळ असून शेतीला पाणी कमी त्यामुळे शेतीपूरक व्यवसाय म्हणून हा व्यवसाय केला जातो. यामध्ये मेंढपाळ व गुरे पाळणारे लोक आढळतात. चारा संपत असला की ते एका ठिकाणापासून दुसऱ्या ठिकाणी चारा व पाण्याच्या शोधार्थ स्थलांतर करतात. एका प्रदेशातील गवताचा पुरवठा कमी भासू लागला की जनावरांचा तांडा घेऊन दुसऱ्या ठिकाणी स्थलांतरित होतात.

त्यांना या पशुधनापासून दूध, मांस, खत, वस्त्र, कातडी मिळते. कातडीपासून निवारा तात्पुरता तयार करतात. याशिवाय कातडी, हाडे विकून त्यापासून उदरनिर्वाहासाठी इतर गरजेच्या वस्तू मिळवितात. असे भटके जीवन खडतर असते. त्यामुळे ते काटक असतात. पूर्वी हे लोक उदरनिर्वाह करणे जेव्हा अशक्य होत तेव्हा ते सधन लोकांवर हल्ले करून तेथे स्थानिक होत असत.

अगदी कमी पावसाच्या व डोंगराळ भागांत शेळ्या व मेंढ्या पाळल्या जातात. वाळवंटी प्रदेशात उंट पाळले जातात. आशियाच्या मध्य भागात घोडे व गुरे पाळली जातात. अनेकदा त्यांचा एखाद्या प्रदेशात किती काळ मुक्काम राहील हे सांगणे कठीण असते. कारण त्यांचा मुक्काम हा तेथील चारा, पाणी, गुरांची संख्या यांवर अवलंबून असतो. हे सर्व पावसाच्या प्रमाणावर अवलंबून असते. जेव्हा भरपूर पाऊस पडतो. तेव्हा त्यांना चारा, पाणी सहज उपलब्ध होते. तेव्हा ते स्थिर होऊ लागतात. पश्चिम युरोप व अमेरिकेच्या काही भागांत दुधासाठी जनावरे पाळली जातात. तर कमी पर्जन्य व अधिक उष्णतामान भागात कुरणे जनावरांना उपयुक्त ठरतात. एकंदरित पशुपालन व शेती हे दोन्हीही हवामानावर अवलंबून आहे.

व्यापारी पशुपालन : कमी पावसाच्या प्रदेशात ओसाड विभागात व अधिक पावसाच्या प्रदेशांत व्यापारी पशुपालन केले जाते. असे पशुपालन प्रामुख्याने ऑस्ट्रेलियातील निमओसाड प्रदेशात, उत्तर अमेरिका व दक्षिण अमेरिका खंडातील कमी पावसाच्या प्रदेशात, आशियाच्या व युरोपच्या काही भागात केले जाते. उत्तर अमेरिका खंडाच्या उत्तर भागात शीत हवामान व अधिक पर्जन्यमान असूनही दुग्धोत्पादनासाठी व्यापारी पशुपालन केले जाते. युरोपात मिश्र शेतीत व्यापारी पशुपालन महत्त्वाचे मानले जाते.

व्यापारी पशुपालन हे दोन प्रकारे केले जाते. मत्सोत्पादन व दुग्धोत्पादन असे दोन प्रकार पडतात. व्यापारी पशुपालन विरळ लोकवस्तीच्या प्रदेशात केले जाते. पण असा प्रदेश बाजारपेठेपासून दूर असतो. त्यामुळे व्यापारी लोक मध्यस्थी करतात.

ऑस्ट्रेलियाच्या आग्नेय व मध्य पश्चिम भागातील कमी पर्जन्याच्या भागात हा व्यवसाय चालतो.

ड) ऊतीसंवर्धन (Tissue Culture and Horticulture)

ऊतीसंवर्धन हे जैवतंत्रज्ञानाचे एक प्रमुख अंग आहे. त्याचा प्रसार, विस्तार व महत्त्व वाढल्याने त्याचा स्वतंत्र विचार करावा लागतो. ऊतीसंवर्धनात वनस्पतींतील विशिष्ट ऊती (टिश्यू) व पेशी पोषणद्रव्यात जोपासून बेणे म्हणून त्याचा वापर केला जातो. विशिष्ट गुणधर्म असलेल्या ऊतींची निवड करून तयार होणारे बेणे सशक्त गुणधर्माचे असते. त्यामुळे त्यातून तयार होणारे उत्पादन हे उच्च दर्जाचे असून ते रंग, चव व टिकण्यास दर्जेदार असते.

व्याख्या : ''वनस्पतींतील विशिष्ट ऊती (टिश्यू) व पेशी पोषणद्रव्यात जोपासून बेणे म्हणून त्यांचा वापर करणे म्हणजे ऊतीसंवर्धन होय.'' ११ ''झाडाच्या अवयवाच्या एखादा तुकडा पोषक माध्यमावर ठेवून नियंत्रित वातावरणात प्रयोगशाळेत वाढविण्याच्या तंत्रास ऊतीसंवर्धन असे म्हणतात.'' एखादी पेशी किंवा पेशी समूह किंवा पान अथवा खोडाचा भाग यासारख्या एखाद्या झाडाचा भाग पोषकांच्या माध्यमात नियंत्रित वातावरणामध्ये वाढविला जातो. वनस्पतींची लवकर वाढ करण्यासाठी व निरोगी झाडे तयार करण्यासाठी ऊतीसंवर्धन तंत्रज्ञान हे एक महत्त्वाचे साधन आहे.

इतिहास : सर्व प्रथम पेशी संवर्धनाची संकल्पना इ.स. १९०२ मध्ये हेबर लॅन्ड या शास्त्रज्ञाने मांडली. त्यानंतर हॅनिंग, वेन्ट, भिमन, निश, मोरेल अशा अनेक शास्त्रज्ञांनी विविध संशोधन व अथक प्रयोग करून या तंत्रास चालना दिली. खऱ्या अर्थाने संजीवकांच्या शोधामुळे ऊतीसंवर्धनास चालना मिळाली. आज अनेक शास्त्रज्ञ या क्षेत्रात यशस्वी ठरलेले आहेत.

ऊतीसंवर्धनाचे फायदे : वनस्पतीची जलद वाढीसाठी व निरोगी झाडे बनविण्यासाठी हे तंत्रज्ञान म्हणजे एक महत्त्वाचे साधन होय. कृषी क्षेत्रातील विविध प्रकारच्या समस्या सोडविण्यासाठी या तंत्रज्ञानाचा उपयोग होत आहे.

१) निरोगी रोपे तयार होत असल्यामुळे त्यांची वाढ उत्कृष्ट अशी होते.

२) बाराही महिने केव्हाही नवनवीन रोपांची निर्मिती करता येते.

३) चांगल्यात चांगले गुणधर्म असलेल्या झाडांपासून लहान लहान तुकडे (बियाणे) होऊन उत्कृष्ट अशा रोपांची निर्मिती करता येते.

४) ऊतीसंवर्धन कमीत कमी वेळेत व कमीत कमी खर्चात करता येते.

५) या पद्धतीने जंगली दुर्मीळ झाडांची वाढ करणे शक्य होते.

६) ऊतीसंवर्धनाने तयार केलेल्या झाडांना खूपच लवकर फळे येतात तसेच त्यांचा दर्जा एकदम उत्कृष्ट असतो.
७) ऊतीसंवर्धनात एखाद्या उत्कृष्ट झाडांचा काढलेल्या तुकड्यापासून अनेक रोपे तयार करता येतात. त्यामुळे फायदा अधिक होतो.
८) ऊतीसंवर्धनात पेशी समूहांचे संवर्धन शास्त्रीय पद्धतीने करून अधिक उत्पादन साधता येते.

ऊती संवर्धनामुळे वनस्पतींची प्रतिकार शक्ती वाढते, पोषणमूल्यांची क्षमता वाढते तसेच रंग, चव, आकार अशा गुणात्मक मूल्यांत वाढ होते. भारतात कृषिसंशोधक डॉ. स्वामीनाथन, डॉ. व्ही जगन्नाथन यांनी चेन्नई, बेंगलोर व पुणे येथे संशोधन करून द्राक्षे, केळी, बटाटे, हळद, लिंबू, काजू, रताळी, शेवंती, जरबेरा यांच्या उत्पादनासाठी ऊतीसंवर्धन हे तंत्रज्ञान वापरले. ऊतीसंवर्धनाचा खर्च कमी करण्यासाठी त्यांनी अनेक प्रयोग करून त्यांनी नाचणी अथवा ओट्सचे पीठ, साखर व काही रसायने यांचा वापर यशस्वीपणे केला आहे. म्हणूनच हे तंत्रज्ञान शेतकऱ्यांपर्यंत सहज पोहचले आहे. पण हे तंत्र आत्मसात करून त्याचा वापर करण्यासाठी शेतकरी उत्कृष्ट शिक्षित व नवे तंत्र स्वीकारणारा असावा लागतो. त्यामुळे भारतासारख्या देशात हे तंत्र फारच कमी शेतकऱ्यांनी स्वीकारले आहे.

इ) पॉलीहाऊस आणि कृषी (Polyhouse and Agriculture)

भारतीय खेड्यातील लोकांचा मुख्य व्यवसाय शेती आहे. भारतातील हवामान हे कृषीकरिता चांगले असल्यामुळे जगातील शेतीचे जवळपास सर्वच प्रकार येथे आढळतात. भारतात असलेल्या हवामानामुळे फळबागांची शेती, फुलांची शेती, मंडई शेती अशा शेती उत्पादनांना प्रचंड वाव आहे. पण असे सर्व अनुकूल हवामान असतानाही शेतीचे उत्पादन हे फारच कमी आहे. कारण अनेक कृषी समस्या आहेत. त्यामुळे शेतांचे आकार मोठे असूनही फारसे उत्पादन काढता येत नाही. पण ग्रीनहाऊस, पॉलीहाऊस कमी जागेतही प्रचंड उत्पादन काढता येते हे सिद्ध झाले आहे. म्हणून आज पॉलीहाऊसकडे शेतकऱ्यांचा कल आहे.

व्याख्या : ''काही ठराविक महत्त्वाच्या पिकांचा उत्पादनासाठी त्यांचे विशेष संगोपन व संरक्षण करण्याच्या उद्देशाने पॉलीथिन पासून बांधले जाणारे घर पॉलीहाऊस होय.''

जेव्हा कृत्रिमरीत्या तयार केलेल्या ग्रीनहाऊसमध्ये पॉलिथिनचा वापर करतात. तेव्हा त्यास पॉलीहाऊस असे म्हणतात.

इतिहास : अठराव्या शतकात समशितोष्ण हवामानाच्या अति थंड प्रदेशात काचग्रहातील शेतीचे प्रयोग झाले. त्यानंतर अशा शेतीसाठी अभ्रकाचा वापर केला जात असे. १९९० पर्यंत जगात काचगृहातील शेतीचे क्षेत्र सुमारे ३०,००० हेक्टर होते. विसाव्या शतकाच्या शेवटी प्लॅस्टिकचा वापर झाला. पण अलिकडील काळात पॉलिथिन सर्वत्र स्वस्त असल्याने त्याचा वापर पॉलीहाऊसमध्ये वाढला आहे. त्यामुळे पॉलीहाऊस उभारणीचा खर्चदेखील कमी झालेला आहे. याशिवाय ते जास्त काळ टिकते, लवकर उभारता येते. एका ठिकाणापासून दुसऱ्या ठिकाणी नेता येते. एकंदरित हवामान चांगले योग्य राहत असल्याने उत्पादन वाढले आहे.

रचना : सर्वसामान्यपणे पॉलीहाऊसचा आकार अर्धगोलाकार किंवा उतरत्या छपराप्रमाणे असतो. त्याचे क्षेत्र ५ ते १० गुंठे व ऊंची १० ते १५ फूट असून पॉलीहाऊस पूर्व – पश्चिम दिशेत असते. कारण जास्तीत जास्त सूर्यप्रकाश उपलब्ध होतो. ते सावलीत उभारले जात नाही. गरजेनुसार त्याचा आकार असतो. ऋतुनुसार पॉलीहाऊसमधील तापमान थंड व उष्ण राखले जाते.

पॉलीहाऊससाठी आवश्यक साहित्य

१) शेड (लोखंडी/लाकडी) व पॉलिथिनचे आच्छादन.
२) हवा खेळती राहण्याची सोय/वायुविजन.
३) हवा थंड करण्याची (Cooling Pad) व बाहेर फेकण्याची सुविधा (Exhaust Fan System).
४) थंड ऋतूत हवा तापण्याची सुविधा (Heating System).
५) कार्बनडायऑक्साईड जनरेटर,
६) सावलीकरिता व उष्णतेकरितेची जाळी.
७) वेलीसारख्या वनस्पतींना आधार देण्याची सुविधा व फुलांना आधार देणारी व्यवस्था.
८) अतिनिल किरणांच्या संरक्षणासाठी योग्य अशा पॉलिथिनचे आच्छादन.
९) बाजूला गुंडाळून ठेवता येतील असे पडदे.
१०) सूक्ष्म जलसिंचन सुविधा (ठिबक सिंचन अथवा तुषार सिंचन).
११) खते, औषधे यांची सुविधा.
१२) संपूर्ण संगणीकृत सुविधा.

युरोपीय देशांत पॉलीहाऊस खूपच वेगाने वाढले आहेत. भारतातील शेतकऱ्यांना त्याबाबतचे तांत्रिक ज्ञान व प्रशिक्षण घेणे तसे आर्थिकदृष्ट्या गरीब शेतकऱ्यांना

परवडणारे नसल्याने पॉलीहाऊसच्या उभारणीवर मर्यादा आहेत. याशिवाय पॉलीहाऊस प्रशिक्षणाची व्यवस्था अद्याप फारशी उपलब्ध नाही. त्यामुळे याचे प्रमाण कमी आहे. महाराष्ट्रात पुणे, कोल्हापूर, नाशिक, सातारा, सांगली अशा जिल्ह्यांमध्ये पॉलीहाऊसची उभारणी करून उत्पादन घेण्यास सुरुवात केलेली आहे. त्यातून तयार होणारी जरबेरा, कार्नेशन, निशिगंधसारखी फुले राष्ट्रीय व आंतरराष्ट्रीय बाजारपेठेत पाठविली जात आहेत.

पॉलीहाऊसची वैशिष्ट्ये

१) पॉलीहाऊसमध्ये तापमान, आर्द्रता व प्रकाश अशा घटकांचा पर्याप्त वापरामुळे कृषी उत्पादनात लक्षणीय वाढ होत आहे.

२) उत्पादित फळे, भाजीपाला, फुले शुद्ध, टवटवीत व चविष्ट असतात.

३) या ठिकाणी द्रव स्थितीतील नैसर्गिक खते वापरली जात असल्याने आरोग्यास उत्तम.

४) भरपूर सूर्यप्रकाश उपलब्ध होतो.

५) या तंत्राच्या साहाय्याने बाहेरच्या हवामानापेक्षा अनुकूल हवामान अंतर्गत भागात असते.

६) पॉलीहाऊसमधील कार्बनडायऑक्साईडचे प्रमाण नियंत्रित केल्याने उत्पादनात वाढ होते.

७) पॉलीहाऊसमधील पिके, वारा, वादळे, पर्जन्य, ढगफूटी, अतिनिल किरणे, तापमानाची भिन्नता, गारपीट व रोगजंतूपासून सुरक्षित असतात.

८) पॉलीहाऊसमधील प्रत्येक पीक हे लवकर तयार होते व ते १० ते १५ टक्के उत्पादन अधिक असते.

९) पॉलीहाऊसमध्ये कृत्रिम वातावरण तयार करता येत असल्यामुळे कोणतेही पीक केव्हाही घेता येते.

१०) पॉलीहाऊसमुळे रोजगाराच्या अनेक संधी कुशल व अकुशल मजुरांना उपलब्ध झालेल्या आहेत.

८.३) भारतात कृषी क्षेत्रातील क्रांती (Agricultural Revolution in India)

भारतामध्ये जास्तीतजास्त जमीन लागवडीखाली आणली गेली आहे. त्यामुळेच उपलब्ध शेतजमिनीतून अधिकाधिक पिके उत्पादित करण्याचा प्रयत्न केला जातो. शेती विकासाच्या अनेक योजना राबवून शेती उत्पादने वाढविण्याचा प्रयत्न केला

जात आहे. शेतीव्यवसायला पूरक व्यावसायदेखील सुरू करण्यात आलेले आहेत. शेतीमध्ये नवनवीन तंत्रज्ञानाचा वापर करून विविध प्रकारची उत्पादने वाढविली जात आहेत. अनेक कृषी विद्यापीठांतून संशोधन करून ते शेतकऱ्यांपर्यंत पोहोचवले जात आहे. त्यामुळे शेतीविकासात मोठ्या प्रमाणात क्रांती झालेली दिसून येते.

भारतीय शेतीच्या विकासात खालील शेतीविषयक क्रांत्यांनी महत्त्वाची भूमिका बजावलेली आहे.

१) हरित क्रांती (Green Revolution)

भारतीय हरितक्रांतीचे जनक एम. एस. स्वामीनाथन हे आहेत. सुधारित उच्च पैदास बी-बियाणे, रासायनिक खते, कीटकनाशके व यांत्रिक पद्धतीचा अवलंब केल्याने गेल्या काही वर्षात उत्पादनात प्रचंड वाढ झाली आहे. यालाच हरित क्रांती असे म्हणतात. देशात १९६६-६७ साली कृषी विकासासाठी हरित क्रांती योजना कायान्वित झाली. या योजनेमुळे पंजाबमध्ये गव्हाच्या उत्पादनात आणि आंध्र प्रदेशात तांदळाच्या उत्पादनात वाढ झाली. यामध्ये गहू, तांदूळ, मका, ज्वारी, बाजरी अशा भरड धान्यावरही प्रयोग करण्यात आले. सुरुवातीला हे प्रयोग वेगवेगळ्या भागांतील १६ जिल्ह्यांत प्रायोगिक तत्त्वावर (सखोल शेती जिल्हा कार्यक्रम (Intensive Agricultural District Programme IADP) राबविण्यात आला. या कार्यक्रमांतर्गत खालील कार्यक्रम राबविण्यात आले.

१) प्रकर्षित कृषी जिल्हा कार्यक्रम.

२) बहुपीक पद्धत.

३) उच्च पैदास बी - बियाणे.

४) भूजलसंधारण.

५) खते.

६) प्रमाणित बी - बियाणे.

७) अवर्षणप्रवण क्षेत्र कार्यक्रम.

८) कृषिउद्योग महामंडळ.

९) कृषीमधील जैव तंत्रज्ञान.

१९७० च्या दशकात वरील घटकांचा वापर करून शेती क्षेत्रात अमूलाग्र बदल करण्यात आले. १९७० ते १९९० या कालावधीत संकरित बी - बियाणांच्या क्षेत्र

१५ दशलक्ष हेक्टरवरून ६४ दशलक्ष हेक्टरपर्यंत वाढले. १९९५ मध्ये ते ७५ दशलक्ष हेक्टरपर्यंत वाढले.

हरित क्रांतीचे फायदे

भारतातील हरित क्रांतीचे पुढीलप्रमाणे फायदे झाले.

१) अन्नधान्याच्या उत्पादनात वाढ.
२) नगदी किंवा व्यापारी पिकांच्या उत्पादनात वाढ.
३) आर्थिक विकासात वाढ.
४) रोजगार निर्मिती.
५) शेतीकडे व्यापारी दृष्टिकोनातून बघण्याचा दृष्टिकोन निर्माण झाला.
६) औद्योगिक विकासाला चालना.
७) भांडवली शेतीत रूपांतर.
८) शेती क्षेत्रातील गुंतवणूक वाढली.
९) शिक्षणाच्या सोयीत वाढ झाली.

हरित क्रांतीचे तोटे

१) प्रादेशिक विषमता वाढली.
२) आर्थिक विषमता वाढली.
३) ठराविक पिकांच्या बाबतीत यश.
४) शेतमजुरांना मारक.
५) संकरित वाणात उत्पादन वाढले व दर्जा घसरला.

कोरडवाहू शेती व तिचे महत्त्व : ज्या भागात मृदा सुपीक आहेत; परंतु पर्जन्य ५० से.मी. पेक्षा कमी आहे आणि जेथे पर्जन्य जलसिंचनाच्या सोयी उपलब्ध नाहीत अशा भागातील शेती कोरडवाहू शेती म्हणून ओळखली जाते. तिला जिराईत शेती असेही म्हणतात. कोरड्या, निमकोरड्या, शुष्क, निमशुष्क आणि कमी पर्जन्यक्षमतेच्या प्रदेशांत ही शेती केली जाते. या शेतीतून वर्षातून एकच पीक घेतले जाते.

भारतातील पूर्व राजस्थान, पश्चिम बंगाल, हरियाणा, उत्तर गुजरात, मध्य महाराष्ट्र, मध्य कर्नाटक, मध्य प्रदेश, छत्तीसगड, बिहार, प. आंध्र प्रदेश, तमिळनाडू, जम्मू काश्मीर या प्रदेशांचा समावेश होतो. भारतात शेती व्यवसाय प्रमुख असला तरी ६० टक्के शेती पावसाच्या पाण्यावर अवलंबून आहे. अनिश्चित व अपुरा पाऊस आणि

त्याचे विषम वितरण यांमुळे होणारे उत्पादन अल्प व अनिश्चित असते. या पद्धतीत शेतीस योग्य असलेली जमीन काही काळ मुद्दाम पडिक ठेवावी लागते. पाऊस पडण्याच्या अगोदर जमीन खोल नांगरतात. त्यामुळे पावसाचे पाणी झिरपून पृष्ठभागाखाली जाते व ओलावा जास्त काळ टिकून राहतो. भारतातील कोरडवाहू शेतीमध्ये ओलावा टिकवून ठेवण्यासाठी बांध घालणे, मशागत करणे, शेतात पालापाचोळा व गवत यांचे आच्छादन करणे, पट्टा पद्धतीने पेरणी करणे, लवकर वाढणाऱ्या पिकांची निवड करणे, पिकांची फेरपालट, पेरणीची वेळ, मुख्य पिकांच्या जोडीला इतर काही पिके घेणे इत्यादी उपाययोजना कोरडवाहू शेतीच्या विकासासाठी राबविल्या जात आहेत. कोरडवाहू शेतीच्या विकासासाठी पाणलोट क्षेत्र विकास कार्यक्रम १६ राज्यांमध्ये आणि ९१ जिल्ह्यामंध्ये १९८६-८७ पासून लागू केला आहे. या कार्यक्रमांतर्गत मृदासंधारणाची कामे केली जातात. त्यामध्ये डोंगराळ भागात जमिनीचा उतार ८० ओ ते १० ओ असेल तेथे सलग बांधातील अंतर १.२० मी. इतके ठेवून सम पातळीत बांध बंदिस्ती करणे, जमिनीचे सपाटीकरण करणे, जमिनीचा ओलावा टिकविणे, त्यांची वाढ करणे, वनशेतीचा विकास करणे, फळबागांची लागवड करणे यांचा समावेश केला आहे.

२) धवल क्रांती – दुग्धोत्पादन (White Revolution)

श्वेत क्रांती म्हणजे भारतात दुधाचे उत्पादन मोठ्या प्रमाणात झाले यालाच श्वेत क्रांती असे म्हणतात. किंवा यास दुग्ध क्रांती असेही म्हटले जाते. या क्रांतीची सुरुवात १३ जानेवारी १९७० ला झाली. यामध्ये गाय, म्हैस, शेळी किंवा इतर काही अनेक प्रकारच्या पशुधनाच्या विकासासाठीही कामे केली जातात. मुख्यतः यामध्ये दुधाच्या उत्पादनात वाढ केली जाते. भारत शेतिप्रधान देश असल्यामुळे शेतीबरोबर पशुपालन व्यवसाय महत्त्वाचा आहे. पशुपालन व्यवसाय दुग्ध व्यवसायाचा पाया आहे. राष्ट्रीय उत्पन्नात दुग्ध व्यवसायाचा वाटा सुमारे ६ टक्के आहे. जागतिक एकूण दुग्धोत्पादनात भारतात १४ टक्के उत्पादन होते. शहरीकरण व औद्योगिकीकरणामुळे दुधाची व दुग्धजन्य पदार्थांची मागणी भरपूर वाढली आहे. त्यामुळे दुग्धोत्पादन व्यवसाय विकसित होऊ पाहात आहे. भारतातील दूध उत्पादनास चालना मिळावी म्हणून १९७१ मध्ये दूध महापूर योजना सुरू करण्यात आली. यासाठी गाव पातळीवर वित्तपुरवठा, संकरित दुभती जनावरे पैदास असे उपक्रम करण्यात आले. यातून भरपूर प्रमाणात दुधाचे उत्पादन करण्यात येऊ लागले. या दुधाच्या महापूर योजनेमुळे याला 'धवलक्रांती' असे म्हणतात. या योजनेची वैशिष्ट्ये पुढीलप्रमाणे आहेत –

१) दुधाचा योग्य भाव देणे.
२) संघटित विक्री व्यवसाय निर्माण करणे.
३) यंत्रावर आधारित दूध हाताळणी प्रक्रिया साठवणूक, पॅकिंग, दुधाचे दुग्धजन्य पदार्थात रूपांतर करणे, दुधाचे वितरण करणे.
४) संकरित जनावरांची पैदास करणे.
५) सरकारी संस्थांद्वारे ग्रामीण उत्पादकांचे संघटन करणे.
६) ग्रामीण दूध प्रकल्पांना साहाय्य करणे.

दूध महापूर योजनेचे टप्पे

पहिला टप्पा : १९७१ मध्ये पहिला टप्पा राबविण्यात आला. या योजनेनुसार ४ शहरांतील २७ गावे एकमेकांस जोडून तेथील सर्व दूध एकत्रित करून मुंबई, मद्रास, कोलकाता व दिल्ली शहरात वितरित करण्यात आले. देशातील १४ राज्यांतील दूध उत्पादन वाढविण्याचा प्रयत्न करण्यात आला. या टप्प्यामध्ये गुजरातमध्ये बडोद्याला 'राष्ट्रीय डेअरी महामंडळा'ची स्थापना करण्यात आली.

दुसरा टप्पा : १९७८ मध्ये दुसरा टप्पा राबविण्यात आला. सुमारे ३४,५०० दूध सहकारी संस्थांना १३४ दूध केंद्रांत विभागण्यात आले. ही योजना राज्यांना लागू केली गेली.

तिसरा टप्पा : १९८५ – ९ ५ दरम्यान हा टप्पा राबविण्यात आला. हा टप्पा जागतिक बँक व युरोपियन आर्थिक समुदाय यांच्या मदतीने राबविण्यात आला. ६०,००० दूध सहकारी संस्थांना सुमारे ८३ लाख कि.ग्रॅम दूध वाटपासाठी एकत्रित करतात व ७३ लाख कि.ग्रॅम दुधाचे ५३५ मोठ्या व लहान शहरांत वाटप करतात. दुधावर प्रक्रिया करून दुग्धजन्य उत्पादने वाढत आहेत. यामुळे ग्रामीण लोकांना आर्थिक फायदा झाला. त्यांच्यात उद्योगशीलता वाढली. दुग्ध व्यवसायाच्या विकासाच्या दृष्टीने धोरणे व मार्गदर्शन करण्यासाठी प्रशासन स्थापना करण्यात आले. अनेक संशोधन संस्था स्थापन करण्यात आल्या. यामुळे यास 'धवलक्रांती' असे म्हणतात. दुग्धव्यवसायाचे पुढीलप्रमाणे फायदे होत असतात.

१) लहान आणि भूमिहीन शेतमजुरांना आर्थिक पाया मजबूत होण्यास मदत होते.
२) शेतीला जोडधंदा किंवा पूरक व्यवसाय म्हणून फायदा मिळतो.
३) ज्या लोकांकडे शेती नाही ते दुग्ध व्यवसाय करून उदरनिर्वाह चालवू शकतात.
४) उत्पादनात वाढ होऊन लोकांचे राहणीमान सुधारते. दुधापासून लोणी, चीज,

क्रीम, पनीर, दुधभुकटी, दही, चॉकलेट, मिठाई ही उत्पादने तयार केली जातात. भारतात मुंबई, अहमदाबाद, पुणे, कानपूर, चेन्नई, दिल्ली, बंगळुरु येथे दुध उत्पादन प्रक्रिया या संदर्भात संशोधन संस्था स्थापन करण्यात आल्या आहेत.

दुग्ध व्यवसायाच्या समस्या

१) भारतातील दूध उत्पादक संस्था अतिशय लहान लहान आहेत.
२) दूध उत्पादनात सतत चढ - उतार आढळतात.
३) दूध उत्पादक व ग्राहक यांच्या दरम्यान अनेक मध्यस्थ आढळतात.
४) भारतातील दूध उत्पादकता कमी आहे.
५) शीतकरणाच्या सुविधा अपुऱ्या आहेत.
६) दुग्धोत्पादन व्यवसायासाठी अनुदानाची गरज आहे.
७) व्यवसायात वाढलेली प्रचंड स्पर्धा.
८) ग्रामीण व शहरी भागांतील दुधाच्या दरात मोठी तफावत आहे.

दुग्ध व्यवसायातील समस्यांवर उपाय

१) दुग्ध व्यवसायाकडे व्यवसाय म्हणून व्यावसायिक दृष्टिकोनातून पाहिले पाहिजे.
२) दुग्धोत्पादन करणाऱ्यांना प्रशिक्षण देणे तसेच वेळोवेळी मार्गदर्शन करणे.
३) दुधातील स्निग्धतेनुसार दुधाचा दर ठरवावा व त्या भावाला हमी द्यावी.
४) भारतीय हवामानाला अनुसरून संकरित जनावरांची पैदास करावी.
५) पशु वैद्यकीय सेवा सर्वदूर उपलब्ध करावी.
६) दुधाचा दर्जा व स्वच्छता या गोष्टींवर लक्ष ठेवावे.

३) निळी क्रांती (मासेमारी) (Blue Revolution)

नील क्रांती मध्ये मत्स्य उत्पादन केला जाते. या क्रांतीमध्ये मत्स्य व्यवसायाला चालना देण्यासाठी केंद्र शासनाने सुरू केलेल्या या निलक्रांती योजनेला मोठ्या प्रमाणात चांगला प्रतिसाद मिळत आहे. केंद्राने मत्स्य व्यवसायाला चालना किंवा उभारी देण्यासाठी ही निलक्रांती योजना सुरू केली. मासेमारीचा व्यवसाय भारतात प्राचीन काळापासून अस्तित्त्वात आहे. पूर्वीच्या काळी शिकार व मासेमारी केवळ उदरनिर्वाहासाठी केली जात असे. शिकार हा प्राचीन व्यवसाय जवळपास बंद पडला. मात्र मासेमारी व्यवसाय चालू असून त्याचे आधुनिकीकरण झाले आहे. भारताला लाभलेल्या विस्तृत समुद्र किनाऱ्याच्या भागात मासेमारी चालते. मासेमारी व्यवसायासाठी पुढीलप्रमाणे अनुकूल परिस्थिती आवश्यक आहे -

१) भूखंडमंच विस्तृत असावा.
२) दंतूर किनारा असावा म्हणजे नैसर्गिक बंदरे तयार होतील.
३) किनारी भागात जंगले असावीत. त्यांचा होड्या/जहाजे बनविण्यासाठी उपयोग होईल.
४) उथळ समुद्रकिनारा असावा. तेथे प्लवंग भरपूर वाढते. (माशांचे अन्न)
५) व्यापारी मासेमारीसाठी स्वयंचलित मोठ्या बोटी, उत्तम जाळी, माशांवर प्रक्रिया करणारी केंद्रे, शीतगृहे इत्यादी उपलब्ध असावेत.
६) मोठी बाजारपेठ उपलब्ध असावी.

भारतातील मासेमारीच्या समस्या : उष्ण हवामानामुळे मासे टिकवून ठेवणे अवघड जाते. तसेच बाजारपेठ माशांसाठी फारशी अनुकूल नाही. या अनेक समस्या मासेमारीसंदर्भात दिसून येतात. भारत सरकारने खुल्या सागरातील मासेमारीस उत्तेजन देण्यासाठी मंगलूर, कोचीन, चेन्नई, विशाखापट्टणम, पोर्टब्लेअर येथे बंदराच्या उत्तम सोयी करून दिल्या आहेत. मासेमारीच्या संतुलित विकासासाठी शासन प्रयत्नशील आहे. राष्ट्रीय मत्स्यबीज विकास प्रकल्प उभारण्यात आला आहे. प्रशिक्षणासाठी प्रशिक्षण संस्था व वित्तीय साहाय्य संस्था उभारण्यात आल्या आहेत. मच्छिमारांच्या सुरक्षिततेसाठी हवामान खात्यातर्फे संदेशवहनाद्वारे वेळोवेळी येणाऱ्या वादळांची पूर्वसूचना दिली जाते. त्यांच्यासाठी राष्ट्रीय कल्याणनिधी योजना व गट विमा योजना सुरू करण्यात आल्या आहेत. त्यामुळे भारत अलीकडे माशांची निर्मितीही करू लागला आहे. म्हणून भारताच्या अर्थव्यवस्थेत मासेमारीस अनन्य साधारण महत्त्व प्राप्त झाले आहे.

४) **करडी क्रांती :** करडी क्रांती म्हणजे यामध्ये खतांचे उत्पादन वाढ केले जाते यास करडी क्रांती असे म्हणतात.
५) **तपकिरी क्रांती :** तपकिरी क्रांती म्हणजे यामध्ये चामडी किंवा कोकोचा उत्पादन वाढवला जातो यास तपकिरी क्रांती असे म्हणतात.
६) **गोल क्रांती :** यामध्ये प्रामुख्याने मोठ्या प्रमाणात बटाट्याचा उत्पादनाचा वाढ केला जातो त्यास गोल क्रांती असे म्हणतात.
७) **गुलाबी क्रांती :** यामध्ये कोळंबी, कांदा इत्यादींचे उत्पादन केले जाते त्यास गुलाबी क्रांती असे म्हंटले जाते.
८) **चंदेरी/रजत क्रांती :** चंदेरी क्रांती म्हणजे यामध्ये मोठ्या प्रमाणात अंड्यांचे उत्पादन केले जाते त्यास चंदेरी किंवा रजत क्रांती असे म्हणतात.
९) **लाल क्रांती :** लाल क्रांती म्हणजे यामध्ये टोमॅटोचे उत्पादन केले जाते.

तसेच शेळी मेंढी यांच्या उत्पादनातसुद्धा वाढ केली जाते त्यास लाल क्रांती असे म्हणतात.

१०) **सोनेरी/सुवर्ण क्रांती :** यामध्ये फळांचा व मधाचे उत्पादन केले जाते यालाच सोनेरी किंवा सुवर्ण क्रांती असे म्हणतात.

११) **सोनेरी तंतू क्रांती :** यामध्ये प्रामुख्याने मोठ्या प्रमाणात तागाचे उत्पादन केले जाते. यालाच सोनेरी तंतू क्रांती असे म्हणले जाते.

१२) **चंदेरी तंतू क्रांती :** चंदेरी तंतू क्रांती म्हणजेच यामध्ये कापूसाचे मोठ्या प्रमाणात उत्पादन केले जाते. त्यालाच चंदेरी तंतू क्रांती असे म्हटले जाते.

१३) **पीत क्रांती :** या क्रांतीची सुरुवात तेलबियांच्या उत्पादनात वाढ होण्यासाठी केली होती. विविध तेलबियांचे उत्पादन केले जाते त्यास पीत क्रांती असे.

संदर्भसूची

इंग्रजी संदर्भ

(1) Geography of India - Majid Husain.
(McGraw Hill Education (India) Private Limited, New Dehli)

(2) Geography of India - Ranjit Tirtha (Rawat Publication, New Delhi)

(3) Population of India - Manjusha Musmade (Think line, Nasik)

(4) India : A Comprehensive Geography - D. R. Khullar (Kalyani Publication, New Delhi)

मराठी संदर्भ

(१) भारताचे भौगोलिक विश्लेषण - सप्तर्षी, मोरे, उगले, मुसमाडे
(डायमंड पब्लिकेशन्स, पुणे)

(२) भारताचा भूगोल - विठ्ठल घारपुरे (पिंपळपुरे प्रकाशन, नागपूर)

(३) भारत एक पाहणी - संतोष दास्ताने (दास्ताने प्रकाशन, पुणे)

(४) भारताचा भूगोल - माधव पुराणिक (विद्या प्रकाशन, नागपूर)

(५) भूगोल शास्त्राची मूलतत्त्वे - कोलते, भोयर, कुबडे (विद्या प्रकाशन, नागपूर)

(६) भारताचा भूगोल - अहिरराव डी. वाय. (इनसाईट प्रकाशन, नाशिक)

(७) भारताचा भूगोल - घोलप टी. एन. (निशिकांत प्रकाशन, पुणे)

(८) भारताचा भूगोल - कुंभारे ए. आर. (पायल प्रकाशन, पुणे)

(९) भारताचा भूगोल - मगर जयकुमार (विद्या प्रकाशन, नागपूर)

(१०) भारताचा भूगोल - प्रा. ए. पी. चौधरी (प्रशांत प्रब्लिकेशन, जळगाव)

(११) भूगोलाची मुलतत्त्वे (खंड दुसरा) - सवदी व कोळेकर
(निराली प्रकाशन, पुणे)

१२) भारताचा प्रादेशिक भूगोल - मोरे आणि मुसमाडे
(डायमंड पब्लिकेशन्स, पुणे)
१३) भारताचा प्रादेशिक भूगोल - पाटील आणि आहेर
(प्रशांत प्रब्लिकेशन, जळगाव)
१४) भारताचा भूगोल (भाग-१) - परमार, बोरसे, जाधव व मुंढे
(हिमालया पब्लिशिंग हाऊस, मुंबई)

www.ingramcontent.com/pod-product-compliance
Ingram Content Group UK Ltd.
Pitfield, Milton Keynes, MK11 3LW, UK
UKHW041827200726
13854UKWH00002BA/624